概率论与数理统计

主　编	赵德平	陈仲堂		
副主编	宋介珠	徐厚生	李　莉	刘立士
参　编	赵恩良	孙丽华	沙　漠	邢双云
	隋　英	刘　丹	李卫国	
主　审	蔡　敏			

北京理工大学出版社
BEIJING INSTITUTE OF TECHNOLOGY PRESS

内 容 提 要

本书是为适应新的教学模式及现代科技对概率论与数理统计的需求，按照国家对非数学类本科生概率论与数理统计课程的基本要求编写的。辽宁省本科教改项目"新形势下概率与统计课程教学内容、教学方法与手段改革的研究与实践"研究的主要内容在教材编写中予以体现。

全书分为八章：随机事件及其概率、随机变量及其分布、多维随机变量及其分布、随机变量的数字特征、大数定律及中心极限定理、样本与抽样分布、参数估计、假设检验。各章配有习题，书末附有答案。全书切合实际教学情况，论述严谨，行文深入浅出，注重实用性。

本书即可作为高等院校理科、工科、经济、管理、生物等专业的教材使用，也可供科技人员和自学者参考。

图书在版编目（CIP）数据

概率论与数理统计/赵德平，陈仲堂主编．—北京：北京理工大学出版社，2013.11
（2021.12 重印）

ISBN 978 - 7 - 5640 - 8467 - 7

Ⅰ．①概… Ⅱ．①赵… ②陈… Ⅲ．①概率论 - 高等学校 - 教材 ②数理统计 - 高等学校 - 教材 Ⅳ．①O21

中国版本图书馆 CIP 数据核字（2013）第 255250 号

出版发行 / 北京理工大学出版社有限责任公司
社　　址 / 北京市海淀区中关村南大街 5 号
邮　　编 / 100081
电　　话 / （010）68914775（总编室）
　　　　　　82562903（教材售后服务热线）
　　　　　　68944723（其他图书服务热线）
网　　址 / http：//www.bitpress.com.cn
经　　销 / 全国各地新华书店
印　　刷 / 三河市华骏印务包装有限公司
开　　本 / 787 毫米×1092 毫米　1/16
印　　张 / 11.5
字　　数 / 259 千字
版　　次 / 2013 年 11 月第 1 版　2021 年 12 月第 9 次印刷
定　　价 / 29.80 元

责任编辑 / 王俊洁
文案编辑 / 侯瑞娜
责任校对 / 周瑞红
责任印制 / 李志强

编 委 会 名 单

主 任 委 员： 苏晓明　何希勤　徐送宁

副主任委员： 赵　星　赵德平　聂　宏
　　　　　　　孙丽媛　阎慧臻　石爱民
　　　　　　　蔡　敏　宋岱才　霍满臣

编 写 说 明

根据《教育部关于"十二五"普通高等教育本科教材建设的若干意见》(教高〔2011〕5 号)精神和《辽宁省教育厅办公室关于组织开展"十二五"普通高等学校本科规划教材首批推荐遴选工作的通知》(辽教办发〔2011〕249 号)的要求,沈阳工业大学、辽宁科技大学、辽宁石油化工大学、辽宁工业大学、大连交通大学、大连工业大学、沈阳航空航天大学、沈阳理工大学、沈阳建筑大学和沈阳工程学院等辽宁省内 10 所理工科院校理学院(数理系)发起组织了普通高等教育本科基础课高等数学(理工类)、高等数学(经管类)、概率论与数理统计、线性代数、工程数学、大学物理、大学物理实验、高等数学(英文·双语教材)、大学物理(英文·双语教材)等九门课程教材的编写工作.

为做好本套教材的编写工作,确保优质教材进课堂,辽宁省 10 所理工科院校的理学院院长(数理系主任)及基础课相关学科负责人组建了学科建设和教材编写专委会和编委会. 专委会工作的目标是通过创新、融合,整合各院校优质教学教研资源,广泛吸收 10 所理工科院校在工科基础课课程教学理念、学科建设和体系搭建等方面的教学教研建设成果,按照当今最新的教材理念和立体化教材开发技术,通过不断的教材修订、立体化体系建设打造"工科基础课"教材品牌.

本套书力求结构严谨、逻辑清晰、叙述详细、通俗易懂. 全书有较多的例题,便于读者自学,同时注意尽量多给出一些应用实例.

本书可供高等院校理工科类各专业学生使用,也可供广大教师、工程技术人员参考.

辽宁省 10 所理工科院校理学院(数理系)
基础课学科建设和教材编写专委会和编委会
2013 年 6 月 6 日

前　　言

概率论与数理统计是一门既具特色又具有重要地位的工程数学课。它对提高学生的分析及处理不确定性现象的能力及运用概率统计方法解决实际问题的能力起着重要的作用。随着我国高等教育由"精英式"教育向"大众化"教育的转变，高等教育的模式较以往发生了较大的变化。加之现代科学技术的迅速发展及计算机的日益普及，对概率论与数理统计这门课提出了更高的要求，以往的教学模式及教学内容已不能完全适应现代科技的需求。如现在所用的教材重理论、轻实践，内容面面俱到，但学时却较少，很多讲不到。此外，现代科技要求我们增加一些应用环节，并要体现一些现代科技的内涵。为适应这一情况，我们联合沈阳建筑大学、沈阳理工大学、沈阳工业大学、辽宁科技大学等众多所高校，结合这些高校对这门课程的实际教学情况，融入陈仲堂教授负责的辽宁省本科教改项目"新形势下概率与统计课程教学内容、教学方法与手段改革的研究与实践"的研究成果，汇集这些高校教师多年的教学体会编写此书。

本书是非数学类本科生用概率论与数理统计课程的教材，其目的就是在教材中既要贯彻国家非数学类课程指导委员会制定的《概率论与数理统计课程的基本要求》，满足学生考研需求，又要适应工科院校本科生的特点，内容少而精，侧重实用性。

本书力求体现的特色如下：

(1)注意与中学数学教学内容及其他后续课的衔接，使其内容与中学的教学有机结合，而不是互相重叠或前后割裂。

(2)在保证教材内容的系统性及严谨性的基础上，注重在随机现象中数学概念的直观理解，注重数学观念的直观背景。

(3)以问题为驱动，由直观到抽象，由特殊到一般阐述内容。

(4)结合工科特点，注重理论知识在实际中的应用性，利用生活常识阐述概率与统计的理论，列举工程的实例来引领学生对内容的学习。

(5)致力于以近现代数学思想、观点和语言处理有关题材，采用现代统一的数学符号，并使其内容比传统的工科相应教材有较大的拓宽、充实、更新和提高，尽量体现现代科技的内涵。

全书论述严谨，行文深入浅出，注重实用性。希望学生能够通过本教材的学习，获得概率论与数理统计方面比较系统的知识，了解处理非确定现象一些常用的统计方法，为学生后续课程的学习及工作打下坚实的基础。

更重要的是，通过本教材的学习，使学生加深数学中处理随机现象的辩证统一思想的理解，并利用这一思想解决一些实际问题，全面提高学生的数学素质。

本书由沈阳建筑大学赵德平、陈仲堂主编。各章编写人员如下：赵恩良(沈阳建筑大学)、孙丽华(第一章，沈阳建筑大学)、宋介珠(第二章，辽宁科技大学)、李莉(第三章，沈阳工业大学)、沙漠(第四章，沈阳建筑大学)、邢双云(第五章，沈阳建筑大学)、刘立士(第六章，沈阳理工大学)、隋英(第七章，沈阳建筑大学)、陈仲堂(第八章，沈阳建筑大学)、刘丹(附表，沈阳建筑大学)。全书由赵德平、陈仲堂组织、构思及统纂，大连交通大学蔡敏教授给出审定意见，沈阳建筑大学徐厚生参与整体教材的编写组织工作，李卫国参与部分章节的编审工作。

由于编者水平有限，加之时间仓促，疏漏之处在所难免，恳请有关专家、同行及广大读者批评指正。

编　者

目　　录

第一章　随机事件及其概率

在自然界和社会生活中存在各种各样的现象，但归纳起来，无非是这样两类：一类是在一定条件下必然发生的，称之为确定性现象(也称必然现象)．例如，早晨太阳必然从东方升起，同性电荷必相互排斥．另一类是指在一定的条件下，具有多种可能结果，而且事先不能预知哪种结果一定会出现或一定不出现，这类现象称之为随机现象(也称偶然现象)．例如，抛一枚硬币，观察哪一面朝上，抛硬币前，我们不能确定正面朝上还是反面朝上；用同一门炮向同一目标射击，各次弹着点不尽相同，在一次射击之前不能预测弹着点的确切位置，等等．

人们经过长期实践及深入研究之后，发现随机现象虽然就每次试验或观察结果来说，具有不确定性，但是经过大量重复试验或观察，它的结果却呈现出某种规律性．例如，多次重复抛一枚硬币得到正面朝上大致有一半；同一门炮射击同一目标弹着点按照一定规律分布，等等．这种在大量重复试验或观察中所呈现出的固有规律性，称之为随机现象的统计规律性．

概率论与数理统计就是研究随机现象统计规律性的一门学科．其理论与方法广泛应用于各个学科分支和各个生产部门．

§1　随机试验、样本空间及样本点

1.1.1　随机试验

为了研究随机现象的统计规律性，须进行各种观察或试验．在这里，我们把试验作为一个含义广泛的术语．它包括各种各样的科学实验，甚至对某一事物的某一特征的观察也认为是一种试验．一般说来，在概率论中，如果一个试验具备以下三个特点：

(1)可以在相同的条件下重复进行；

(2)每次试验的可能结果不止一个，且事先可明确试验的全部可能结果；

(3)每次试验之前不能确定哪个结果一定会出现或一定不出现，

则称之为随机试验，简称试验，通常用字母 E 表示．我们是通过研究随机试验来研究随机现象的．

下面举一些试验的例子．

E_1：投掷一个篮球，观察球是否入筐；

E_2：掷一枚硬币两次，观察正面 H、反面 T 出现的情况；

E_3：统计某车站在下午 1：00～2：00 之间的顾客数；

E_4：从一批灯泡中任取一只，测试它的使用寿命；

E_5：掷一颗骰子，观察出现的点数；

E_6：记录某出租车公司电话订车中心一天内接到订车电话的次数；

E_7：记录某射手射击半径为一米的圆盘靶弹着点的位置.

1.1.2　样本空间

对于随机试验，尽管在每次试验前不能预知试验的结果，但是试验的所有可能结果是已知的. 我们将随机试验 E 的所有可能结果组成的集合称为样本空间，记为 S；样本空间的元素，即 E 的每一个结果，称为样本点，记为 e.

例如，上述随机试验的样本空间及样本点可表述如下：

E_1：S_1＝{投中，没投中}，含两个样本点；

E_2：S_2＝$\{HH, HT, TH, TT\}$，含 4 个样本点；

E_3：S_3＝$\{0, 1, 2, \cdots\}$，样本点为可数无穷多；

E_4：S_4＝$\{t \mid t \geqslant 0\}$，样本点为不可数无穷多；

E_5：S_5＝$\{1, 2, \cdots, 6\}$，含 6 个样本点；

E_6：S_6＝$\{0, 1, 2, 3, \cdots\}$，样本点为可数无穷多；

E_7：S_7＝$\{(x, y) \mid x^2 + y^2 \leqslant 1\}$，样本点为不可数无穷多.

§2　随机事件及其运算

1.2.1　随机事件

一般地，我们把试验 E 的样本空间 S 的子集称为 E 的随机事件，简称事件，通常用英文大写字母 A，B，C，$\cdots$表示. 在每次试验中，当且仅当这一子集中的一个样本点出现时，称这一事件发生.

特别地，由一个样本点组成的单点集，称为基本事件.

例如，试验 E_1 中有两个基本事件：{投中}和{没投中}；试验 E_2 中有 4 个基本事件：$\{HH\}$，$\{HT\}$，$\{TH\}$，$\{TT\}$.

样本空间 S 包含所有的样本点，它是 S 自身的子集，在每次试验中它总是发生的，S 称为必然事件，空集 $\varnothing$ 不包括任何样本点，它也作为样本空间的子集，它在每次试验中都不发生，$\varnothing$ 称为不可能事件.

例 1　掷一颗骰子，观察出现的点数，设 A_i＝$\{i\}$（i＝1, 2, $\cdots$, 6）表示"每次掷一颗骰子出现的点数"，是基本事件；设 B_1＝$\{1, 3, 5\}$表示"掷一颗骰子时出现奇数点"，B_2＝$\{2, 4, 6\}$表示"掷一颗骰子时出现偶数点"；设 C_1＝$\{1, 2, 3\}$表示"掷一颗骰子时点数是 1 或 2 或 3"；C_2＝$\{4, 5, 6\}$表示"掷一颗骰子时点数是 4 或 5 或 6"；S＝$\{1, 2, \cdots, 6\}$为必然事件.

1.2.2　随机事件的关系

事件是一个集合，因而事件间的关系与运算自然按照集合论中集合之间的关系和运算来处理. 下面给出这些关系和运算在概率论中的提法. 并根据"事件发生"的含义，给出它们在概率中的含义.

设试验 E 的样本空间为 S，而 A，B，$A_k(k=1, 2, \cdots)$ 是 S 的子集.

1. 事件的包含与相等关系

定义 1 若事件 A 发生必然导致事件 B 发生，则称 A 包含于 B，记为 $A \subset B$. 它的几何表示如图 1—1 所示. 若 $A \subset B$ 且 $B \subset A$，则称 A 与 B 相等，记为 $A = B$.

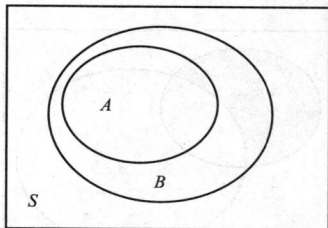
图 1—1

性质 1 (1)$\varnothing \subset A \subset S$；(2)$A \subset B$，$B \subset C \Rightarrow A \subset C$.

2. 事件的和

定义 2 事件 $A \cup B = \{x \mid x \in A \text{ 或 } x \in B\}$ 称为事件 A 与事件 B 的和事件，当且仅当 A 与 B 中至少有一个发生时，$A \cup B$ 发生. $A \cup B$ 也记作 $A+B$. 它的几何表示如图 1—2 所示.

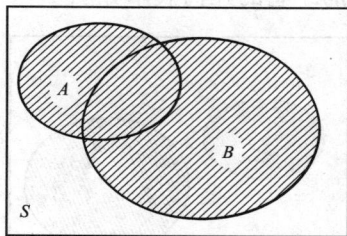
图 1—2

推广：类似地，我们称 $\bigcup\limits_{i=1}^{n} A_i = A_1 \cup A_2 \cup \cdots \cup A_n$ 为 n 个事件 A_1，A_2，$\cdots$，A_n 的和事件；称 $\bigcup\limits_{i=1}^{\infty} A_i = A_1 \cup A_2 \cup \cdots \cup A_n \cup \cdots$ 为可列个事件的和事件.

3. 事件的积

定义 3 事件 $A \cap B = \{x \mid x \in A \text{ 且 } x \in B\}$ 称为事件 A 与事件 B 的积事件，当且仅当 A 与 B 同时发生时，$A \cap B$ 发生. $A \cap B$ 也记作 AB. 它的几何表示如图 1—3 所示.

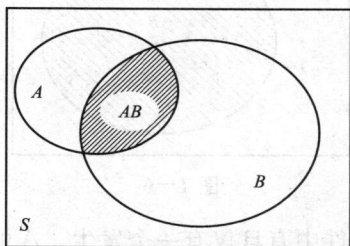
图 1—3

推广：类似地，我们称 $\bigcap\limits_{i=1}^{n} A_i = A_1 \cap A_2 \cap \cdots \cap A_n$ 为 n 个事件 A_1，A_2，$\cdots$，A_n 的积事件；

称 $\bigcap\limits_{i=1}^{\infty}A_i=A_1\bigcap A_2\bigcap\cdots\bigcap A_n\bigcap\cdots$ 为可列个事件的积事件.

4. 事件的差

定义 4　事件 $A-B=\{x|x\in A\ 且\ x\notin B\}$ 称为事件 A 与事件 B 的差事件，当且仅当 A 发生 B 不发生时，事件 $A-B$ 发生. 它的几何表示如图 1—4 所示.

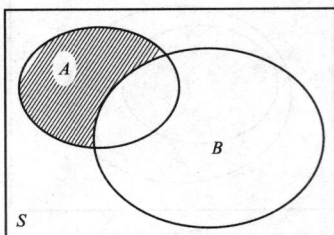
图 1—4

性质 2　若 $AB=\varnothing$，则 $A-B=A$.

5. 互斥事件

定义 5　若 $A\bigcap B=\varnothing$，称事件 A 与事件 B 互斥或互不相容，此时事件 A 与事件 B 不能同时发生. 基本事件是两两互斥的. 它的几何表示如图 1—5 所示.

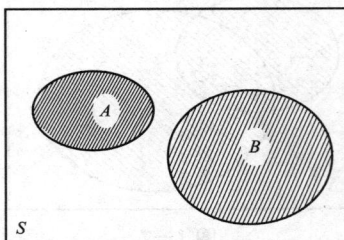
图 1—5

6. 对立事件

定义 6　若 $AB=\varnothing$ 且 $A\bigcup B=S$ 时，称事件 A 与事件 B 互为对立事件或者互为逆事件. 它的几何表示如图 1—6 所示.

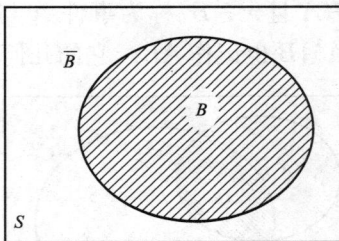
图 1—6

对于每次试验而言，对立事件中有且仅有一个发生. A 的对立事件记为 $\overline{A}$. $\overline{A}=S-A$.

性质 3　(1) $A\overline{A}=\varnothing$，$A\bigcup\overline{A}=S$；

(2) $\overline{\overline{A}}=A$；

(3) 对立事件一定是互不相容事件，但是互不相容事件未必是对立事件.

例2 一个盒子中有 10 个完全相同的球，分别标以号码 1，2，…，10，从中任取一球，令

$A=$ {球的标号为偶数}，$B=$ {球的标号 $\leqslant 3$}，求：(1)$A \cup B$；(2)$A \cap B$；(3)$A-B$；(4)$\bar{A}$.

解 (1)$A \cup B=$ {球的标号为 1，2，3，4，6，8，10}；

(2)$A \cap B=$ {球的标号为 2}；

(3)$A-B=$ {球的标号为 4，6，8，10}；

(4)$\bar{A}=$ {球的标号为奇数}.

1.2.3 随机事件的运算规律

在进行事件运算时，经常要用到下述定律. 设 A，B，C 为事件，则有：

(1)交换律 $A \cup B=B \cup A$；$A \cap B=B \cap A$；

(2)结合律 $A \cup (B \cup C)=(A \cup B) \cup C$；$A \cap (B \cap C)=(A \cap B) \cap C$；

(3)分配律 $A \cup (B \cap C)=(A \cup B) \cap (A \cup C)$；$A \cap (B \cup C)=(A \cap B) \cup (A \cap C)$；

(4)德·摩根律 $\overline{A \cup B}=\bar{A} \cap \bar{B}$；$\overline{A \cap B}=\bar{A} \cup \bar{B}$.

例3 在射击比赛时，一选手连续向目标射击三次，令 A_i 表示"第 i 次射击，击中目标" ($i=1$，2，3)，将下列事实用 A_i 表示出来：

(1)只击中第一枪； (2)只击中一枪； (3)三枪均未中；

(4)至少中一枪； (5)最多中两枪； (6)至少中两枪.

解 (1)"只击中第一枪"，说明第二、三次射击都没有击中目标，所以可表示为 $A_1 \overline{A_2} \overline{A_3}$；

(2)"只击中一枪"未指明哪一枪击中，因此是"只击中第一枪""只击中第二枪"和"只击中第三枪"中的三个两两互斥的事件中的某一个发生，所以可表示为 $A_1 \overline{A_2} \overline{A_3} \cup \overline{A_1} A_2 \overline{A_3} \cup \overline{A_1} \overline{A_2} A_3$；

(3)"三枪均未中"显然是 $\overline{A_1} \overline{A_2} \overline{A_3}$；

(4)"至少中一枪"为 $A_1 \cup A_2 \cup A_3$，也可表示为 $\overline{\overline{A_1} \overline{A_2} \overline{A_3}}=A_1 \cup A_2 \cup A_3$；

(5)"最多中两枪"意味着未中三枪或者说 $\overline{A_1}$，$\overline{A_2}$，$\overline{A_3}$ 中至少有一个发生，因此可表示为 $\overline{A_1 A_2 A_3}$ 或 $\overline{A_1} \cup \overline{A_2} \cup \overline{A_3}$；

(6)"至少中两枪"即 $A_1 A_2$，$A_1 A_3$，$A_2 A_3$ 中至少有一个发生，所以可表示为 $A_1 A_2 \cup A_1 A_3 \cup A_2 A_3$.

§3 概率

对于一个随机事件来说，它在一次试验中可能发生，也可能不发生. 但人们还是希望知道某些事件在一次试验中发生的可能性究竟有多大. 例如，在 100 件产品中含有 15 件次品，从中任取两件，取到的是合格品的可能性有多大呢？我们希望找到一个合适的数来表征事件在一次试验中发生的可能性大小. 为此，我们先引入频率概念，它描述了事件发生的频繁程度，进而引出表征事件在一次试验中发生的可能性大小的数——概率.

1.3.1　频率

定义 1　在相同条件下，进行了 n 次试验，在这 n 次试验中，事件 A 发生的次数 n_A 称为事件 A 发生的频数，比值 $\frac{n_A}{n}$ 称为事件 A 发生的频率，并记为 $f_n(A)$.

频率具有下述基本性质：

(1) $0 \leqslant f_n(A) \leqslant 1$；

(2) $f_n(S) = 1$；

(3) 设 A_1，A_2，…，A_k 是两两互不相容的事件，则

$$f_n(A_1 \bigcup A_2 \bigcup \cdots \bigcup A_k) = f_n(A_1) + f_n(A_2) + \cdots + f_n(A_k).$$

由于事件 A 发生的频率是它发生的次数与试验的次数之比，其大小表示 A 发生的频繁程度. 频率大，事件 A 发生就频繁，这意味着事件 A 在一次试验中发生的可能性就大；反之亦然. 因而，直观的想法是用频率来表示事件 A 在一次试验中发生的可能性的大小. 先看下面的例子.

例 1　考虑"抛硬币"这个试验，我们将一枚硬币抛掷 5 次、50 次、500 次，各做 10 遍，得到数据见表 1—1 和表 1—2. 其中 n_H 表示 H 发生的频数，$f_n(H)$ 表示 H 发生的频率.

表 1—1

试验序号	$n=5$		$n=50$		$n=500$	
	n_H	$f_n(H)$	n_H	$f_n(H)$	n_H	$f_n(H)$
1	2	0.4	22	0.44	251	0.502
2	3	0.6	25	0.50	249	0.498
3	1	0.2	21	0.42	256	0.512
4	5	1.0	25	0.50	253	0.506
5	1	0.2	24	0.48	251	0.502
6	2	0.4	21	0.42	246	0.492
7	4	0.8	18	0.36	244	0.488
8	2	0.4	24	0.48	258	0.516
9	3	0.6	27	0.54	262	0.524
10	3	0.6	31	0.62	247	0.494

表 1—2

实验者	投硬币的次数	出现正面的次数	出现正面的频率
德·摩根	2 048	1 061	0.518 1
蒲丰	4 040	2 048	0.506 9
皮尔逊	12 000	6 019	0.501 6
皮尔逊	24 000	12 012	0.500 5

从投币试验中我们可以总结如下两点：

(1)频率具有随机波动性，即使在相同条件下进行 n 次试验，$f_n(A)$ 也会不尽相同；

(2)抛硬币次数较小时，频率波动幅度较大. 但是，随着试验的次数 n 的逐渐增大，频率 $f_n(A)$ 呈现出稳定性，逐渐稳定于某个常数.

这种"频率稳定性"即通常所说的统计规律性. 所以我们做大量的重复试验来计算频率 $f_n(A)$，以它来描述事件 A 发生可能性的大小是合适的.

但是，在实际中我们不可能对每一个事件都做大量试验，然后求得事件的频率. 为了理论研究的需要，我们从频率的稳定性和频率的性质得到启发，给出如下描述事件发生可能性大小的概率的定义.

1.3.2 概率

事件发生的可能性大小是事件本身所固有的性质. 频率的统计规律性为概率提供了经验基础，但是不能作为一个严格的数学定义，1933 年，苏联著名的数学家柯尔莫哥洛夫在他的《概率论的基本概念》一书中给出了现在已被广泛接受的概率公理化体系，第一次将概率论建立在严密的逻辑基础上.

定义 2 设 E 是随机试验，S 是它的样本空间，对于 E 的每一个事件赋予一个实数，记为 $P(A)$，称为事件 A 的概率，这里集合函数 $P(\cdot)$ 满足下列条件：

(1)非负性 对于每一个事件 A，有 $P(A) \geqslant 0$；

(2)规范性 对于必然事件 S，有 $P(S) = 1$；

(3)可列可加性 设 A_1，A_2，…是两两互不相容事件，即对于 $A_i A_j = \varnothing (i \neq j; i, j = 1, 2, \cdots)$，有 $P(A_1 \bigcup A_2 \bigcup \cdots) = P(A_1) + P(A_2) + \cdots$.

由概率的定义，可以推得概率的一些性质.

性质 1 $P(\varnothing) = 0$.

证明 令 $A_n = \varnothing (n = 1, 2, \cdots)$，则 $\bigcup\limits_{n=1}^{\infty} A_n = \varnothing$，且 $A_i A_j = \varnothing (i \neq j; i, j = 1, 2, \cdots)$. 由概率的可列可加性得

$$P(\varnothing) = P\Big(\bigcup_{n=1}^{\infty} A_n\Big) = \sum_{n=1}^{\infty} P(A_n) = \sum_{n=1}^{\infty} P(\varnothing).$$

由概率的非负性知，$P(\varnothing) \geqslant 0$，故由上式知 $P(\varnothing) = 0$.

性质 2(有限可加性) 若 A_1，A_2，…，A_n 为有限个两两不相容的事件，则 $P\Big(\bigcup\limits_{i=1}^{n} A_i\Big) = \sum\limits_{i=1}^{n} P(A_i)$.

证明 令 $A_{n+1} = A_{n+2} = \cdots = \varnothing$，即有 $A_i A_j = \varnothing (i \neq j; i, j = 1, 2, \cdots)$，由概率的可列可加性得

$$P(A_1 \bigcup A_2 \bigcup \cdots \bigcup A_n) = P\Big(\bigcup_{k=1}^{\infty} A_k\Big) = \sum_{n=1}^{\infty} P(A_k)$$
$$= \sum_{n=1}^{n} P(A_k) + 0$$
$$= P(A_1) + P(A_2) + \cdots + P(A_n).$$

性质 3(减法公式) 设 A，B 是两个事件，若 $A \subset B$，则 $P(B - A) = P(B) - P(A)$，且

$P(B) \geqslant P(A)$.

证明　由 $A \subset B$ 知 $B = A \cup (B-A)$，且 $A(B-A) = \varnothing$，再由概率的有限可加性得

$$P(B) = P(A) + P(B-A),$$

由概率的非负性可知 $P(B-A) \geqslant 0$，故 $P(B) - P(A) = P(B-A) \geqslant 0$，从而 $P(B) \geqslant P(A)$.

一般地，设 A, B 是任意两个事件，则 $P(B-A) = P(B) - P(AB)$.

性质 4　对于任意事件 A，有 $P(A) \leqslant 1$.

证明　因为 $A \subset S$，由本节的性质 3 得，$P(A) \leqslant P(S) = 1$.

性质 5（逆事件的概率）　对于任意事件 A，有 $P(\overline{A}) = 1 - P(A)$.

证明　因 $A \cup \overline{A} = S$，且 $A\overline{A} = \varnothing$，由有限可加性得 $1 = P(S) = P(A \cup \overline{A}) = P(A) + P(\overline{A})$.

性质 6（加法公式）　设 A, B 是任意两个事件，则 $P(A \cup B) = P(A) + P(B) - P(AB)$.

证明　因 $A \cup B = A \cup (B-AB)$，且 $A(B-AB) = \varnothing$，$AB \subset B$，故由本节的性质 2 和性质 3 得到

$$P(A \cup B) = P(A) + P(B-AB)$$
$$= P(A) + P(B) - P(AB).$$

加法公式还可以推广到多个事件的情况，例如，设 A_1, A_2, A_3 是任意三个事件，则有

$$P(A_1 \cup A_2 \cup A_3) = P(A_1) + P(A_2) + P(A_3) - P(A_1A_2) - P(A_2A_3) - P(A_3A_1) + P(A_1A_2A_3).$$

一般地，对于任意 n 个事件 $A_1, A_2, \cdots, A_n$，可以用数学归纳法证得

$$P(A_1 \cup A_2 \cup \cdots \cup A_n) = \sum_{i=1}^{n} P(A_i) - \sum_{1 \leqslant i < j \leqslant n} P(A_iA_j) + \sum_{1 \leqslant i < j < k \leqslant n} P(A_iA_jA_k) + \cdots + (-1)^{n-1} P(A_1A_2 \cdots A_n).$$

例 2　已知 $P(A) = 0.4$，$P(B) = 0.3$，$P(A \cup B) = 0.5$，求 $P(A\overline{B})$.

解　利用和事件概率公式和差事件概率公式，即可计算.

由于　$P(AB) = P(A) + P(B) - P(A \cup B) = 0.4 + 0.3 - 0.5 = 0.2$,

故有　$P(A\overline{B}) = P(A) - P(AB) = 0.4 - 0.2 = 0.2$.

例 3　某棉麦连作地区，因受气候条件的影响，棉花减产的概率为 0.08，小麦减产的概率为 0.06，棉花、小麦减产的概率为 0.04，试求：

(1) 棉花、小麦至少有一样减产的概率；

(2) 棉花、小麦至少有一样不减产的概率.

解　用 A 表示"棉花减产"，B 表示"小麦减产"，则 $AB = \{棉花、小麦都减产\}$，$A \cup B = \{棉花、小麦至少有一样减产\}$，$\overline{A} \cup \overline{B} = \{棉花、小麦至少有一样不减产\}$，

由　$P(A) = 0.08$，$P(B) = 0.06$，$P(AB) = 0.04$，得

(1) $P(A \cup B) = P(A) + P(B) - P(AB) = 0.10$；

(2) $P(\overline{A} \cup \overline{B}) = P(\overline{AB}) = 1 - P(AB) = 0.96$.

例 4　假定某校体育活动的统计如下：有 50% 的学生喜爱田径运动，50% 的学生喜爱球类运动，20% 的学生喜爱体操运动，20% 的学生喜爱田径和球类运动，10% 的学生喜爱田径和体操运动，10% 的学生喜爱球类和体操运动，5% 的学生喜爱这三类运动，试计算该校不喜爱这三项运动中任何一项的学生所占的百分比.

解　用 A 表示"该学生喜爱田径运动"，B 表示"该学生喜爱球类运动"，用 C 表示"该学生喜爱体操运动"，D 表示"该学生不喜爱这三项运动"，则

$P(A)=50\%$，$P(B)=50\%$，$P(C)=20\%$，$P(AB)=20\%$，$P(AC)=10\%$，
$P(BC)=10\%$，$P(ABC)=5\%$.

根据概率的加法公式，得

$P(A\bigcup B\bigcup C)=P(A)+P(B)+P(C)-P(AB)-P(AC)-P(BC)+P(ABC)=85\%$，
$P(D)=P(\overline{A}\,\overline{B}\,\overline{C})=P(\overline{A\bigcup B\bigcup C})=1-P(A\bigcup B\bigcup C)=15\%$.

1.3.3　古典概型

古典概型又称为等可能概型，它在概率论发展初期曾是主要的研究对象，古典概型的一些概念具有直观、容易理解的特点，有着广泛的应用.

1. 古典概型的定义

定义 3　若随机试验满足以下两个条件：

(1)试验的样本空间只含有有限个样本点；

(2)试验中每个样本点发生的可能性相同.

则称这种试验为古典概型.

2. 古典概型的计算方法

下面我们利用概率的性质来讨论等可能概型中事件概率的计算公式.

设试验的样本空间为 $S=\{e_1，e_2，\cdots，e_n\}$，e_i 是基本事件，$i=1，2，\cdots，n$. 由于在试验中每个基本事件发生的可能性相同，即有

$$P(\{e_1\})=P(\{e_2\})=\cdots=P(\{e_n\}).$$

又由于基本事件是两两互不相容的，于是

$$1=P(S)=P(\{e_1\}\bigcup\{e_2\}\bigcup\cdots\bigcup\{e_n\})$$
$$=P(\{e_1\})+P(\{e_2\})+\cdots+P(\{e_n\})=nP(\{e_i\}),$$

故

$$P(\{e_i\})=\frac{1}{n}，i=1，2，\cdots，n.$$

若事件 A 包含 k 个基本事件，即 $A=\{e_{i_1}\}\bigcup\{e_{i_2}\}\bigcup\cdots\bigcup\{e_{i_k}\}$，这里 $i_1，i_2，\cdots，i_k$ 是 1，$2，\cdots，n$ 中某 k 个不同的数，则有 $P(A)=\sum_{j=1}^{k}P(\{e_{i_j}\})=\frac{k}{n}$. 式中，$k$ 为事件 A 所包含的基本事件数，n 为 S 所包含的基本事件数，即

$$P(A)=\sum_{j=1}^{k}P(\{e_{i_j}\})=\frac{k}{n}=\frac{\text{事件 }A\text{ 包含的基本事件数}}{S\text{ 中包含的基本事件数}}.$$

例 5(产品的随机抽样问题)　已知 12 件产品中有 2 件次品，从这些产品中任意抽 4 件产品，求：

(1)恰好取得 1 件次品的概率；

(2)至少取得 1 件次品的概率.

解　(1)方法一：不考虑抽取的次序，则

$$S\text{ 中含有 }C_{12}^4=495\text{ 个基本事件，}$$

设事件 A 表示"恰取得 1 件次品"，故 A 包含 $C_{10}^3C_2^1$ 个基本事件，从而有

$$P(A)=\frac{C_{10}^3C_2^1}{C_{12}^4}=\frac{240}{495}\approx0.485.$$

方法二：考虑先后次序，则 S 中含有 C_{12}^4 个基本事件，而 A 包含 $C_{10}^3 C_2^1 C_4^1$ 个基本事件，故有

$$P(A) = \frac{C_{10}^3 C_2^1 C_4^1}{C_{12}^4} \approx 0.485.$$

（2）设事件 B 表示"至少取得 1 件次品"，则其对立事件 $\overline{B}$ 为取得的全是正品，而 $\overline{B}$ 包含 C_{10}^4 个基本事件，故有

$$P(B) = 1 - P(\overline{B}) = 1 - \frac{C_{10}^4}{C_{12}^4} = 0.58.$$

例 6（生日问题）　一学生宿舍有 6 名学生，试求下列事件的概率：

（1）6 个人的生日都不在星期天；

（2）至少有一人的生日是星期天；

（3）至少有二人的生日是星期天．

解　因为每个人的生日都可能是七天中的任何一天，且是等可能的．因此 S 应包含 7^6 个基本事件．

（1）设事件 C 表示"6 个人的生日都不在星期天"，则 C 应包含 6^6 个基本事件，从而有

$$P(C) = \frac{6^6}{7^6} \approx 0.4.$$

（2）设事件 B 表示"至少有一人的生日是星期天"，则 $\overline{B}$ 应包含 6^6 个基本事件，故

$$P(B) = 1 - P(\overline{B}) = 1 - \frac{6^6}{7^6} \approx 0.6.$$

（3）设事件 A 表示"至少有二人的生日是星期天"，注意到 $\overline{A}$，即没有 2 人的生日是星期天的事件，应为"有一人的生日是星期天"与"6 个人的生日都不在星期天"的和事件，应包含 $6 \times 6^5 + 6^6$ 个基本事件，故有

$$P(A) = 1 - P(\overline{A}) = 1 - \frac{6^6}{7^6} - \frac{6^6}{7^6} \approx 0.2.$$

例 7（超几何分布）　设有 N 件产品，其中有 D 件次品，今从中任取 n 件，问其中恰有 k $(k \leqslant D)$ 件次品的概率是多少？

解　在 N 件产品中抽取 n 件（这里是指不放回抽样），所有可能的取法共有 C_N^n 种，每一种取法为一基本事件，且由对称性知每个基本事件发生的可能性相同．又因在 D 件次品中取 k 件，所以可能的取法有 C_D^k 种．在 $N-D$ 件正品中取 $n-k$ 件所有可能的取法有 C_{N-D}^{n-k} 种，由乘法原理知在 N 件产品中取 n 件，其中恰有 k 件次品的取法共有 $C_D^k C_{N-D}^{n-k}$ 种，于是所求概率为

$$p = \frac{C_D^k C_{N-D}^{n-k}}{C_N^n}. \tag{1-3-1}$$

式（1-3-1）为超几何分布的概率公式．

例 8（随机取数问题）　在 $1 \sim 2\,000$ 的整数中随机地取一个数，问取到的整数既不能被 6 整除，又不能被 8 整除的概率是多少？

解　设 A 为事件"取到的数能被 6 整除"，B 为事件"取到的数能被 8 整除"，则所求概率为

$$P(\overline{A}\,\overline{B}) = P(\overline{A \cup B}) = 1 - P(A \cup B) = 1 - \{P(A) + P(B) - P(AB)\}.$$

由于 $333 < \dfrac{2\,000}{6} < 334$，故得 $P(A) = \dfrac{333}{2\,000}$.

由于 $\dfrac{2\,000}{8} = 250$，故得 $P(B) = \dfrac{250}{2\,000}$.

又由于一个数同时能被 6 与 8 整除,相当于能被 24 整除,

因此,由 $83 < \dfrac{2\,000}{24} < 84$ 得到 $P(AB) = \dfrac{83}{2\,000}$.

于是所求概率为

$$P(\overline{A}\,\overline{B}) = 1 - \left(\dfrac{333}{2\,000} + \dfrac{250}{2\,000} - \dfrac{83}{2\,000} \right) = \dfrac{3}{4}.$$

例 9 将 15 名新生(其中有 3 名优秀生)随机地分配到三个班级中,其中一班 4 名,二班 5 名,三班 6 名,求:

(1)每一个班级各分配到一名优秀生的概率;

(2)3 名优秀生被分配到一个班级的概率.

解 15 名优秀生分别分配给一班 4 名,二班 5 名,三班 6 名的分法有:$C_{15}^4 C_{11}^5 C_6^6 = \dfrac{15!}{4!5!6!}$.

(1)将 3 名优秀生分配给三个班级各一名,共有 3!种分法;再将剩余的 12 名新生分配给一班 3 名,二班 4 名,三班 5 名,共有 $C_{12}^3 C_9^4 C_5^5 = \dfrac{12!}{3!4!5!}$ 种分法. 根据乘法原理,每个班级分配到一名优秀生的分法有:$3!\dfrac{12!}{3!4!5!} = \dfrac{12!}{4!5!}$ 种,故其对应概率为

$$P = \dfrac{\dfrac{12!}{4!5!}}{\dfrac{15!}{4!5!6!}} = \dfrac{12!6!}{15!} = \dfrac{24}{91} \approx 0.263\,7.$$

(2)用 A_i 表示事件"3 名优秀生全部分配到 i 班"($i=1, 2, 3$).

A_1 中所含基本事件个数 $m_1 = C_{12}^1 C_{11}^5 = \dfrac{12!}{5!6!}$,

A_2 中所含基本事件个数 $m_2 = C_{12}^2 C_{10}^4 = \dfrac{12!}{2!4!6!}$,

A_3 中所含基本事件个数 $m_3 = C_{12}^3 C_9^4 = \dfrac{12!}{3!4!5!}$,

由(1)中分析知基本事件的总数 $n = \dfrac{15!}{4!5!6!}$,所以

$$P(A_1) = \dfrac{m_1}{n} = \dfrac{\dfrac{12!}{5!6!}}{\dfrac{15!}{4!5!6!}} = \dfrac{4!12!}{15!} \approx 0.008\,79,$$

$$P(A_2) = \dfrac{m_2}{n} = \dfrac{\dfrac{12!}{2!4!6!}}{\dfrac{15!}{4!5!6!}} = \dfrac{12!5!}{2!15!} \approx 0.021\,98,$$

$$P(A_3) = \dfrac{m_3}{n} = \dfrac{\dfrac{12!}{3!4!5!}}{\dfrac{15!}{4!5!6!}} = \dfrac{12!6!}{3!15!} \approx 0.043\,96,$$

因为 A_1,A_2,A_3 互不相容,所以 3 名优秀生被分配到同一班级的概率为

$$P(A) = P(A_1 \cup A_2 \cup A_3) = P(A_1) + P(A_2) + P(A_3) = 0.074\,73.$$

例 10 某接待站在某一周接待 12 次来访,已知所有这 12 次接待都是在周二和周四进

行的，问是否可以推断接待时间是有规定的？

解　假设接待时间没有规定，而各来访者在一周的任一天去接待站是等可能的，那么，12 次接待来访者都在周二和周四的概率为

$$\frac{2^{12}}{7^{12}} \approx 0.000\ 000\ 3.$$

人们在长期的实践中总结得到"概率很小的事件在一次试验中实际上几乎是不发生"（称之为实际推断原理）. 现在概率很小的事件在一次试验中竟然发生了，因此有理由怀疑假设的正确性，从而推断接待站不是每天都接待来访者，即认为其接待时间是有规定的.

1.3.4　几何概型

古典概型是只考虑了有限等可能结果的随机试验的概率模型. 这里我们进一步研究样本空间为一线段、平面区域或空间立体等一些等可能随机试验的概率模型，我们称之为几何概型.

设样本空间 S 是平面上某个区域，它的面积记为 $\mu(S)$，向区域 S 上随机投掷一点，这里"随机投掷一点"的含义是指该点落入 S 内任何部分区域 A 的可能性只与区域 A 的面积 $\mu(A)$ 成比例，而与区域 A 的位置和形状无关. 向区域 S 上随机投掷一点，该点落在区域 A 的事件仍记为 A，则 A 概率为 $P(A) = \lambda \mu(A)$，其中 λ 为常数，而 $P(S) = \lambda \mu(S)$，于是得 $\lambda = \dfrac{1}{\mu(S)}$，从而事件 A 的概率为

$$P(A) = \frac{\mu(A)}{\mu(S)}.$$

我们称这一概率为几何概率.

若样本空间 S 为一线段或一空间立体，则向 S "投点"的相应概率仍可用公式 $P(A) = \dfrac{\mu(A)}{\mu(S)}$ 来计算，但 $\mu(\cdot)$ 应理解为长度或体积.

例 11（会面问题）　甲、乙两人相约在晚上 7 点到 8 点之间在某地会面，先到者等候另一人 20 min，过时就离开. 如果每个人可在指定的一小时内任意时刻到达，试计算二人能够会面的概率.

解　记 7 点为计算时刻的 0 时，以分钟为单位，x，y 分别记甲、乙达到指定地点的时刻，则样本空间为

$$S = \{(x,\ y) \mid 0 \leqslant x \leqslant 60,\ 0 \leqslant y \leqslant 60\}.$$

以 A 表示事件"两人能会面"，则有 $A = \{(x,\ y) \mid (x,\ y) \in S,\ |x-y| \leqslant 20\}$，如图 1-7 所示. 根据题意，这是一个几何概型问题，于是 $P(A) = \dfrac{\mu(A)}{\mu(S)} = \dfrac{60^2 - 40^2}{60^2} = \dfrac{5}{9}$.

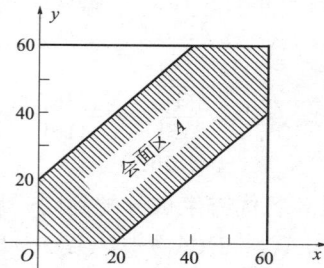

图 1-7

例 12　在长度为 a 的线段内任取两点将其分成三段，求它们可以构成一个三角形的概率.

解　设线段被分成三段，长度分别为 x，y 和 $a-x-y$，则样本空间 S 为

$$0<x<a,\ 0<y<a,\ 0<x+y<a,\ \text{其面积为}\ \frac{1}{2}a^2.$$

由三角形两边之和大于第三边的性质，有

$$0<x<\frac{a}{2},\ 0<y<\frac{a}{2},\ 0<a-x-y<\frac{a}{2},$$

即 $0<x<\dfrac{a}{2}$，$0<y<\dfrac{a}{2}$，$\dfrac{a}{2}<x+y$ 就是所讨论的条件发生的区域 G，如图 1－8 所示的阴影部分.

由于 G 的面积 $=\dfrac{1}{2}\left(\dfrac{1}{2}a\right)^2$，因此所求事件的概率为

$$P=\frac{\dfrac{1}{2}\cdot\dfrac{a^2}{4}}{\dfrac{1}{2}a^2}=\frac{1}{4}.$$

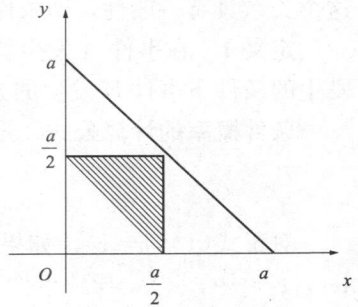

图 1－8

§4　条件概率与乘法原理

1.4.1　条件概率

在概率论中，除了要考虑事件 B 发生的概率 $P(B)$ 外，常常还需要考虑在事件 A 已经发生的条件下事件 B 发生的概率，记作 $P(B\mid A)$. 一般而言，这两类概率是不同的，请看下面的例子.

例 1　一个家庭有两个小孩，已知其中至少一个是女孩，问另一个也是女孩的概率是多少(假定生男生女是等可能的)？

解　样本空间 $S=\{(男，男)，(男，女)，(女，男)，(女，女)\}$，设事件 A 表示"其中一个是女孩"，B 表示"两个都是女孩"，则有

$$A=\{(男，女)，(女，男)，(女，女)\}$$
$$B=\{(女，女)\}$$

显然此问题属于古典概型问题，由于事件 A 已经发生，所以这时试验的所有可能结果只有三种，而事件 B 包含的基本事件只占其中的一种，因此有

$$P(B\mid A)=\frac{1}{3}.$$

而

$$P(B)=\frac{1}{4},$$

式中 $P(B)\neq P(B\mid A)$，其原因在于事件 A 的发生改变了样本空间，使它由原来的 S 缩减为 $S_A=A$，而 $P(B\mid A)$ 是在新的样本空间 S_A 中由古典概率的计算公式得到的，如果回到原来的样本空间 S 中考虑，易知

$$P(A)=\frac{3}{4},\ P(AB)=\frac{1}{4},$$

因此有
$$P(B \mid A) = \frac{1}{3} = \frac{\frac{1}{4}}{\frac{3}{4}},$$

即
$$P(B \mid A) = \frac{P(AB)}{P(A)}.$$

这个关系具有一般性，即条件概率是两个无条件概率之商，这就是条件概率.

定义 1 在事件 A 发生的条件下，考虑事件 B 发生的概率记为 $P(B \mid A)$，称为事件 A 发生的条件下事件 B 发生的条件概率.

条件概率的计算公式 设 A，B 是两个事件，且 $P(A) > 0$，则
$$P(B \mid A) = \frac{P(AB)}{P(A)}. \tag{1-4-1}$$

对于式(1-4-1)，如果利用古典概型来讨论，可以得到直观的验证. 设样本空间 $S = \{e_1, e_2, \cdots, e_n\}$，导致事件 A 发生的试验结果为 m 个，导致事件 AB 发生的试验结果为 r 个，$(r \leqslant m \leqslant n)$，那么
$$P(A) = \frac{m}{n}, \ P(AB) = \frac{r}{n}.$$

实际上，在事件 A 发生的条件下，事件 B 发生，等价于 AB 发生，所以
$$P(B \mid A) = \frac{r}{m} = \frac{\frac{r}{n}}{\frac{m}{n}} = \frac{P(AB)}{P(A)}.$$

不难验证，条件概率 $P(\cdot \mid A)$ 满足概率定义中的以下三个条件：

(1)非负性　对于每一事件 B，有 $P(B \mid A) \geqslant 0$；

(2)规范性　对于必然事件 S，有 $P(S \mid A) = 1$；

(3)可列可加性　设 B_1，B_2，$\cdots$，B_n，$\cdots$是两两互不相容的事件，则有
$$P\left(\bigcup_{i=1}^{\infty} B_i \mid A\right) = \sum_{i=1}^{\infty} P(B_i \mid A).$$

证明 (1)对于任意事件 B，$P(AB) \geqslant 0$，所以 $P(B \mid A) = \frac{P(AB)}{P(A)} \geqslant 0$.

(2)因为 $P(AS) = P(A)$，所以 $P(S \mid A) = \frac{P(AS)}{P(A)} = \frac{P(A)}{P(A)} = 1$.

(3)因为 B_1，B_2，$\cdots$，B_n，$\cdots$两两互不相容，所以 $B_1 A$，$B_2 A$，$\cdots$，$B_n A$，$\cdots$也两两互不相容，

故
$$P\left(\bigcup_{i=1}^{\infty} B_i \mid A\right) = \frac{P\left(\bigcup_{i=1}^{\infty} B_i A\right)}{P(A)} = \sum_{i=1}^{\infty} \frac{P(B_i A)}{P(A)} = \sum_{i=1}^{\infty} P(B_i \mid A).$$

既然条件概率符合上述三个条件，从而概率所具有的性质和满足的关系式对条件概率仍适用. 例如
$$P(\varnothing \mid A) = 0;$$
$$P(\overline{B} \mid A) = 1 - P(B \mid A);$$
$$P(B_1 \bigcup B_2 \mid A) = P(B_1 \mid A) + P(B_2 \mid A) - P(B_1 B_2 \mid A),$$

等等.

计算条件概率 $P(B\mid A)$ 一般有两种方法：

(1)在缩减的样本空间 S_A 中计算 B 发生的概率；

(2)在原样本空间 S 中，先计算 $P(AB)$，$P(A)$，利用式(1-4-1)计算 $P(B\mid A)$.

例 2　某产品共有 10 件，其中 3 件为次品，其余为正品. 不放回抽样，从中任取两次，一次抽取一件. 问若第一次取得的是次品，则第二次取到次品的概率是多少？

解　设 A 表示"第一次取得次品"，B 表示"第二次取得次品"，只需计算 $P(B\mid A)$.

方法一：在原样本空间中计算，由于

$$P(A)=\frac{3}{10},\ P(AB)=\frac{3\cdot 2}{10\cdot 9},$$

故

$$P(B\mid A)=\frac{P(AB)}{P(A)}=\frac{\dfrac{1}{15}}{\dfrac{3}{10}}=\frac{2}{9}.$$

方法二：在缩减的样本空间中计算，因第一次取到的是次品，产品剩 9 件，其中只有 2 件次品，从而

$$P(B\mid A)=\frac{2}{9}.$$

例 3　设某种动物从出生起活 15 岁以上的概率为 80%，活 20 岁以上的概率为 40%，如果现在有一个 15 岁的这种动物，求它能活 20 岁以上的概率.

解　设 A 表示"能活 15 岁以上"，B 表示"能活 20 岁以上"，由题意，$P(A)=0.8$，由于 $B\subset A$，因此 $P(AB)=P(B)=0.4$，由式(1-4-1)，有

$$P(B\mid A)=\frac{P(AB)}{P(A)}=\frac{0.4}{0.8}=0.5.$$

1.4.2　乘法定理

由条件概率式(1-4-1)，可得到一个非常有用的公式，这就是概率的乘法公式.

乘法定理　设 $P(A)>0$，则有

$$P(AB)=P(B\mid A)P(A). \tag{1-4-2}$$

同理，当 $P(B)>0$ 时，则有

$$P(AB)=P(A\mid B)P(B). \tag{1-4-3}$$

式(1-4-2)和式(1-4-3)均称为乘法公式.

乘法公式可推广到多个事件的积事件的情况. 例如设 A，B，C 为事件，且 $P(AB)>0$，则有

$$P(ABC)=P(C\mid BA)P(B\mid A)P(A).$$

一般地，设 A_1，A_2，$\cdots$，A_n 为 n 个事件，$n\geqslant 2$，且 $P(A_1A_2\cdots A_{n-1})>0$，则有

$$P(A_1A_2\cdots A_n)=P(A_n\mid A_{n-1}\cdots A_2A_1)P(A_{n-1}\mid A_{n-2}\cdots A_2A_1)\cdots P(A_2\mid A_1)P(A_1).$$

例 4　一批灯泡共 100 只，次品率为 10%. 不放回抽取三次，每次 1 只，求第三次才取得合格品的概率.

解　设 A_i 表示"第 i 次取得合格品"($i=1$，2，3). 由题意知，第一次与第二次取得的均是次品，第三次取得合格品，只有这三件事同时发生，才是题中所求事件，故此题是积事件

的概率问题.

因为　$P(\overline{A}_1)=\dfrac{10}{100}$, $P(\overline{A}_2\mid\overline{A}_1)=\dfrac{9}{99}$, $P(A_3\mid\overline{A}_2\overline{A}_1)=\dfrac{90}{98}$,

所以　$P(\overline{A}_1\overline{A}_2A_3)=P(\overline{A}_1)P(\overline{A}_2\mid\overline{A}_1)P(A_3\mid\overline{A}_1\overline{A}_2)=\dfrac{10}{100}\times\dfrac{9}{99}\times\dfrac{90}{98}\approx0.008.$

例5　猎手在距猎物 15 m 处开枪,击中概率为 0.6;若未击中猎物,待开第二枪时,猎物已逃至 40 m 远处,此时击中概率为 0.25;若再击不中,开第三枪击中概率为 0.1,求猎手三枪内击中猎物的概率.

解　设 A_i 表示"第 i 枪击中猎物"$(i=1,2,3)$,则所求概率为

$$P(A_1\bigcup A_2\bigcup A_3)=1-P(\overline{A_1\bigcup A_2\bigcup A_3})=1-P(\overline{A}_1\overline{A}_2\overline{A}_3)$$
$$=1-P(\overline{A}_1)P(\overline{A}_2\mid\overline{A}_1)P(\overline{A}_3\mid\overline{A}_1\overline{A}_2)$$
$$=1-(1-0.6)(1-0.25)(1-0.1)$$
$$=0.73.$$

例6　设口袋里装有 b 个黑球, r 个红球,每次从袋中任取一只球观察其颜色后放回,并同时放入与所取球同颜色的 c 个球. 如果从袋中连续取 4 次,试求第 1、第 2 次取到红球且第 3、第 4 次取到黑球的概率.

解　设 A_i 表示"第 i 次取到红球"$(i=1,2,3,4)$,所求为

$$P(A_1A_2\overline{A}_3\overline{A}_4)=P(A_1)P(A_2\mid A_1)P(\overline{A}_3\mid A_1A_2)P(\overline{A}_4\mid A_1A_2\overline{A}_3)$$
$$=\dfrac{r}{b+r}\cdot\dfrac{r+c}{r+b+c}\cdot\dfrac{b}{b+r+2c}\cdot\dfrac{b+c}{b+r+3c}.$$

1.4.3　全概率公式和贝叶斯公式

全概率公式和贝叶斯公式是计算概率的两个重要公式,首先介绍样本空间划分的定义.

定义2　设 S 为试验 E 的样本空间, B_1, B_2, …, B_n 为 E 的一组事件. 若

(1)$B_iB_j=\varnothing$　$(i\neq j; i,j=1,2,\cdots,n)$;

(2)$B_1\bigcup B_2\bigcup\cdots\bigcup B_n=S$,

则称 B_1, B_2, …, B_n 为样本空间 S 的一个划分,如图 1-9 所示.

若 B_1, B_2, …, B_n 为样本空间 S 的一个划分,则对每次试验,事件 B_1, B_2, …, B_n 中必有一个且仅有一个发生.

定理1　设试验 E 的样本空间为 S, A 为 E 的事件, B_1, B_2, …, B_n 为 S 的一个划分,且 $P(B_i)>0(i=1,2,\cdots,n)$,则

$$P(A)=P(A\mid B_1)P(B_1)+P(A\mid B_2)P(B_2)+\cdots+P(A\mid B_n)P(B_n).$$
$$(1-4-4)$$

图 1-9

证明　因为

$$A=AS=A(B_1\bigcup B_2\bigcup\cdots\bigcup B_n)=AB_1\bigcup AB_2\bigcup\cdots\bigcup AB_n,$$

由假设 $P(B_i)>0(i=1,2,\cdots,n)$,且 $(AB_i)(AB_j)=\varnothing(i\neq j; i,j=1,2,\cdots,n)$,得到

$$P(A)=P(AB_1)+P(AB_2)+\cdots+P(AB_n)$$
$$=P(A\mid B_1)P(B_1)+P(A\mid B_2)P(B_2)+\cdots+P(A\mid B_n)P(B_n).$$

式(1-4-4)称为全概率公式.

全概率公式是把一复杂事件的概率计算问题转化为一组两两互不相容的和事件的概率计

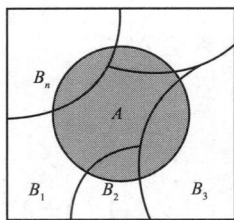

算问题，如果事件 A 的发生受多种原因 B_1，B_2，$\cdots$，B_n 的影响，而事件 A 能且仅能与原因之一一起发生，用一次概率加法公式和一次乘法公式即可计算这一复杂事件的概率.

定理 2　设试验 E 的样本空间为 S，A 为 E 的事件，B_1，B_2，$\cdots$，B_n 为 S 的一个划分，且 $P(A)>0$，$P(B_i)>0(i=1,2,\cdots,n)$，则

$$P(B_i \mid A) = \frac{P(A \mid B_i)P(B_i)}{\displaystyle\sum_{j=1}^{n}P(A \mid B_j)P(B_j)} \quad (i=1,2,\cdots,n). \qquad (1-4-5)$$

证明　由条件概率的定义及全概率公式即得

$$P(B_i \mid A) = \frac{P(B_iA)}{P(A)} = \frac{P(A \mid B_i)P(B_i)}{\displaystyle\sum_{j=1}^{n}P(A \mid B_j)P(B_j)} \quad (i=1,2,\cdots,n).$$

式(1−4−5)称为贝叶斯公式.

贝叶斯公式在计算机诊断、模式识别、基因组成、蛋白质结构等很多方面有着重要的应用. 公式中的 $P(B_i)$ 称为先验概率，是试验之前就知道的信息，通常是经验，而 $P(B_i \mid A)$ 则是试验之后才得到的，称为后验概率，它是事件 A 发生之后，判断 A 发生是因为 B_i 发生的可能性大小的概率. 通常用它来修正我们的经验认识.

贝叶斯公式是解决在某一试验结果已知情况下，追查是何种原因(或情况、条件)下引发的概率.

例 7　车间甲、乙、丙生产同一种产品，产量分别占总产量的 25%，35% 和 40%，次品率分别为 5%，4% 和 2%. 如果从混杂的产品中任取一件，试求：

(1)这一件恰好是次品的概率；

(2)这一件恰好是次品，它分别是由车间甲、乙、丙生产的概率？

解　设 A_1 表示"取出甲车间的产品"，A_2 表示"取出乙车间的产品"，A_3 表示"取出丙车间的产品"，B 表示"取出次品"，则易知 A_1，A_2，A_3 是 S 的一个划分，且有

$$P(A_1)=0.25，P(A_2)=0.35，P(A_3)=0.4，$$

又知 $P(B \mid A_1)=0.05，P(B \mid A_2)=0.04，P(B \mid A_3)=0.02$.

(1)由全概率公式可得

$$P(B)=P(B \mid A_1)P(A_1)+P(B \mid A_2)P(A_2)+P(B \mid A_3)P(A_3)=0.034\ 5.$$

(2)由贝叶斯公式可得

$$P(A_1 \mid B) = \frac{P(A_1)P(B \mid A_1)}{P(B)} = \frac{0.012\ 5}{0.034\ 5} = \frac{25}{69},$$

$$P(A_2 \mid B) = \frac{P(A_2)P(B \mid A_2)}{P(B)} = \frac{0.014}{0.034\ 5} = \frac{28}{69},$$

$$P(A_3 \mid B) = \frac{P(A_3)P(B \mid A_3)}{P(B)} = \frac{0.008}{0.034\ 5} = \frac{16}{69}.$$

例 8　假设有两箱同种零件：第一箱内装 50 件，其中 10 件一等品；第二箱内装 30 件，其中 18 件一等品. 现从两箱中随意取出一箱，然后从该箱中先后随机取出两个零件(取出的零件不再放回)，试求：

(1)先取出的零件是一等品的概率；

(2)在先取出的零件是一等品的条件下，第二次取出的零件仍然是一等品的概率.

解　设 B_i 表示"取出的第 i 箱"，$i=1$，2；

A_i 表示"第 i 箱取出的零件是一等品"，$i=1$，2.
显然 B_1，B_2 是 S 的一个划分，且有

$$P(B_1)=P(B_2)=0.5,$$

又知 $P(A_1 \mid B_1)=\dfrac{10}{50}$，$P(A_1 \mid B_2)=\dfrac{C_{19}^4}{C_{20}^4}=\dfrac{18}{30}$.

(1)由全概率公式可得

$$P(A_1)=P(A_1 \mid B_1)P(B_1)+P(A_1 \mid B_2)P(B_2)$$
$$=\frac{1}{2}\times\frac{10}{50}+\frac{1}{2}\times\frac{18}{30}$$
$$=0.4.$$

(2)由贝叶斯公式可得

$$P(A_2 \mid A_1)=\frac{P(A_1A_2)}{P(A_1)}=\frac{P(A_1A_1 \mid B_1)P(B_1)+P(A_1A_2 \mid B_2)P(B_2)}{P(A_1)}$$
$$=\frac{5}{2}\times\left(\frac{1}{2}\times\frac{10\times9}{50\times49}+\frac{1}{2}\times\frac{18\times17}{30\times29}\right)=\frac{1}{4}\times\left(\frac{1}{49}+\frac{51}{29}\right)=0.49.$$

例 9　根据以往的临床记录，诊断某种癌症的试验具有如下的效果：患有癌症的人，经试验，95%的人有阳性反应；没患癌症的人，经试验，95%的人没有阳性反应．如果某地区这种癌症发病率为 0.5%，此地区一个人在普查中经这种试验反应为阳性，能否判断此人患有癌症？

解　设 A 表示"经试验反应阳性"，B 表示"被诊断者患有癌症"，于是取 B 和 $\overline{B}$ 为划分，且 $P(B)=0.005$，$P(\overline{B})=0.995$，$P(A \mid B)=0.95$，$P(A \mid \overline{B})=0.05$．由贝叶斯公式可得

$$P(B \mid A)=\frac{P(AB)}{P(A)}=\frac{P(B)P(A \mid B)}{P(B)P(A \mid B)+P(\overline{B})P(A \mid \overline{B})}$$
$$=\frac{0.005\times0.95}{0.005\times0.95+0.995\times0.05}\approx0.087.$$

这个结果说明，这个地区的人，有阳性反应是因为癌症引起的可能性很小．所以根据患癌症有阳性反应的经验，不能判断有阳性反应的人一定患有癌症，否则将导致误诊.

§5　随机事件的相互独立性

1.5.1　两个事件的独立性

一般情况下，对于两个事件 A，B，有 $P(B \mid A)\neq P(B)$．但有些情况下，却有

$$P(B \mid A)=P(B),$$

这说明事件 A 发生与否对事件 B 发生的概率无影响．这时由乘法公式知

$$P(AB)=P(A)P(B),$$

因此我们给出以下定义：

定义 1　设 A，B 是两个事件，如果满足等式

$$P(AB)=P(A)P(B),$$

则称事件 A 与 B 相互独立，简称 A 与 B 独立.

需要注意的是，不要把事件 A 与 B 相互独立与事件 A 与 B 互不相容相混淆．事实上，

当 $P(A)>0$，$P(B)>0$ 时，如果 A 与 B 相互独立，则 A 与 B 一定不互不相容；如果 A 与 B 互不相容，则 A 与 B 一定不相互独立.

定理 1 设 A，B 是两个事件，且 $P(A)>0$，则 A 与 B 相互独立的充分必要条件是
$$P(B \mid A) = P(B).$$

定理 2 若事件 A 与事件 B 相互独立，则 A 与 $\overline{B}$，$\overline{A}$ 与 B，$\overline{A}$ 与 $\overline{B}$ 也分别相互独立.

证明 因为 $A = A(B \cup \overline{B}) = AB \cup A\overline{B}$，得
$$P(A) = P(AB \cup A\overline{B}) = P(AB) + P(A\overline{B})$$
$$= P(A)P(B) + P(A\overline{B}),$$
$$P(A\overline{B}) = P(A)[1 - P(B)] = P(A)P(\overline{B}).$$

所以 A 与 $\overline{B}$ 相互独立.

类似可证 $\overline{A}$ 与 B 相互独立，$\overline{A}$ 与 $\overline{B}$ 相互独立.

1.5.2 多个事件的相互独立性

首先给出三个事件相互独立性的定义.

定义 2 设 A，B，C 是三个事件，如果满足以下等式
$$P(AB) = P(A)P(B),$$
$$P(BC) = P(B)P(C),$$
$$P(AC) = P(A)P(C),$$
$$P(ABC) = P(A)P(B)P(C),$$

则称事件 A，B，C 相互独立.

由此可以定义三个以上事件的相互独立性.

定义 3 设有 n 个事件 A_1，A_2，$\cdots$，A_n，对任意的 $1 \leqslant i < j < k < \cdots \leqslant n$，如果以下等式均成立
$$P(A_iA_j) = P(A_i)P(A_j),$$
$$P(A_iA_jA_k) = P(A_i)P(A_j)P(A_k),$$
$$\vdots$$
$$P(A_1A_2 \cdots A_n) = P(A_1)P(A_2) \cdots P(A_n),$$

则称 n 个事件 A_1，A_2，$\cdots$，A_n 相互独立.

由独立性的定义，可以得到以下两点推论：

(1)若事件 A_1，A_2，$\cdots$，$A_n(n \geqslant 2)$ 相互独立，则其中任意 $k(2 \leqslant k < n)$ 个事件也相互独立；

(2)若 n 个事件 A_1，A_2，$\cdots$，$A_n(n \geqslant 2)$ 相互独立，则将 A_1，A_2，$\cdots$，A_n 中任意多个事件换成它们各自的对立事件，所得的 n 个事件仍相互独立.

例 1 甲、乙两人考大学，甲考上的概率是 0.7，乙考上的概率是 0.8. 假定两人考上大学与否是相互独立的，求：

(1)甲、乙两人都考上大学的概率是多少？

(2)甲、乙两人至少有一人考上大学的概率是多少？

解 设 A 表示事件"甲考上大学"，B 表示"乙考上大学"，则
$$P(A) = 0.7, \quad P(B) = 0.8.$$

(1)甲、乙两人考上大学的事件是相互独立的，故甲、乙两人同时考上大学的概率为
$$P(AB)=P(A) \cdot P(B)=0.7 \times 0.8=0.56.$$

(2)甲、乙两人至少有一人考上大学的概率为
$$P(A \cup B)=P(A)+P(B)-P(AB)$$
$$=P(A)+P(B)-P(A) \cdot P(B)$$
$$=0.7+0.8-0.7 \times 0.8=0.94.$$

例 2　某一治疗方法对一个患者有效的概率为 0.9. 今对 3 个患者进行了治疗，求对 3 个患者的治疗中，至少有一人是有效的概率. 设对各个患者的治疗效果是相互独立的.

解　设 B 表示"对 3 个患者的治疗中，至少有一人是有效的"，
A_i 表示"对第 i 个患者的治疗是有效的"($i=1$, 2, 3).
由加法公式，
$$P(B)=P(A_1 \cup A_2 \cup A_3)$$
$$=P(A_1)+P(A_2)+P(A_3)-P(A_1A_2)-P(A_2A_3)-P(A_1A_3)+P(A_1A_2A_3).$$
由独立性，
$$P(A_iA_j)=P(A_i)P(A_j)$$
$$=0.9 \times 0.9=0.9^2 \quad (i \neq j; \ i, \ j=1, \ 2, \ 3),$$
$$P(A_1A_2A_3)=P(A_1)P(A_2)P(A_3)$$
$$=0.9 \times 0.9 \times 0.9=0.9^3.$$
所以
$$P(B)=3 \times 0.9-3 \times 0.9^2+0.9^3=0.999.$$
还可用下面更简便的方法
$$P(B)=1-P(\overline{B})=1-P(\overline{A_1}\overline{A_2}\overline{A_3})$$
$$=1-P(\overline{A_1})P(\overline{A_2})P(\overline{A_3})$$
$$=1-[1-P(A_1)][1-P(A_2)][1-P(A_3)]$$
$$=1-0.1^3=0.999.$$

例 3　甲、乙两人进行乒乓球比赛，每局甲胜的概率为 $P\left(P \geqslant \frac{1}{2}\right)$，问：对甲而言，采用三局二胜制有利，还是采用五局三胜制有利. 设各局胜负相互独立.

解　采用三局二胜制，甲最终获胜，其胜局的情况是："甲甲"或"乙甲甲"或"甲乙甲". 而这三种结局互不相容，于是由独立性得甲最终获胜的概率为
$$P_1=P^2+2P^2(1-P).$$

采用五局三胜制，甲最终获胜，至少需比赛 3 局(可能赛 3 局，也可能赛 4 局或 5 局)，且最后一局必须是甲胜，而前面甲需胜二局. 例如，共赛 4 局，则甲的胜局情况是："甲乙甲甲"，"乙甲甲甲"，"甲甲乙甲"，且这三种结局互不相容. 由独立性得在五局三胜制下甲最终获胜的概率为
$$P_2=P^3+C_3^2P^3(1-P)+C_4^2P^3(1-P)^2,$$
而
$$P_2-P_1=P^2(6P^3-15P^2+12P-3)$$
$$=3P^2(P-1)^2(2P-1).$$

当 $P>\frac{1}{2}$ 时，$P_2>P_1$；当 $P=\frac{1}{2}$ 时，$P_2=P_1=\frac{1}{2}$. 故当 $P>\frac{1}{2}$ 时，对甲来说采用五局

三胜制为有利.

当 $P=\dfrac{1}{2}$ 时两种赛制甲、乙最终获胜的概率是相同的，都是 50%.

1.5.3　可靠性问题

在实际工作中，我们称一个元件能正常工作的概率为这个元件的可靠性，由若干个元件构成的系统能正常工作的概率为该系统的可靠性. 本书仅讨论可靠性计算的一些最简单情况，作为独立性应用的例子.

例 4　设构成系统的每一个元件的可靠性为 $r(0<r<1)$，且各元件能否正常工作是相互独立的. 试求：

(1) 由 n 个元件组成的串联系统的可靠性(如图 1—10 所示)；

(2) 由 n 个元件组成的并联系统的可靠性(如图 1—11 所示).

解　设 A 表示"整个系统正常工作"，

$\quad\quad\quad B$ 表示"第 i 个元件正常工作" $(i=1,2,\cdots,n)$.

(1) 对于串联系统，整个系统正常工作，当且仅当每一个元件都正常工作，即

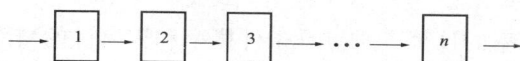

图 1—10

$$A=B_1 B_2 \cdots B_n.$$

因为 B_1，B_2，$\cdots$，B_n 是相互独立的，所以

$$P(A)=P(B_1)P(B_2)\cdots P(B_n)=r^n$$

(2) 对于并联系统，整个系统正常工作，当且仅当该系统至少有一个元件正常工作，即

$$A=B_1 \bigcup B_2 \bigcup \cdots \bigcup B_n,$$

于是

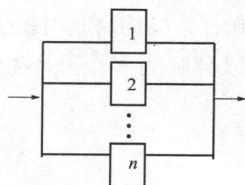

$$\begin{aligned} P(A)&=1-P(\overline{A})\\ &=1-P(\overline{B}_1\overline{B}_2\cdots\overline{B}_n x)\\ &=1-P(\overline{B}_1)P(\overline{B}_2)\cdots P(\overline{B}_n)\\ &=1-(1-r)^n \end{aligned}$$

图 1—11

可见，串联系统的可靠性随着元件个数的增加而减小，并联系统的可靠性随着元件个数的增加而增大. 因此，为了提高系统的可靠性，可适当增加并联元件.

例 5　一个混联系统如图 1—12 所示，设该系统由 5 个元件组成，每个元件的可靠性为 r，求系统的可靠性.

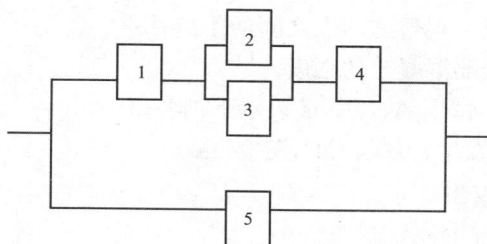

图 1—12

解　设元件 2 与元件 3 组成并联系统Ⅰ，其可靠性为 $1-(1-r)^2=r(2-r)$. 把子系统Ⅰ视为一个元件，它与元件 1，4 组成串联系统Ⅱ，可靠性为 $r^2 \cdot r \cdot (2-r)$. 而系统Ⅱ与元件 5 组成整个系统，故其可靠性为

$$1-(1-r)[1-r^3(2-r)]=r+2r^3-3r^4+r^5.$$

小　结

本章首先阐明了在大量重复试验中随机事件的频率的稳定性，从而引出随机事件概率的定义，然后给出概率的古典定义. 为了更好地研究随机事件的概率，本章介绍了事件之间的关系与运算和概率的性质，要熟练掌握这些定义与性质，它们是进行概率计算的基础. 在古典概率计算中还应熟悉排列和组合的方法与相应的计算公式.

在计算随机事件的概率时，概率的加法定理、概率乘法定理、全概率公式、贝叶斯公式这几个最常用的重要公式是进行概率计算和以后学习的基础，要深刻理解、牢固地掌握.

最后本章介绍了事件的独立性，要注意事件互不相容与事件相互独立之间的关系与区别.

本章的重点是古典概率的计算. 难点是条件概率和积事件的概率.

由于概率论研究的是随机现象，从而学习起来有一定的难度. 因此学好概率，首先要深刻理解、牢固掌握基本概念，可以通过应用，多次反复进行比较，逐步加深理解.

其次在解题时，要注意总结与归纳，学会解题的一些基本方法，注意抓典型问题，在计算古典概型时，要熟练地掌握三类典型问题(摸球问题、分房问题、随机取数问题)，这样许多古典概型问题可归结为这三类问题之一来处理.

最后要注意问题的转化和事件的分解，有时将难解的复杂问题转化为其他问题就迎刃而解了. 如求和事件的概率，不容易求时可以转化为求积事件的概率. 复杂事件的概率有时可以分解为多个互不相容的简单事件之和同样便于计算.

习题一

1. 写出下列随机试验的样本空间 S：
   (1)对一目标射击三次，记录射击结果；
   (2)从含有 2 件次品的 10 件产品中不放回的抽样，每次取 1 件，直到 2 件次品全部取出为止，记录抽取次数；
   (3)从编号为 1，2，3，4，5 的 5 件产品中任意取出 2 件，观察取出哪两件产品；
   (4)在单位圆内任取两点，观察这两点之间的距离；
   (5)记录同一混合比例钢筋混凝土的强度.
2. 设 A，B，C 为三事件，试用 A，B，C 表示下列各事件：
   (1)A，B，C 中恰好 A 发生，B 与 C 不发生；
   (2)A，B，C 恰有一个发生；
   (3)A，B，C 恰有两个发生；
   (4)A，B，C 至少有一个发生；

  (5) A，B，C 至少有两个发生；

  (6) A，B，C 不多于一个发生；

  (7) A，B，C 不多于两个发生；

  (8) A，B，C 同时发生；

  (9) A，B，C 都不发生.

3. 已知 $P(\overline{A})=0.5$，$P(\overline{AB})=0.2$，$P(B)=0.4$，求：(1) $P(AB)$；(2) $P(A-B)$；(3) $P(A\bigcup B)$；(4) $P(\overline{AB})$.

4. 盒中装有 10 只晶体管. 令 A_i 为"10 只晶体管中恰有 i 只次品"，$B=$ "10 只晶体管中不多于 3 只次品"，$C=$ "10 只晶体管中次品不少于 4 只". 问：事件 $A_i(i=0,1,2,3)$，B 和 C 之间哪些有包含关系？哪些互不相容？哪些互逆？

5. 现有一批产品共有 10 件，其中 8 件为正品，2 件为次品：

  (1) 如果从中取出一件，然后放回，再取一件，求连续 3 次取出的都是正品的概率；

  (2) 如果从中一次取 3 件，求 3 件都是正品的概率.

6. 盒中装着标有数字 1，2，3，4 的卡片各 2 张，从盒中任意任取 3 张，每张卡片被抽出的可能性都相等，求：

  (1) 抽出的 3 张卡片上最大的数字是 4 的概率；

  (2) 抽出的 3 张中有 2 张卡片上的数字是 3 的概念；

  (3) 抽出的 3 张卡片上的数字互不相同的概率.

7. 把 n 个球等可能投入 $N(n\leqslant N)$ 个盒子中，求下列事件的概率：

  (1) 某指定的 n 个盒子中各有一个球；

  (2) 恰有 n 个盒子中各有一个球；

  (3) 某个指定的盒子中恰有 $m(m\leqslant n)$ 个球.

8. 将标号为 1，2，3，4 的四个球随意地排成一行，求下列各事件的概率：

  (1) 各球由左至右或由右至左恰好排成 1，2，3，4 的顺序；

  (2) 第 1 号球排在最右边或最左边；

  (3) 第 1 号球与第 2 号球相邻；

  (4) 第 1 号球排在第 2 号球的右边(不一定相邻).

9. 从 1，2，…，10 这十个数中任取一个，假定各个数都以同样的概率被取中，取后放回，先后取出 7 个数，求下列事件概率：

  (1) 7 个数完全不相同；

  (2) 不含有 1 和 10；

  (3) 5 恰好出现两次；

  (4) 6 至少出现两次；

  (5) 取到的最大数恰好为 9.

10. 某城市中发行 2 种报纸 A，B. 经调查，在这 2 种报纸的订户中，订阅 A 报的有 45%，订阅 B 报的有 35%，同时订阅 2 种报纸 A，B 的有 10%. 求只订一种报纸的概率 α.

11. 在添加剂的搭配使用中，为了找到最佳的搭配方案，需要对各种不同的搭配方式作比较. 在试制某种牙膏新品种时，需要选用两种不同的添加剂. 现有芳香度分别为 0，1，2，3，4，5 的六种添加剂可供选用. 根据试验设计原理，通常首先要随机选取两种不同的添加剂进行搭配试验.

(1)求所选用的两种不同的添加剂的芳香度之和等于 4 的概率;

(2)求所选用的两种不同的添加剂的芳香度之和不小于 3 的概率.

12. 甲、乙二人参加普法知识竞赛,共有 10 个不同的题目,其中选择题 6 个,判断题 4 个,甲、乙二人一次各抽取一题.

(1)甲抽到选择题,乙抽到判断题的概率是多少?

(2)甲、乙二人至少有一个抽到选择题的概率是多少?

13. 某人午觉醒来,发觉表停了,他打开收音机,想听电台报时,设电台是每整点报时一次,求他等待时间少于 10 min 的概率.

14. 对某种产品要依次进行三项破坏性试验. 已知产品不能通过第一项试验的概率是 0.3;通过第一项而通不过第二项试验的概率是 0.2;通过了前两次试验却不能通过最后一项试验的概率是 0.1. 试求产品未能通过破坏性试验的概率?

15. 现在 2 种报警系统 A 与 B,每种系统单独使用时,系统 A 有效的概率为 0.92,系统 B 为 0.93,在 A 失灵的条件下,B 有效的概率为 0.85,求:

(1)在 B 失灵条件下,A 有效的概率;

(2)这 2 个系统至少有一个有效的概率.

16. 某船运输分别由甲、乙、丙三地生产的瓷器,各占总量的 20%,30%,50%,由于质量差异,其破损率分别为 5%,3%,3%. 到港后随机地抽取一件. 问:

(1)该瓷器已破损的概率是多少?

(2)若发现该瓷器已破损,则最可能是由何地生产的?

17. 三个电池生产车间同时生产普通电池和高性能电池,一小时总产量为 600 只,各个车间的产量见表 1—3.

表 1—3

车间	普通电池	高性能电池	共计产量
1	200	100	300
2	50	150	200
3	50	50	100

某一小时因出了差错没有在电池上加上车间标签就放入了仓库.

(1)在仓库里随机地取一只电池,求它是高性能电池的概率;

(2)若随机地取一只电池,已知它是高性能电池,求它是 1,2,3 车间生产的概率各是多少?

18. 玻璃杯成箱出售,每箱 20 只,假设各箱含 0,1,2 只残次品的概率分别为 0.8,0.1 和 0.1. 一顾客预买一箱玻璃杯,在购买时,顾客随机地查看 4 只玻璃杯,若无残次品,则买下该箱玻璃杯,否则退回. 试求:

(1)顾客买下该箱玻璃杯的概率;

(2)在顾客买下的一箱玻璃杯中,确实没有残次品的概率.

19. 某地区约有 5% 的人体内携带有乙肝病毒,求该地区某校一个班的 50 名学生中至少有一人体内携带有乙肝病毒的概率.

20. 根据"三废"排放标准，含有某种有害气体质量的百分比达到 3% 时，便不得排入大气中. 现有三个通风系统，各个系统的排风量分别占总排风量的 30%，55%，15%，而每个系统的有害气体的浓度分别为 4.7%，3.1%，0.8%. 如果把三个系统的空气混合后再排放，问是否还需要装置空气处理设备.

21. 设第一只盒子中装有 3 只蓝球，2 只绿球，2 只白球；第二只盒子中装有 2 只蓝球，3 只绿球，4 只白球. 独立地分别在两只盒子中各取一只球.

    (1) 求至少有一只蓝球的概率；

    (2) 求有一只蓝球和一只白球的概率；

    (3) 已知至少有一只蓝球，求有一只蓝球一只白球的概率.

22. 对某种混凝土进行强度试验. 已知混凝土强度达到 C50 的概率为 0.9，达到 C60 的概率为 0.3. 现取一混凝土块进行试验，强度等级已达到 C50 未被破坏，求其为 C60 强度等级混凝土的概率.

23. 设 A，B，C 三事件相互独立，试证 $A \cup B$ 与 C 相互独立.

24. 将两信息分别编码为 X 和 Y 后传送出去，接收站接收时，X 被误收作 Y 的概率为 0.02，而 Y 被误收作 X 的概率为 0.01，信息 X 与信息 Y 传送的频繁程度之比为 2：1. 若接收站收到的信息是 X，问原发信息也是 X 的概率是多少？

25. 有甲乙两名选手比赛射击，轮流对同一目标进行射击，甲命中目标的概率为 α，乙命中目标的概率为 β. 甲先射，谁先命中谁得胜. 问甲、乙两人获胜的概率各为多少？

26. 一台电子仪器中有三个易损部件. 使用时，损坏第一、二、三个部件的概率分别为 0.1，0.2，0.3，且各个部件是否损坏是独立的. 已知损坏一个部件、两个部件、三个部件时，仪器发生故障的概率分别为 0.25，0.6，0.9，求仪器发生故障的概率.

27. 某人下午 5:00 下班，他所积累的资料(见表 1—4)表明：

表 1—4

到家时间	5:35—5:39	5:40—5:44	5:45—5:49	5:50—5:54	迟于 5:54
乘地铁的概率	0.10	0.25	0.45	0.15	0.05
乘汽车的概率	0.30	0.35	0.20	0.10	0.05

某日他抛一枚硬币决定乘地铁还是乘汽车，结果他是 5:47 到家的. 试求他是乘汽车回家的概率.

28. 袋中装有 m 只正品硬币，n 只次品硬币(次品硬币的两面均印有国徽)，在袋中任取一只，将它投掷 r 次，已知每次都出现国徽，问这只硬币是正品的概率是多少？

29. 一学生接连参加同一课程的两次考试. 第一次及格的概率为 P，若第一次及格，则第二次及格的概率也为 P；若第一次不及格，则第二次及格的概率为 $\dfrac{P}{2}$.

    (1) 若至少有一次及格，则他能取得某种资格，求他取得该资格的概率；

    (2) 若已知他第二次已经及格，求他第一次及格的概率.

30. 已知事件 A、B 相互独立且互不相容，求 $\min(P(A)，P(B))$.

31. 设 $0 < P(B) < 1$，试证事件 A 与 B 独立的充要条件是 $P(A \mid B) = P(A \mid \bar{B})$.

32. 若干人独立地向一游动的目标各射击一次，每人击中目标的概率都是 0.6，问至少需要多少人同时射击，才能以 0.99 以上的概率击中该游动目标？

33. 某人从外地赶来参加紧急会议，他乘火车、轮船、汽车或飞机的概率分别是 $\frac{3}{10}$，$\frac{1}{5}$，$\frac{1}{10}$ 和

$\frac{2}{5}$．如果他乘飞机，不会迟到．而乘火车、轮船或汽车时，迟到的概率分别为 $\frac{1}{4}$，$\frac{1}{3}$，

$\frac{1}{12}$．现此人迟到，试推断他使用哪种交通工具的可能性最大？

34. 设有 $2n$ 个元件，每个元件的可靠性为 r，求如图 1—13 所示的两个系统的可靠性.

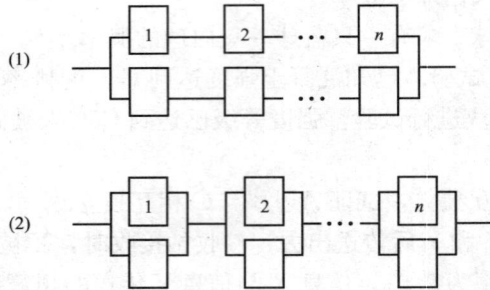

图 1—13

35. 设每个元件的可靠性为 r，求图 1—14 所示混联系统的可靠性.

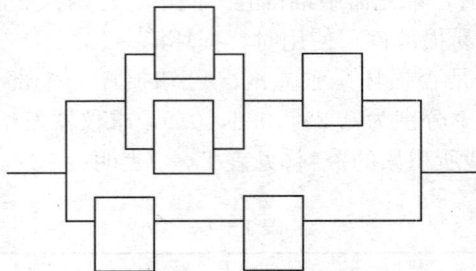

图 1—14

第二章　随机变量及其分布

在第一章中我们是用样本空间的子集来表示随机事件，这种表达方式对全面讨论随机试验的统计规律及其他数学工具的运用都有较大的局限性，为此本章将用随机变量来表示随机事件，即我们将随机试验的结果与实数对应起来，将随机试验的结果数量化，由此就产生了随机变量的概念.

§1　随机变量

我们已看到，有许多随机试验的结果与实数之间本身就存在着某种客观的联系，下面我们举例说明.

例 1　袋中装有 5 个相同的球，它们的编号为 1，2，3，4，5，从中任取一个球，观察它的编号.

以 X 记所取球的编号，很明显 X 可能取值为 1，2，3，4，5，其样本空间为 $S=\{e\}=\{1,2,3,4,5\}$，则与每个实验结果相对应的 X 的取值为

$$X=X(e)=i,\ e=i\in S.$$

例 2　考查电话总机在单位时间内接到呼唤的次数.

记 X 表示单位时间内接到呼唤的次数，显然，X 可能取值为 0，1，2，…，其样本空间为 $S=\{e\}=\{0,1,2,\cdots\}$，则

$$X=X(e)=k,\ e=k\in S.$$

例 3　测试灯泡的寿命.

设 X 表示灯泡的寿命(以 h 计)，X 的可能取值范围为 $[0,+\infty)$，其样本空间为 $S=\{e\}=\{t\,|\,t\geqslant0\}$ 则

$$X=X(e)=t,\ e=t\in S.$$

有些随机试验的结果与实数之间虽然没有上述那种自然的联系，但是可以人为地给它建立起一种对应关系.

例 4　观察上课时第一个进入教室的是男生(记为 B)还是女生(记为 G).

样本空间为 $S=\{e\}=\{B,G\}$，为便于研究，将每一个结果用一个实数来代表，这样试验结果就数量化了. 现在我们约定，当是男生时，取 $X=1$；是女生时，取 $X=0$，则

$$X=X(e)=\begin{cases}1,\ e=B,\\0,\ e=G.\end{cases}$$

例 5　抛掷一枚硬币二次，观察是正面(记为 H)还是反面(记为 T).

样本空间为 $S=\{e\}=\{HH,HT,TH,TT\}$，设 X 表示硬币抛掷二次中出现正面的次数，则

$$X=X(e)=\begin{cases}0,\ e=TT,\\1,\ e=HT\text{ 或 }TH,\\2,\ e=HH.\end{cases}$$

　　上面这些例子中出现了变量 X，这个用来描述随机试验的变量 X 取什么值，每次试验之前是不确定的，试验之前只知道它所有可能的取值，因为它的取值依赖于试验的结果. 由于试验的结果是随机的，所以它的取值相应地也具有随机性，称这种变量为随机变量.

　　定义 1　设随机试验的样本空间为 $S=\{e\}$，若对于试验的每一个结果 $e \in S$，X 都有一个确定的实数 $X=X(e)$ 与之对应，则称为 X 为**随机变量**.

　　在本书中，我们一般以大写字母 X，Y，Z，…表示随机变量，而以小写字母 x，y，z，…表示实数.

　　由定义可知，随机变量是定义在样本空间上的实值单值函数.

　　随机变量的取值随试验的结果而定，在试验之前不能预知它取什么值，且它的取值有一定的概率. 这些性质显示了随机变量与普通函数有着本质的差异.

　　引入随机变量后，随机事件就可以通过随机变量表达出来. 例如在 §1 的例 2 中，事件"接到不少于 1 次呼唤"可用 $\{X \geqslant 1\}$ 来表示；事件"没有接到呼唤"可用 $\{X=0\}$ 表示. 又如在 §1 的例 3 中，事件"寿命在 200 h 和 1 000 h 之间"可用 $\{200 \leqslant X \leqslant 1\,000\}$ 来表示.

　　这样，对于随机事件的研究就可以转化为对随机变量的研究，这使我们有可能用微积分的方法对各种有关的问题进行深入的研究，使我们的研究更为方便.

§2　随机变量的分布函数

　　对于随机变量 X，我们关心的是它取各种可能值的概率. 例如：在测量误差、元件寿命的讨论中，我们感兴趣的是测量误差落在某个区间内的概率、寿命大于某个数的概率. 而

$$P\{x_1 < X \leqslant x_2\} = P\{X \leqslant x_2\} - P\{X \leqslant x_1\},$$
$$P\{X > x_1\} = 1 - P\{X \leqslant x_1\},$$

　　由此可见，形如 $\{X \leqslant x\}$ 的事件的概率很重要，一旦知道了它，我们就可以得到相应随机变量 X 落在任意区间上的概率. 显然，概率 $P\{X \leqslant x\}$ 的值随着实数 x 的变化而变化，是关于 x 的函数，记作 $F(x)=P\{X \leqslant x\}$. 一旦知道了这个函数，我们就可以得到相应随机变量 X 落在任意区间上的概率. 为此，我们引入下面的定义.

　　定义 1　设 X 是随机变量，x 是任一实数，则函数

$$F(x)=P\{X \leqslant x\}$$

称为随机变量 X 的**分布函数**.

　　由定义可知，$F(x)$ 是一个定义在 $(-\infty, +\infty)$ 上、值域为 $[0, 1]$ 的函数，且对任意实数 x_1，$x_2 (x_1 < x_2)$，有

$$P\{x_1 < X \leqslant x_2\} = P\{X \leqslant x_2\} - P\{X \leqslant x_1\} = F(x_2) - F(x_1), \qquad (2-2-1)$$

因此，利用分布函数可以完整地表示随机变量的概率分布.

　　分布函数是一个普通函数，正是通过它，我们将能用微积分的方法来研究随机变量.

　　如果将 X 看成数轴上的随机点，那么随机变量 X 的分布函数 $F(x)$ 的几何意义就是点 X 落在区间 $(-\infty, x]$ 上的概率.

　　分布函数 $F(x)$ 具有以下性质：

　　(1) 单调非降性. 若 $x_1 < x_2$ 则 $F(x_1) \leqslant F(x_2)$.

　　(2) 有界性. $0 \leqslant F(x) \leqslant 1$，且 $F(-\infty) = \lim\limits_{x \to -\infty} F(x) = 0$，$F(\infty) = \lim\limits_{x \to \infty} F(x) = 1$.

(3)右连续性. $F(x+0)=\lim\limits_{t\to x^{+}}F(t)=F(x)$.

以上的性质中，前两条由分布函数的定义直接可以得出，第三条的证明超出本书范围从略.

反之，可证任一满足这三条性质的函数必是某一随机变量的分布函数.

例1 设随机变量 X 的分布函数为 $F(x)=A+B\arctan\dfrac{x}{3}$，$-\infty<x<\infty$，求：(1)常数 A，B；(2)X 落在$(-3,\sqrt{3}]$内的概率.

解 (1)由分布函数的性质知

$$0=F(-\infty)=\lim_{x\to-\infty}F(x)=A-\frac{\pi}{2}B,$$

$$1=F(\infty)=\lim_{x\to\infty}F(x)=A+\frac{\pi}{2}B,$$

解得 $A=\dfrac{1}{2}$，$B=\dfrac{1}{\pi}$，即有

$$F(x)=\frac{1}{2}+\frac{1}{2}\arctan\frac{x}{3}, \quad -\infty<x<+\infty.$$

(2)$P\{-3<X\leqslant\sqrt{3}\}=F(\sqrt{3})-F(-3)$

$$=\left(\frac{1}{2}+\frac{1}{\pi}\times\frac{\pi}{6}\right)-\left[\frac{1}{2}+\frac{1}{\pi}\times\left(-\frac{\pi}{4}\right)\right]=\frac{5}{12}.$$

例2 下列函数可作为某随机变量的分布函数的是( ).

(A)$F(x)=\dfrac{1}{1+x^2}$

(B)$F(x)=\dfrac{1}{2\pi}\arctan x$

(C)$F(x)=\begin{cases}\dfrac{x}{1+x}, & x>0 \\ 0, & x\leqslant 0\end{cases}$

(D)$F(x)=\begin{cases}0, & x<0, \\ 3, & x=0, \\ 1, & x>0\end{cases}$

解 答案是(C)，简要分析如下：

(A)虽然 $0\leqslant\dfrac{1}{1+x^2}\leqslant 1$，但 $F(\infty)=\lim\limits_{x\to\infty}F(x)=0\neq 1$，且 $F(x)=\dfrac{1}{1+x^2}$在$(0,\infty)$是减函数，故 $F(x)$ 不是分布函数.

(B)由于 $\dfrac{1}{2\pi}\arctan x$ 可以取负值，故此 $F(x)$ 也不是分布函数.

(C)由于 $F(x)$ 为单调非降函数$\left(\left(\dfrac{x}{1+x}\right)'=\dfrac{1}{1+x^2}>0\right)$，$0\leqslant F(x)\leqslant 1$，且 $F(-\infty)=\lim\limits_{x\to-\infty}F(x)=0$，$F(\infty)=\lim\limits_{x\to\infty}\dfrac{x}{1+x}=1$，$F(x)$ 显然是右连续的，故此 $F(x)$ 是某随机变量的分布函数.

(D)由 $F(0)=3>1$ 知，该 $F(x)$ 不是分布函数.

有了随机变量 X 的分布函数，一些重要的随机事件的概率就可用分布函数 $F(x)$ 表示，如：

$$P\{X>a\}=1-P\{X\leqslant a\}=1-F(a),$$
$$P\{X<a\}=\lim_{x\to a^-}F(x)=F(a-0),$$
$$P\{a\leqslant X\leqslant b\}=F(b)-F(a)+P\{x=a\},$$
$$P\{X=a\}=F(a)-F(a-0).$$

除了利用分布函数，我们还可以根据随机变量的取值类型采用相应的方式讨论其概率分布情况．按照随机变量取值的情况，可以把它们分为两类：离散型随机变量与非离散型随机变量．非离散型随机变量包括的范围很广，情况比较复杂，其中最重要也是实际中常遇到的是连续型随机变量．因此，我们仅讨论离散型与连续型这两种基本类型的随机变量及其概率分布．

§3　离散型随机变量及其分布律

2.3.1　离散型随机变量及其分布律

定义1　若随机变量的所有取值是有限个或可列无限个，这种类型的随机变量称为离散型随机变量．

在研究一个随机试验的时候，我们不仅关心试验出现什么结果，更重要的是要知道出现这些结果的概率，即对随机变量，我们不仅要知道它取什么值，而且要知道它取这些值的概率．也就是说，必须知道它的概率分布情况．

设离散型随机变量所有可能取的值为 x_1，x_2，$\cdots$，x_n，$\cdots$以及取这些值的概率为 p_1，p_2，$\cdots$，p_n，$\cdots$，即

$$P\{X=x_k\}=p_k \quad (k=1, 2, \cdots), \tag{2-3-1}$$

式(2-3-1)称为随机变量 X 的**概率分布律**，简称**分布律**．X 的分布律也可写成如下的表格形式：

X	x_1	x_2	$\cdots$	x_n	$\cdots$
p_k	p_1	p_2	$\cdots$	p_n	$\cdots$

$$\tag{2-3-2}$$

易知分布律具有如下两条性质：

(1) $p_k\geqslant 0$，$k=1, 2, \cdots$；

(2) $\displaystyle\sum_{k=1}^{\infty}p_k=1$.

反之，满足此两条性质的一组数均是某个随机变量的分布律．

例1　若离散型随机变量 X 的分布律为

$$P\{X=k\}=\frac{c}{2^k} \quad (k=1, 2, \cdots),$$

试求常数 c.

解　由分布律的性质，有

$$\sum_{k=1}^{\infty} p_k = \sum_{k=1}^{\infty} P\{X=k\} = \sum_{k=1}^{\infty} \frac{c}{2^k} = c \cdot \frac{\dfrac{1}{2}}{1-\dfrac{1}{2}} = c = 1,$$

此时 $p_k = \dfrac{1}{2^k} > 0$，故 $c=1$ 为所求.

例 2　袋中有 2 个白球和 3 个黑球，每次从中任取一个球直到取得白球为止，求取球次数的分布律，假定：

(1)每次取出的黑球不再放回去；

(2)每次取出的黑球仍放回去.

解　设随机变量 X 表示取球的次数.

(1)每次取出的黑球不再放回：

$$X=1，2，3，4$$

$$P\{X=1\} = \frac{2}{5} = 0.4$$

$$P\{X=2\} = \frac{3}{5} \times \frac{2}{4} = 0.3$$

$$P\{X=3\} = \frac{3}{5} \times \frac{2}{4} \times \frac{2}{3} = 0.2$$

$$P\{X=4\} = \frac{3}{5} \times \frac{2}{4} \times \frac{1}{3} \times \frac{2}{2} = 0.1$$

得所求分布律为

X	1	2	3	4
p_k	0.4	0.3	0.2	0.1

(2)每次取出的黑球仍放回去：

$X=1，2，3，\cdots$

$$P\{X=k\} = \left(\frac{3}{5}\right)^{k-1} \times \frac{2}{5} = 0.4 \times (0.6)^{k-1} \quad (k=1，2，\cdots),$$

得所求分布律为

X	1	2	$\cdots$	k	$\cdots$
p_k	0.4	0.4×0.6	$\cdots$	$0.4 \times (0.6)^{k-1}$	

由于在(2)中随机变量 X 取得它的可能值的概率恰为几何数列，所以这种分布叫作**几何分布**. 几何分布的一般情形是：$P\{X=k\} = (1-p)^{k-1} \cdot p \quad (k=1，2，\cdots)$，其中 $0<p<1$ 为常数. 根据几何级数的收敛性，易知

$$\sum_{k=1}^{\infty} P\{X=k\} = \sum_{k=1}^{\infty} (1-p)^{k-1} \cdot p = \frac{p}{1-(1-p)} = 1.$$

求得随机变量 X 的分布律后，我们不仅知道了 X 取每个可能值的概率，而且也可很容易地求出 X 取某个范围内的数值的概率. 如在例 2(1)中：

$$P\{X<3\} = P\{X=1\} + P\{X=2\} = 0.7,$$

$$P\{1<X<4\} = P\{X=2\} + P\{X=3\} = 0.5.$$

对于离散型随机变量, 若有了分布律, 则可通过下式求得分布函数

$$F(x) = P\{X \leqslant x\} = \sum_{x_k \leqslant x} P\{x = x_k\}$$

例 3　设随机变量 X 的分布律为

X	0	1	2	3
p_k	0.08	0.42	0.42	0.08

求 X 的分布函数, 并求 $P\left\{X \leqslant \frac{1}{2}\right\}$, $P\left\{\frac{3}{2} < X \leqslant \frac{5}{2}\right\}$, $P\{2 \leqslant X \leqslant 3\}$.

解

$$F(x) = P\{X \leqslant x\} = \sum_{x_k \leqslant x} P\{X = x_k\} = \begin{cases} 0, & x < 0, \\ 0.08, & 0 \leqslant x < 1, \\ 0.5, & 1 \leqslant x < 2, \\ 0.92, & 2 \leqslant x < 3, \\ 1, & 3 \leqslant x. \end{cases}$$

是一分段函数, 其图像如图 2—1 所示.

又　$P\left\{X \leqslant \frac{1}{2}\right\} = F\left(\frac{1}{2}\right) = 0.08,$

$P\left\{\frac{3}{2} < X \leqslant \frac{5}{2}\right\} = F\left(\frac{5}{2}\right) - F\left(\frac{3}{2}\right) = 0.92 - 0.5 = 0.42,$

$P\{2 \leqslant X \leqslant 3\} = F(3) - F(2) + P\{X = 2\}$
$\qquad\qquad = 1 - 0.92 + 0.42 = 0.5.$

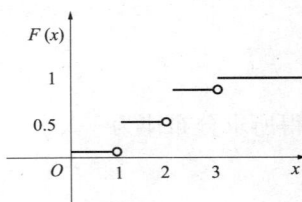

图 2—1

可见离散型随机变量的分布函数 $F(x)$ 是一右连续的阶梯型函数, X 的每一可能取值 x_k 均为 $F(x)$ 的跳跃间断点, 其跃度恰为 p_k, 而在两个相邻跳跃点之间分布函数值保持不变, 这一特征实际上是所有离散型随机变量的共同特征. 反过来, 如果一个随机变量 X 的分布函数 $F(x)$ 是阶梯型函数, 则 X 一定是一个离散型随机变量, 其概率分布可由分布函数 $F(x)$ 唯一确定: $F(x)$ 的跳跃点全体构成 X 的所有可能取值, 每一跳跃点处的跳跃高度则是 X 在相应点处的概率.

对于离散型随机变量来说, 分布函数完全可以代替概率分布的作用, 不过, 在表达和研究离散型随机变量的分布时, 我们用得较多的还是分布律, 因为它比较方便.

下面介绍几种常用的离散型随机变量的分布.

2.3.2　离散型随机变量的常用分布

1.0—1 分布

若随机变量 X 只可能取 0 和 1 这两个值, 且它的分布律为

$$P\{X = k\} = p^k \cdot (1-p)^{1-k} \quad (k = 0, 1; 0 < p < 1), \tag{2-3-3}$$

即

X	0	1
p_k	$1-p$	p

$\qquad\qquad\qquad\qquad\qquad\qquad\qquad\qquad\qquad\qquad (2-3-4)$

则称 X 服从 0—1 分布或两点分布.

一般地，若一个随机试验只有 2 种可能的结果 A 和 $\overline{A}$，且 $P(A)=p(0<p<1)$，我们总能定义一个服从 0—1 分布的随机变量

$$X=\begin{cases} 1, & A \text{ 发生}, \\ 0, & \overline{A} \text{ 发生} \end{cases}$$

来描述这个随机试验的结果. 例如，对新婴儿的性别进行登记；检查产品的质量是否合格；抛掷一枚硬币，观察其正、反面出现情况等试验都可以用服从 0—1 分布的随机变量来描述.

2. 伯努利试验、二项分布

进行 n 次试验，在每次试验中只有两个可能结果 A 和 $\overline{A}$，假设每次试验的结果与其他各次试验的结果无关，事件 A 的概率 $P(A)$ 在每次试验中保持不变，则称这样的 n 次独立重复试验为 n 重伯努利(Bernoulli)试验. n 重伯努利试验是一种很重要的概率模型，它有广泛的应用.

例如：抛掷一枚硬币 n 次，观察其正、反面的出现情况，就是 n 重伯努利试验. 又如抛一颗骰子 n 次，观察其是否出现"1"点，是 n 重伯努利试验. 再如袋中装有 m 只白球，n 只红球. 每次在袋中随机地取一只球观察其颜色. 若连续取球 n 次并作放回抽样，就是 n 重伯努利试验，然而若作不放回抽样，由于各次试验不再相互独立，因而就不再是 n 重伯努利试验了.

以 X 表示 n 重伯努利试验中事件 A 发生的次数，$p=P(A)(0<p<1)$，X 是一个随机变量，求它的分布律.

显然，X 所有可能取值为 $0，1，2，\cdots，n$.

由于各次试验相互独立，因此，事件 A 在指定的 $k(0\leqslant k\leqslant n)$ 次试验中发生，其他 $n-k$ 次试验中 $\overline{A}$ 发生(例如前 k 次 A 发生，而后 $n-k$ 次 $\overline{A}$ 发生)的概率为

$$P\left[\underbrace{A\cdots A}_{k}\underbrace{\overline{A}\cdots\overline{A}}_{n-k}\right]=p^k\cdot(1-p)^{n-k},$$

由于这种指定的方式有 $\binom{n}{k}$ 种，且它们是两两不相容的事件，故在 n 次试验中事件 A 恰好发生 k 次的概率为

$$P\{X=k\}=\binom{n}{k}p^k\cdot(1-p)^{n-k}，\text{记 } q=1-p,$$

即有

$$P\{X=k\}=\binom{n}{k}p^k\cdot q^{n-k}，\ k=0，1，2，\cdots，n,$$

显然

$$P\{X=k\}\geqslant 0，\ k=0，1，2，\cdots，n;$$

$$\sum_{k=0}^{n}P\{X=k\}=\sum_{k=0}^{n}\binom{n}{k}p^k\cdot q^{n-k}=(p+q)^n=1.$$

一般地，我们有如下定义：

设随机变量 X 具有分布律

$$P\{X=k\}=\binom{n}{k}p^k\cdot(1-p)^{n-k}\quad(k=0,1,2,\cdots,n).\qquad(2-3-5)$$

其中 $0<p<1$ 为常数，则称 X 服从以 n，p 为参数的**二项分布**，记为 $X\sim B(n,p)$.

这里，$\binom{n}{k}p^k\cdot(1-p)^{n-k}$ 恰好是二项式 $(p+q)^n$ 展开式出现 p^k 的那项，故得名.

特别地，当 $n=1$ 时二项分布即为 0—1 分布.

例 4　已知 100 个产品中有 5 个次品，现从中有放回地取 3 次，每次任取 1 个，以 X 记所取 3 个产品中的次品数，(1)写出 X 的分布律；(2)求在所取的 3 个产品中恰有 2 个次品的概率.

解　将抽取一次产品看成一次试验，即三重伯努利试验. 依题意，每次试验取到次品的概率为 $p=\dfrac{5}{100}=0.05$，则 $X\sim B(3,0.05)$，于是

(1) X 的分布律为

$$P\{X=k\}=\binom{3}{k}\times0.05^k\times(1-0.05)^{3-k}\quad(k=0,1,2,3);$$

(2) $P\{X=2\}=\binom{3}{2}\times0.05^2\times0.95=0.007\ 1.$

若将本例中的"有放回"改为"无放回"，这就不是 n 重伯努利试验了，X 也不服从二项分布，而只能用古典概型来求解，方法为

$$P\{X=2\}=\frac{\binom{95}{1}\binom{5}{2}}{\binom{100}{3}}\approx0.005\ 9.$$

这时 X 服从后面将要提及的超几何分布.

在实际问题中，真正在完全相同条件下进行试验是不多见的. 例如，向同一目标射击 n 次，这 n 次射击条件不可能完全一样，只是大致相同，可用伯努利概型来近似处理. 对于抽样问题来说，当原产品的批量相当大，而抽查的产品数量相对于原产品的总数来说又很小时，"无放回"可以当作"有放回"来处理，这样做含有一些误差，但误差不大，于是可用式 (2—3—5)来近似计算取到的产品中含有 k 个次品的概率.

例 5　某地块岩层上有一个 10 m 深的土层，石块随机分布在土层内. 建房时设计的桩群要打到岩层. 设土层可以分为 5 个独立层，每层深 2 m，打桩时每一个 2 m 层内碰到一块石头的概率为 0.1(碰到两块或更多块石头的概率忽略不计). 试求：

(1)一根桩成功地打到岩层而未碰到任何石块的概率；

(2)打到岩层时一根桩最多碰到一块石头的概率；

(3)打到岩层时一根桩恰有两次碰到石块的概率；

(4)一根桩一直打到第四层才第一次碰到石块的概率；

(5)假设一座房屋的地基要求有一组 9 根这样的桩打到岩层，各桩打入情况相互独立，问打桩时不碰到石块的概率.

解：设打桩时碰到石块的层数为 X，则 $X\sim B(5,0.1)$，于是

(1)$P\{X=0\}=\binom{5}{0}\times 0.1^0\times 0.9^5=0.590\ 5$;

(2)$P\{X\leqslant 1\}=P\{X=0\}+P\{X=1\}$

$=\binom{5}{0}\times 0.1^0\times 0.9^5+\binom{5}{1}\times 0.1^1\times 0.9^4=0.918\ 5$;

(3)$P\{X=2\}=\binom{5}{2}\times 0.1^2\times 0.9^3=0.072\ 9$;

(4)一根桩一直打到第四层才第一次碰到石块即是前三层都未碰到石块，而第四层才首次碰到石块，首次碰到石块的次数服从几何分布，故所求的概率为

$$0.9^3\times 0.1=0.072\ 9;$$

(5)即打桩时 9 根桩都未碰到石块，而各桩打入时又相互独立，故所求的概率为

$$0.590\ 5^9\approx 0.008\ 7.$$

3. 泊松分布

定义 2　设随机变量 X 的分布律为

$$P\{X=k\}=\frac{\lambda^k e^{-\lambda}}{k!}\quad (k=0,\ 1,\ 2,\ \cdots),\qquad (2-3-6)$$

其中 $\lambda>0$ 是常数，则称 X 服从以 λ 为参数的**泊松分布**，记为 $X\sim\pi(\lambda)$.

易知

$$P\{X=k\}\geqslant 0\quad (k=0,\ 1,\ 2,\ \cdots);$$

$$\sum_{k=0}^{\infty}P\{X=k\}=\sum_{k=0}^{\infty}\frac{\lambda^k e^{-\lambda}}{k!}=e^{-\lambda}\sum_{k=0}^{\infty}\frac{\lambda^k}{k!}=e^{-\lambda}e^{\lambda}=1.$$

泊松分布常见于社会生活与具有物理背景的问题中，如电话局在单位时间内收到用户的呼唤次数、车站在单位时间内到达的乘客数、放射物质在某段时间内放射的粒子数，等等. 此外，基于下面的定理，泊松分布还可用来作二项分布的近似计算.

定理 1（泊松 Poisson 定理）　设随机变量 $X_n\sim B(n,\ p_n)$，且 $\lim\limits_{n\to\infty}np_n=\lambda$，其中 $\lambda>0$ 为常数，则

$$\lim_{n\to\infty}P\{X_n=k\}=\lim_{n\to\infty}\binom{n}{k}p_n^k(1-p_n)^{n-k}=\frac{\lambda^k}{k!}e^{-k}\quad (k=0,\ 1,\ 2,\ \cdots).$$

证明　记 $np_n=\lambda_n$，则

$$\binom{n}{k}p_n^k(1-p_n)^{n-k}=\frac{n(n-1)\cdot\cdots\cdot(n-k+1)}{k!}\cdot\left(\frac{\lambda_n}{n}\right)^k\cdot\left(1-\frac{\lambda_n}{n}\right)^{n-k}$$

$$=\frac{\lambda_n^k}{k!}\left(1-\frac{1}{n}\right)\left(1-\frac{2}{n}\right)\cdot\cdots\cdot\left(1-\frac{k-1}{n}\right)\left(1-\frac{\lambda_n}{n}\right)^{n-k}.$$

由于

$$\lim_{n\to\infty}\lambda_n^k=\lim_{n\to\infty}(np_n)^k=\lambda^k,$$

$$\lim_{n\to\infty}\left(1-\frac{1}{n}\right)\left(1-\frac{2}{n}\right)\cdot\cdots\cdot\left(1-\frac{k-1}{n}\right)=1,$$

$$\lim_{n\to\infty}\left(1-\frac{\lambda_n}{n}\right)^{n-k}=\lim_{n\to\infty}\left[\left(1-\frac{\lambda_n}{n}\right)^{-\frac{n}{\lambda_n}}\right]^{-\lambda_n}\left(1-\frac{\lambda_n}{n}\right)^{-k}=e^{-\lambda},$$

从而

$$\lim_{n \to \infty} P\{X=k\} = \lim_{n \to \infty} \binom{n}{k} p_n^k (1-p_n)^{n-k} = \frac{\lambda^k}{k!} \cdot e^{-\lambda}.$$

该定理表明,若 $X \sim B(n, p)$,则当 n 比较大而 p 又很小时,有如下的泊松近似公式:

$$P\{X=k\} = \binom{n}{k} p^k (1-p)^{n-k} \approx \frac{\lambda^k}{k!} e^{-\lambda} \quad (k=0, 1, 2, \cdots, n; \ \lambda=np).$$

例 6 某人进行射击,设每次射击的命中率为 0.02,独立射击 400 次,试求至少击中两次的概率.

解 将一次射击看成一次试验,设击中的次数为 X,则 $X \sim B(400, 0.02)$,于是所求概率为

$$P\{X \geqslant 2\} = 1 - P\{X=0\} - P\{X=1\}$$
$$= 1 - 0.98^{400} - 400 \times 0.02 \times (0.98)^{399}$$
$$\approx 0.997\ 2.$$

上式直接计算的计算量较大,可利用泊松定理,因为 $n=400$ 足够大,$\lambda=np=8$ 不太大,所以查本书后的附表可得所求概率为

$$P\{X \geqslant 2\} = 1 - P\{X=0\} - P\{X=1\} \approx 1 - e^{-8} - 8e^{-8} \approx 0.997.$$

上例的结果(概率很接近于 1)说明两个事实:

(1)虽然每次射击的命中率很小,为 0.02,但如果射击 400 次,则击中目标至少两次的事件几乎是必然发生的. 这一事实说明,一个事件尽管在一次试验中发生的概率很小,但在大量重复的独立试验中,这个事件的发生几乎是必然的. 也就是说小概率事件,在一次试验中可以认为是不会发生的,但在大量重复的独立试验中是不可忽视的.

(2)如果射手在 400 次射击中,击中目标的次数竟不到 2 次,由于 $p\{X<2\} \approx 0.003$ 很小,而这个小概率事件在一次试验中竟发生了,则根据**实际推断原理**(概率很小的事件在一次试验中几乎是不发生的),我们将有理由怀疑"每次射击的命中率为 0.02"的这一假设,即有理由认为该射手射击的命中率达不到 0.02.

4. 超几何分布

设一批同类产品共 N 件,其中有 M 件次品,从中任取 $n(n \leqslant N)$ 件,则这 n 件产品的次品数 X 是一个离散型随机变量,其分布律为

$$P\{X=k\} = \frac{\binom{m}{k}\binom{N-M}{n-k}}{\binom{N}{n}} \quad (k=0, 1, 2, \cdots, \min(M, n)). \qquad (2-3-7)$$

具有此分布律的随机变量称为服从参数为 (N, M, n) 的**超几何分布**,记为 $H(N, M, n)$.

由上面的定义可知,超几何分布产生于无放回抽样. 实际问题中经常会遇到服从超几何分布的随机变量,但当 N, M, n 较大时,上述的概率计算相当繁难. 注意到当 N 很大,n 较小时,上述的次品率 $p=\frac{M}{N}$ 在抽取前后的差异很小,进而可以证明 $N \to \infty$ 时超几何分布将趋于二项分布

$$\lim_{N\to\infty}\frac{\binom{M}{k}\binom{N-M}{n-k}}{\binom{N}{n}}=\binom{n}{k}p^k(1-p)^{n-k},\quad p=\frac{M}{N}.$$

从而当 N 足够大而 n 不太大时，有如下的近似公式：

$$\frac{\binom{M}{k}\binom{N-M}{n-k}}{\binom{N}{n}}\approx\binom{n}{p}p^k(1-p)^{n-k},\quad p=\frac{M}{N}.$$

再由泊松定理知，在一定的条件下也可用泊松分布作为超几何分布的近似分布.

§4　连续型随机变量及其概率密度

2.4.1　连续型随机变量及其概率密度

有些连续型随机变量的所有可能取值充满一个区间，例如晶体管的寿命，棉花纤维的长度，农作物的产量等. 这样的随机变量适合用连续型随机变量来表述.

连续随机变量用数学语言来描述其定义如下：

定义 1　若对于随机变量 X 的分布函数 $F(x)$，存在非负可积函数 $f(x)$，使对于任意实数 x 有

$$F(x)=\int_{-\infty}^{x}f(t)\mathrm{d}t,\qquad(2-4-1)$$

则称 X 为**连续型随机变量**；函数 $f(x)$ 为 X 的**概率密度函数**，简称**概率密度**.

由定义知道，概率密度函数 $f(x)$ 具有下列两个性质：

(1) $f(x)\geqslant0$，$-\infty<x<\infty$.

(2) $\int_{-\infty}^{+\infty}f(x)\mathrm{d}x=1$.

若一个函数满足上述两个性质，则可以证明它必为某一连续型随机变量的概率密度.

(3) 对于任意实数 x_1，$x_2(x_1<x_2)$，连续型随机变量 X 在 $(x_1,x_2]$ 上取值的概率为

$$P\{x_1<X\leqslant x_2\}=F(x_2)-F(x_1)=\int_{x_1}^{x_2}f(x)\mathrm{d}x.\qquad(2-4-2)$$

由式 $(2-4-2)$ 知道，连续型随机变量 X 落在区间 $(x_1,x_2]$ 上的概率 $P\{x_1<X\leqslant x_2\}$ 等于区间 $(x_1,x_2]$ 上曲线 $y=f(x)$ 之下的曲边梯形的面积，如图 $2-2$ 所示. 由性质 (2) 知道，介于曲线 $y=f(x)$ 与 Ox 轴之间的面积等于 1，如图 $2-3$ 所示.

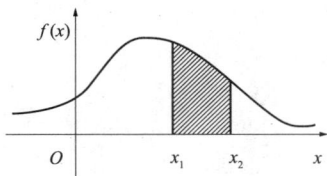

图 2—2

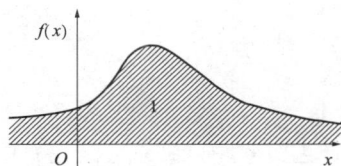

图 2—3

(4)连续型随机变量的分布函数是连续函数，并且在 $f(x)$ 的连续点 x 处有
$$F'(x)=f(x),$$
由导数定义知
$$f(x)=\lim_{\Delta x\to 0}\frac{F(x+\Delta x)-F(x)}{\Delta x}=\lim_{\Delta x\to 0}\frac{P\{x<X\leqslant x+\Delta x\}}{\Delta x},$$
故当 Δx 充分小时，有
$$P\{x<X\leqslant x+\Delta x\}\approx f(x)\Delta x.$$
即 $f(x)$ 不是概率，但 $f(x)$ 的取值确定了 X 在区间 $(x，x+\Delta x]$ 上概率的大小，也就是说，$f(x)$ 的取值确定了 X 在点 x 附近的概率"疏密度"，故称 $f(x)$ 为密度函数.

例 1　设随机变量 X 具有概率密度
$$f(x)=\begin{cases} kx, & 0\leqslant x<1, \\ 1-\dfrac{x}{2}, & 1\leqslant x\leqslant 2, \\ 0, & 其他. \end{cases}$$

(1)确定常数 k；(2)求 X 的分布函数 $F(x)$；(3)求 $P\left\{\dfrac{1}{2}<X\leqslant 3\right\}$.

解　(1)由性质(2)可得
$$1=\int_{-\infty}^{\infty}f(x)\mathrm{d}x=\int_{0}^{1}kx\mathrm{d}x+\int_{1}^{2}\left(1-\frac{x}{2}\right)\mathrm{d}x=\frac{k}{2}+\frac{1}{4}.$$
解得 $k=\dfrac{3}{2}$，于是 X 的概率密度为
$$f(x)=\begin{cases} \dfrac{3}{2}x, & 0\leqslant x<1, \\ 1-\dfrac{x}{2}, & 1\leqslant x\leqslant 2, \\ 0, & 其他. \end{cases}$$

(2) X 的分布函数为
$$F(x)=\begin{cases} 0, & x<0, \\ \displaystyle\int_{0}^{x}\frac{3}{2}x\mathrm{d}x, & 0\leqslant x<1, \\ \displaystyle\int_{0}^{1}\frac{3}{2}x\mathrm{d}x+\int_{1}^{x}\left(1-\frac{x}{2}\right)\mathrm{d}x, & 1\leqslant x<2, \\ 1, & 2\leqslant x. \end{cases}$$

即
$$F(x)=\begin{cases} 0, & x<0, \\ \dfrac{3}{4}x^2, & 0\leqslant x<1, \\ x-\dfrac{x^2}{4}, & 1\leqslant x<2, \\ 1, & 2\leqslant x. \end{cases}$$

(3) $P\left\{\dfrac{1}{2}<X\leqslant 3\right\}=F(3)-F\left(\dfrac{1}{2}\right)=1-\dfrac{3}{4}\times\dfrac{1}{4}=\dfrac{13}{16}$,

或

$$P\left\{\frac{1}{2}<X\leqslant 3\right\}=\int_{\frac{1}{2}}^{3}f(x)=\int_{\frac{1}{2}}^{1}\frac{3}{2}x\mathrm{d}x+\int_{1}^{2}\left(1-\frac{x}{2}\right)\mathrm{d}x=\frac{13}{16}.$$

需要指出的是，对于连续型随机变量 X 来说，它取任一指定实数值的概率均为 0，即 $P\{X=a\}=0$，这是因为

$$P\{X=a\}=\lim_{\Delta x\to 0^{+}}P\{a-\Delta x<X\leqslant a\}$$
$$=\lim_{\Delta x\to 0^{+}}[F(a)-F(a-\Delta x)]=0.$$

据此，在计算连续型随机变量落在某一区间的概率时，可以不必区分该区间是开区间或闭区间或半开半闭区间，即有

$$P\{a<X<b\}=P\{a\leqslant X\leqslant b\}=P\{a<X\leqslant b\}=P\{a\leqslant X<b\}=\int_{a}^{b}f(x)\mathrm{d}x.$$

此外，这一结果也表明，概率为 0 的事件并不一定是不可能事件，同样概率为 1 的事件并不一定是必然事件.

例 2 设连续型随机变量 X 的分布函数为

$$F(x)=\begin{cases}A-B\mathrm{e}^{-2x}, & x\geqslant 0,\\ 0, & x<0.\end{cases}$$

求：(1)常数 A，B；(2)概率密度函数 $f(x)$.

解 (1)由分布函数的性质知

$$1=F(\infty)=\lim_{x\to\infty}F(x)=\lim_{x\to\infty}(A-B\mathrm{e}^{-2x})=A,$$

又 $F(0)=A-B$，$F(0-0)=0$，$F(0+0)=A-B$，由 $F(x)$ 的连续性得 $A-B=0$，即 $B=1$，即有

$$F(x)=\begin{cases}1-\mathrm{e}^{-2x}, & x\geqslant 0,\\ 0, & x<0.\end{cases}$$

(2)显然

$$f(x)=F'(x)=\begin{cases}2\mathrm{e}^{-2x}, & x>0,\\ 0, & x\leqslant 0,\end{cases}$$

这里 $F'_{-}(0)=0$，$F'_{+}(0)=2$，即 $F(x)$ 在 $x=0$ 处的导数不存在，但我们可补充定义此点的密度为 $f(0)=0$(原则上，补充定义 $f(0)$ 为其他非负值也是可以的，因为改变密度函数个别点处的值不影响其在区间上的积分值).

对于连续型随机变量，虽说用分布函数 $F(x)$ 也能描述其分布，但在实用上和理论上还是使用 $f(x)$ 来描述较为方便.

2.4.2 连续型随机变量的常见分布

1. 均匀分布

设连续性随机变量 X 具有概率密度

$$f(x)=\begin{cases}\dfrac{1}{b-a}, & a<x<b,\\ 0, & 其他,\end{cases} \tag{2-4-3}$$

则称 X 在区间 (a,b) 上服从**均匀分布**，记为 $X\sim U(a,b)$.

易知 $f(x)\geqslant 0$，且 $\displaystyle\int_{-\infty}^{\infty}f(x)\mathrm{d}x=1$.

容易求得均匀分布的分布函数

$$F(x)=\begin{cases} 0, & x<a, \\ \dfrac{x-a}{b-a}, & a\leqslant x<b, \\ 1, & b\leqslant x. \end{cases}$$

$f(x)$ 及 $F(x)$ 的图形分别见图 2—4 和图 2—5.

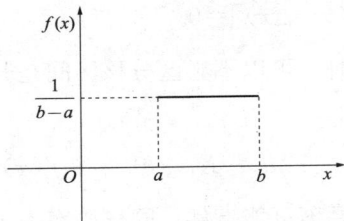

图 2—4

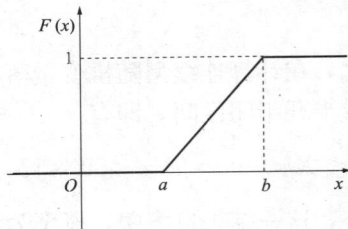

图 2—5

若 $X\sim U(a,b)$，则对于任一长度 l 的子区间 $(c,c+l)(a\leqslant c<c+l\leqslant b)$，有

$$P\{c<X\leqslant c+l\}=\int_{c}^{c+l} f(x)\mathrm{d}x=\int_{c}^{c+l}\frac{1}{b-a}\mathrm{d}x=\frac{l}{b-a}.$$

因此 X 的取值落在区间 (a,b) 内的任意子区间上的概率，与子区间的长度成正比，而与子区间的位置无关，即 X 的取值落在任意长度相等的子区间上的概率"均匀"地分布在区间 (a,b) 内.

例3 某长途汽车每天有两班，发车时间分别为 8:30 和 9:00，如果某乘客在 8:00 到 9:00 之间的任意时刻到达候车地点是等可能的，试求他等候不到 20 min 的概率.

解 设乘客于 8 时过 X 分到达候车地点，则依题意，$X\sim U(0,60)$，其概率密度为

$$f(x)=\begin{cases} \dfrac{1}{60}, & 0<x<60, \\ 0, & 其他. \end{cases}$$

故为使等候时间不超过 20 min，乘客必须且只需在 8:10 到 8:30 之间或 8:40 到 9:00 之间到达候车地点，因此所求概率为

$$P\{10<X\leqslant 30\}+P\{40<X\leqslant 60\}=\int_{10}^{30}\frac{1}{60}\mathrm{d}x+\int_{40}^{60}\frac{1}{60}\mathrm{d}x=\frac{2}{3}.$$

2. 指数分布

设连续型随机变量 X 的概率密度为

$$f(x)=\begin{cases} \dfrac{1}{\theta}\mathrm{e}^{-\frac{x}{\theta}}, & x>0, \\ 0, & 其他. \end{cases} \tag{2—4—4}$$

其中 $\theta>0$ 为常数，则称 X 服从参数为 θ 的**指数分布**.

易知 $f(x)\geqslant 0$，且

$$\int_{-\infty}^{\infty} f(x)\mathrm{d}x=\int_{0}^{\infty}\theta\mathrm{e}^{-\theta x}\mathrm{d}x=-\mathrm{e}^{-\theta x}\Big|_{0}^{+\infty}=1,$$

指数分布的密度曲线如图 2—6 所示，其相应的分布函数为

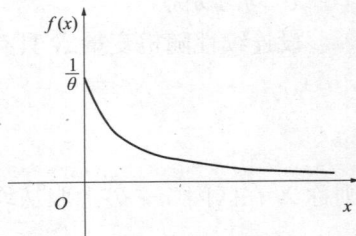

$$F(x)=\int_{-\infty}^{x} f(t)\mathrm{d}t=\begin{cases} 1-\mathrm{e}^{-\frac{x}{\theta}}, & x>0, \\ 0, & 其他. \end{cases}$$

图 2—6

例 4　设打一次电话所用的时间(单位：min)服从参数 $\theta = 10$ 的指数分布，若某人刚好在你面前走进公用电话亭，求：(1)你将等待超过 10 min 的概率；(2)你将等待 5～10 min 才能走进此电话亭打电话的概率.

解　设 X 表示先进入那人打电话所用时间，则依题意，X 服从参数 $\theta = 10$ 的指数分布，其概率密度为

$$f(x) = \begin{cases} 0.1e^{-0.1x}, & x > 0, \\ 0, & \text{其他}, \end{cases}$$

故所求概率为

(1) $P\{X > 10\} = \int_{10}^{+\infty} 0.1e^{-0.1x}\,\mathrm{d}x = -e^{-0.1x}\Big|_{10}^{+\infty} = e^{-1} \approx 0.368.$

(2) $P\{5 < X < 10\} = \int_{5}^{10} 0.1e^{-0.1x}\,\mathrm{d}x = -e^{-0.1x}\Big|_{5}^{10} = e^{-0.5} - e^{-1} \approx 0.239.$

在实践中，动植物及元件的寿命、电话问题中的通话时间、服务系统中的服务时间等通常都服从指数分布. 因此指数分布在排队论和可靠性理论等领域中有着广泛的应用.

指数分布的重要性还表现在它具有"无记忆性"，即对任意的 s，$t > 0$，有

$$P\{X > s+t \mid X > s\} = \frac{P\{X > s+t\}}{P\{X > s\}} = \frac{1-F(s+t)}{1-F(s)} = \frac{e^{-\frac{(s+t)}{\theta}}}{e^{-\frac{s}{\theta}}} = e^{-\frac{t}{\theta}}.$$
$$= P\{X > t\}.$$

假如把 X 解释为某一元件的寿命，那么上式表明：已知元件已使用了 s h，则再使用 t h 的概率与 s 无关. 这就是说，元件对它已使用过 s h 没有记忆，所以有人戏称指数分布是"永远年轻的".

3. 正态分布

设连续型随机变量 X 的概率密度为

$$f(x) = \frac{1}{\sqrt{2\pi}\sigma} e^{-\frac{(x-\mu)^2}{2\sigma^2}}, \quad -\infty < x < \infty. \tag{2-4-5}$$

其中 μ，$\sigma(\sigma > 0)$ 为常数，则称 X 服从参数为 μ，σ 的**正态分布**，记为 $X \sim N(\mu, \sigma^2)$.

显然 $f(x) \geqslant 0$，现在来证明 $\int_{-\infty}^{\infty} f(x)\,\mathrm{d}x = 1$.

令 $\dfrac{(x-\mu)}{\sigma} = t$，则 $\int_{-\infty}^{\infty} \dfrac{1}{\sqrt{2\pi}\sigma} e^{-\frac{(x-\mu)^2}{2\sigma^2}}\,\mathrm{d}x = \dfrac{1}{\sqrt{2\pi}} \int_{-\infty}^{\infty} e^{-\frac{t^2}{2}}\,\mathrm{d}t = \dfrac{1}{\sqrt{2\pi}} \sqrt{2\pi} = 1.$

这里用到了高等数学中已知的结果：$\int_{-\infty}^{\infty} e^{-\frac{t^2}{2}}\,\mathrm{d}t = \sqrt{2\pi}$.

正态分布的分布函数

$$F(x) = \frac{1}{\sqrt{2\pi}\sigma} \int_{-\infty}^{x} e^{-\frac{(t-\mu)^2}{2\sigma^2}}\,\mathrm{d}t, \tag{2-4-6}$$

图像如图 2-7 所示. 正态分布的概率密度 $f(x)$ 的图形如图 2-8 所示，它具有以下的性质：

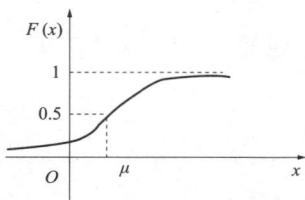

图 2-7

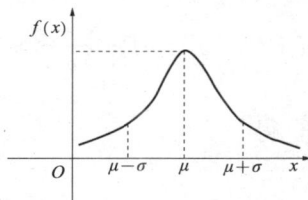

图 2-8

（1）曲线关于 $x=\mu$ 对称，在 $x=\mu$ 处有最大值 $\dfrac{1}{\sqrt{2\pi}\sigma}$，在 $x=\mu\pm\sigma$ 处有拐点，以 x 轴为水平渐近线；

（2）若固定 σ，改变 μ 的值，则曲线 $y=f(x)$ 沿 x 轴平行移动但不改变其形状，如图 2—9(a)所示，故参数 μ 确定了曲线 $y=f(x)$ 的位置；若固定 μ，改变 σ 的值，则曲线的陡峭程度改变，但对称轴的位置不变，如图 2—9(b)所示，故参数 σ 确定了曲线 $y=f(x)$ 的形状.

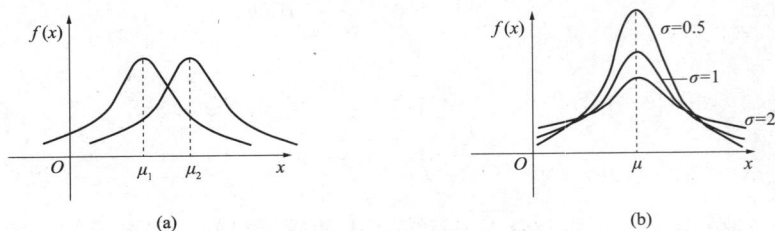

图 2—9

正态分布是实际生活中最常见的一种分布. 许多实际问题中的分布都具有正态分布"中间大、两头小、左右对称"的特点，如人的身高、体重，学生的统考成绩，测量的误差，加工产品的尺寸，农作物的产量等，它们都服从或近似服从正态分布. 后面还会看到，许多非正态分布的随机变量也和正态随机变量有着密切的联系，因此，正态分布是概率论中最重要的一种分布.

特别是，当 $\mu=0$，$\sigma=1$ 时，即 $X\sim N(0,1)$ 时，称 X 服从**标准正态分布**. 其概率密度和分布函数分别用 $\varphi(x)$，$\Phi(x)$ 表示，即有

$$\varphi(x)=\frac{1}{\sqrt{2\pi}}\mathrm{e}^{-\frac{x^2}{2}}, \tag{2—4—7}$$

$$\Phi(x)=\frac{1}{\sqrt{2\pi}}\int_{-\infty}^{x}\mathrm{e}^{-\frac{t^2}{2}}\mathrm{d}t, \tag{2—4—8}$$

易知
$$\Phi(-x)=1-\Phi(x), \tag{2—4—9}$$
如图 2—10 所示.

书后附表 2 中已给出了 $\Phi(x)$ 的函数表. 当 $x\geqslant0$ 时，可在表中直接查到 $\Phi(x)$，而当 $x<0$ 时，可利用式(2—4—9)求得.

对于一般的正态分布 $N(\mu,\sigma^2)$，我们只要通过一个线性变换就能将它化成标准正态分布 $N(0,1)$.

引理　若 $X\sim N(\mu,\sigma^2)$，则 $Z=\dfrac{X-\mu}{\sigma}\sim N(0,1)$.

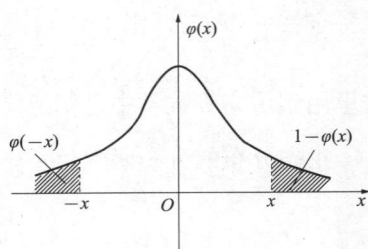

图 2—10

证明　$Z=\dfrac{X-\mu}{\sigma}$ 的分布函数为

$$P\{Z\leqslant x\}=P\left\{\frac{X-\mu}{\sigma}\leqslant x\right\}=P\{X\leqslant\mu+\sigma x\}=\frac{1}{\sqrt{2\pi}\sigma}\int_{-\infty}^{\mu+\sigma x}\mathrm{e}^{-\frac{(t-\mu)^2}{2\sigma^2}}\mathrm{d}t,$$

令 $\dfrac{t-\mu}{\sigma}=u$，得

$$P\{Z\leqslant x\}=\frac{1}{\sqrt{2\pi}}\int_{-\infty}^{x}\mathrm{e}^{-\frac{u^2}{2}}\mathrm{d}u=\Phi(x),$$

故

$$Z = \frac{X-\mu}{\sigma} \sim N(0, 1).$$

于是，若 $X \sim N(u, \sigma^2)$，则

$$F(x) = \Phi\left(\frac{x-\mu}{\sigma}\right). \tag{2-4-10}$$

事实上，

$$F(x) = P\{X \leqslant x\} = P\left\{\frac{X-u}{\sigma} \leqslant \frac{x-u}{\sigma}\right\} = \Phi\left(\frac{x-u}{\sigma}\right).$$

由此可得，对于任意区间 $(x_1, x_2]$，有

$$P\{x_1 < X \leqslant x_2\} = F(x_2) - F(x_1) = \Phi\left(\frac{x_2-u}{\sigma}\right) - \Phi\left(\frac{x_1-u}{\sigma}\right). \tag{2-4-11}$$

式 (2-4-11) 表明，服从非标准正态分布的正态随机变量在一个区间内取值的概率可以用标准正态分布的分布函数来表示，而标准正态分布的分布函数 $\Phi(x)$ 的值可以查本书后的附表 2.

例 5 已知 $X \sim N(\mu, \sigma^2)$，求 $P\{|X-\mu| < \sigma\}$，$P\{|X-\mu| < 2\sigma\}$，$P\{|X-\mu| < 3\sigma\}$.

解 $P\{|X-\mu| < \sigma\} = P\{\mu-\sigma < X < \mu+\sigma\} = \Phi(1) - \Phi(-1)$
$$= 2\Phi(1) - 1 = 2 \times 0.841\ 3 - 1 = 0.682\ 6,$$
$$P\{|X-\mu| < 2\sigma\} = 2\Phi(2) - 1 = 0.954\ 4,$$
$$P\{|X-\mu| < 3\sigma\} = 2\Phi(3) - 1 = 0.997\ 4.$$

由例 5 我们看到，尽管正态变量的取值范围是 $(-\infty, \infty)$，但它的值落在 $(\mu-3\sigma, \mu+3\sigma)$ 内几乎是肯定的事. 这就是通常所说的 "3σ" 原则（见图 2-11）.

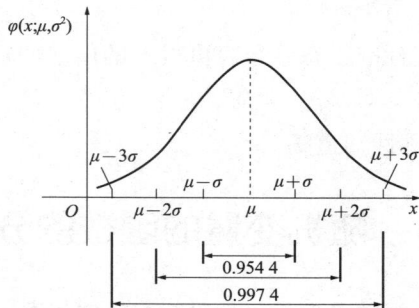

图 2-11

例 6 设 $X \sim N(5, \sigma^2)$，若 $P\{X > c\} = P\{X \leqslant c\}$，试求常数 c.

解 依题意，有

$$P\{X > c\} = 1 - P\{X \leqslant c\} = P\{X \leqslant c\},$$

得

$$P\{X \leqslant c\} = \frac{1}{2},$$

于是有

$$F(c) = \Phi\left(\frac{c-5}{\sigma}\right) = \Phi(0),$$

从而

$$\frac{c-5}{\sigma}=0, \quad 即\ c=5.$$

例 7　在车床上加工金属圆杆，已知圆杆直径(以 cm 计)$X \sim N(12.4, \sigma^2)$，规定直径在 12.0～12.8 cm 为合格品，要求产品合格的概率至少为 0.95，试确定 σ 最多为多少.

解　依题意，需求 σ，使得 $P\{12.0 < X \leqslant 12.8\} \geqslant 0.95$，因为

$$P\{12.0 < X \leqslant 12.8\} = \Phi\left(\frac{12.8-12.4}{\sigma}\right) - \Phi\left(\frac{12.0-12.4}{\sigma}\right) = 2\Phi\left(\frac{0.4}{\sigma}\right) - 1 \geqslant 0.95,$$

所以

$$\Phi\left(\frac{0.4}{\sigma}\right) \geqslant 0.975 = \Phi(1.96) \quad (反查标准正态分布表).$$

又由 $\Phi(x)$ 的单调性知

$$\frac{0.4}{\sigma} \geqslant 1.96, \quad \sigma \leqslant 0.204,$$

这就是说 σ 最多为 0.204 cm.

为了今后在数理统计中应用方便，我们引进标准正态分布的上 α 分位点的概念.

定义 2　设 $X \sim N(0, 1)$，若给定常数 $\alpha(0 < \alpha < 1)$，存在数 z_α 满足

$$P\{X > z_\alpha\} = \alpha,$$

则称点 z_α 为标准正态分布的上 α 分位点(如图 2—12 所示).

由关系式

$$\Phi(z_\alpha) = 1 - P\{X > z_\alpha\} = 1 - \alpha, \qquad (2-4-12)$$

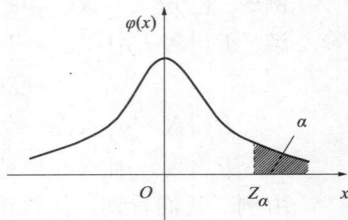

图 2—12

对于给定的 α 的值，反查标准正态分布表可得 z_α 的值. 如 $\alpha = 0.05$，则由 $\Phi(1.65) = 1 - 0.05 = 0.95$，知 $z_\alpha = 1.65$.

另外，由 $\varphi(x)$ 图形的对称性知道 $z_{1-\alpha} = -z_\alpha$.

§5　随机变量的函数的分布

在实际问题中，不仅要研究随机变量，而且往往还要研究随机变量的函数. 例如，电影院每放映一场电影所售出的票数是一个随机变量，而票房收入就是售出票数的函数，它当然也是一个随机变量. 在有些情况下我们所关心的随机变量，它们的分布往往难以直接得到. 但是与它们有关的另一些随机变量的分布却是容易知道的. 因此我们需要讨论，如何由已知的随机变量 X 的分布，去求得这个随机变量的函数 $Y = g(X)$($g(x)$ 是已知的连续函数)的分布.

下面我们就两种情况分别进行讨论.

2.5.1　离散型随机变量的函数的分布

离散型随机变量 X 的函数 $Y = g(X)$ 仍然是一个离散型随机变量，它的分布律可直接由 X 的分布律求得.

若 X 的分布律为 $P\{X=x_i\}=p_i$，$i=1$，2，…，则 $Y=g(X)$ 的全部不同的可能取值为 y_j，$j=1$，2，…，其分布律为 $P\{Y=y_j\}=q_j$，$j=1$，2，…其中 q_j 是所有满足 $g(x_i)=y_j$ 的 x_i 对应的 X 的概率 $P\{X=x_i\}=p_i$ 的和，即 $P\{Y=y_j\}=\sum\limits_{g(x_i)=y_j}P\{X=x_i\}$.

例1 已知随机变量 X 的分布律为

X	0	1	2	3	4	5
p_k	0.10	0.14	0.16	0.18	0.20	0.22

求 $Y=(X-2)^2$ 的分布律.

解 Y 的全部不同的可能取值为 0，1，4，9，而
$P\{Y=0\}=P\{(X-2)^2=0\}=P\{X=2\}=0.16$，
$P\{Y=1\}=P\{(X-2)^2=1\}=P\{X=1\}+P\{X=3\}=0.14+0.18=0.32$，
$P\{Y=4\}=P\{(X-2)^2=4\}=P\{X=0\}+P\{X=4\}=0.10+0.20=0.30$，
$P\{Y=9\}=P\{(X-2)^2=9\}=P\{X=5\}=0.22$.
则 Y 的分布律为

X	0	1	4	9
p_k	0.16	0.32	0.30	0.22

例2 已知随机变量 X 的分布律为

$$P\{X=k\}=\frac{1}{2^k},\ k=1,\ 2,\ \cdots$$

试求随机变量 $Y=\cos(\pi X)$ 的分布律.

解 X 取值为奇数时，$Y=-1$；X 取值为偶数时，$Y=1$，且

$$P\{Y=-1\}=\sum_{k=1}^{\infty}P\{X=2k-1\}=\sum_{k=1}^{\infty}\frac{1}{2^{2k-1}}=\frac{\frac{1}{2}}{1-\frac{1}{4}}=\frac{2}{3},$$

$$P\{Y=1\}=\sum_{k=1}^{\infty}P\{X=2k\}=\sum_{k=1}^{\infty}\frac{1}{2^{2k}}=\frac{\frac{1}{4}}{1-\frac{1}{4}}=\frac{1}{3}.$$

得 $Y=\cos(\pi X)$ 的分布律为

Y	-1	1
p_k	$\dfrac{2}{3}$	$\dfrac{1}{3}$

2.5.2 连续型随机变量的函数的分布

若已知 X 的概率密度 $f_X(x)$ 或分布函数 $F_X(x)$，要求其函数 $Y=g(X)$ 的概率密度，通常是先求 Y 的分布函数 $F_Y(y)=P\{Y\leqslant y\}$，然后将 $F_Y(y)$ 关于 y 求导，就能得到 Y 的概率密度 $f_Y(y)$.

例3 一食品厂，一天的产量 X (以吨计) 具有概率密度

$$f_X(x)=\begin{cases}2x, & 0<x<1,\\ 0, & \text{其他}.\end{cases}$$

一天的产值是 $Y=5X+1$(以千元计),求 Y 的概率密度 $f_Y(y)$.

解 现在先来求 $F_Y(y)$

$$F_Y(y)=P\{Y\leqslant y\}=P\{5X+1\leqslant y\}=P\left\{X\leqslant\frac{y-1}{5}\right\}=F_X\left(\frac{y-1}{5}\right),$$

将上述等式两端对 y 求导,得 Y 的概率密度为

$$f_Y(y)=f_X\left(\frac{y-1}{5}\right)\frac{d\left(\frac{y-1}{5}\right)}{dy}=\frac{1}{5}f_x\left(\frac{y-1}{5}\right)$$

$$=\begin{cases}\frac{2}{5}\cdot\frac{y-1}{5}, & 0<\frac{y-1}{5}<1,\\ 0, & \text{其他}\end{cases}=\begin{cases}\frac{2}{25}(y-1), & 1<y<6,\\ 0, & \text{其他}.\end{cases}$$

例 4 设随机变量 X 具有概率密度 $f_X(x)$,$-\infty<x<\infty$,求 $Y=X^2$ 的概率密度 $f_Y(y)$.

解 先来求 $F_Y(y)$,

由于 $Y=X^2\geqslant0$,因此,当 $y\leqslant0$ 时,$F_Y(y)=P\{Y\leqslant y\}=0$. 当 $y>0$ 时,有

$$F_Y(y)=P\{Y\leqslant y\}=P\{X^2\leqslant y\}=P\{-\sqrt{y}\leqslant X\leqslant\sqrt{y}\}$$
$$=F_X(\sqrt{y})-F_X(-\sqrt{y}).$$

将上述等式两端对 y 求导数,得 Y 的概率密度为

$$f_Y(y)=\begin{cases}\frac{1}{2\sqrt{y}}\left[f_X(\sqrt{y})+f_X(-\sqrt{y})\right], & y>0,\\ 0, & y\leqslant0.\end{cases}$$

例如,若 $X\sim N(0,1)$,即 X 的概率密度为

$$\varphi(x)=\frac{1}{\sqrt{2\pi}}e^{-\frac{x^2}{2}},\quad -\infty<x<+\infty.$$

则 $Y=X^2$ 的概率密度为

$$f_Y(y)=\begin{cases}\frac{1}{\sqrt{2\pi y}}e^{-\frac{y}{2}}, & y>0,\\ 0, & y\leqslant0.\end{cases}$$

在第六章我们会知道它是自由度为 1 的 χ^2 分布概率密度.

一般地,有如下定理.

定理 1 设随机变量 X 具有概率密度 $f_X(x)$,$-\infty<x<\infty$,$y=g(x)$ 在 $(-\infty,\infty)$ 内是严格单调的可导函数,则 $Y=g(X)$ 的概率密度为

$$f_Y(y)=\begin{cases}f_X[h(y)]|h'(y)|, & \alpha<y<\beta,\\ 0, & \text{其他}.\end{cases}\tag{2-5-1}$$

其中 $\alpha=\min[g(-\infty),g(\infty)]$,$\beta=\max[g(-\infty),g(\infty)]$,$h(y)$ 是 $g(x)$ 的反函数.

证明 当 $g(x)$ 是严格单调增加函数时,其反函数 $x=h(y)$ 存在,且也是严格单调增加,此时 $Y=g(x)$ 的可能取值落在区间 $(\alpha=g(-\infty),\beta=g(\infty))$ 内. 现在来求 Y 的分布函数 $F_Y(y)$.

当 $y\leqslant\alpha$ 时,$F_Y(y)=P\{Y\leqslant y\}=0$;

当 $\alpha<y<\beta$ 时，$F_Y(y)=P\{Y\leqslant y\}=P\{g(X)\leqslant y\}=P\{X\leqslant h(y)\}=F_X[h(y)]$；

当 $y\geqslant\beta$ 时，$F_Y(y)=P\{Y\leqslant y\}=1$.

由此得 Y 的概率密度为

$$f_Y(y)=\begin{cases}f_X[h(y)]h'(y), & \alpha<y<\beta,\\ 0, & \text{其他}.\end{cases}$$

若当 $g(x)$ 是严格单调减少时，其反函数 $x=h(y)$ 存在，且严格单调减少，此时 $Y=g(X)$ 的可能取值落在区间$(\alpha=g(\infty)$，$\beta=g(-\infty))$内. 现在来求 Y 的分布函数 $F_Y(y)$.

当 $y\leqslant\alpha$ 时，$F_Y(y)=P\{Y\leqslant y\}=0$；

当 $\alpha<y<\beta$ 时，$F_Y(y)=P\{Y\leqslant y\}=P\{g(X)\leqslant y\}=P\{X\geqslant h(y)\}$

$$=1-P\{X<h(y)\}=1-F_X[h(y)]$$；

当 $y\geqslant\beta$ 时，$F_Y(y)=P\{Y\leqslant y\}=1$.

此时得 Y 的概率密度为

$$f_Y(y)=\begin{cases}f_X[h(y)][-h'(y)], & \alpha<y<\beta,\\ 0, & \text{其他}.\end{cases}$$

综上所述得 Y 的概率密为

$$f_Y(y)=\begin{cases}f_X[h(y)]|h'(y)|, & \alpha<y<\beta,\\ 0, & \text{其他}.\end{cases}$$

若 $f(x)$ 在有限区间$[a,b]$以外等于零，则只需假设 $y=g(x)$ 在$[a,b]$上是严格单调的可导函数，此时

$$\alpha=\min\{g(a),g(b)\},\quad \beta=\max\{g(a),g(b)\}.$$

例 5 设随机变量 $X\sim N(\mu,\sigma^2)$，概率密度为

$$f_X(x)=\frac{1}{\sqrt{2\pi}\sigma}e^{-\frac{(x-\mu)^2}{2\sigma^2}},\quad -\infty<x<\infty,$$

求 $Y=aX+b(a\neq0)$ 的概率密度 $f_Y(y)$.

解 因 $y=g(x)=ax+b(a\neq0)$严格单调，它的反函数为

$$x=h(y)=\frac{y-b}{a},\quad y\in(-\infty,\infty),$$

且有

$$h'(y)=\frac{1}{a},$$

由式$(2-5-1)$得 $Y=aX+b$ 的概率密度为

$$f_Y(y)=\frac{1}{|a|}f_X\left(\frac{y-b}{a}\right)=\frac{1}{\sqrt{2\pi}|a|\sigma}e^{-\frac{(\frac{y-b}{a}-\mu)^2}{2\sigma^2}}=\frac{1}{\sqrt{2\pi}|a|\sigma}e^{-\frac{[y-(b+a\mu)]^2}{2(a\sigma)^2}},\quad -\infty<y<\infty$$

由此可知，当 $X\sim N(\mu,\sigma^2)$且 $a\neq0$ 时，有

$$Y=aX+b\sim N(a\mu+b,(a\sigma)^2),\qquad (2-5-2)$$

即服从正态分布的随机变量的线性组合仍服从正态分布.

特别地，在式$(2-5-2)$中令 $a=\frac{1}{\sigma}$，$b=-\frac{\mu}{\sigma}$便可得到$\frac{X-\mu}{\sigma}\sim N(0,1)$，这就是上一节引理的结果.

例 6 设 $X\sim U\left(-\frac{\pi}{2},\frac{\pi}{2}\right)$，求 $Y=\sin X$ 的概率密度.

解　由题设知，X 的概率密度为

$$f_X(x)=\begin{cases} \dfrac{1}{\pi}, & -\dfrac{\pi}{2}<x<\dfrac{\pi}{2}, \\ 0, & \text{其他.} \end{cases}$$

现在 $y=g(x)=\sin x$ 在 $\left(-\dfrac{\pi}{2},\dfrac{\pi}{2}\right)$ 上严格单调增加，且有反函数 $x=h(y)=\arcsin y$，$y\in(-1,1)$，且 $h'(y)=\dfrac{1}{\sqrt{1-y^2}}$. 由式 (2—5—1) 得 $Y=\sin X$ 的概率密度为

$$f_Y(y)=\begin{cases} \dfrac{1}{\pi}\dfrac{1}{\sqrt{1-y^2}}, & -1<y<1, \\ 0, & \text{其他.} \end{cases}$$

若在本例中 $X\sim U(0,\pi)$，由于此时 $y=g(x)=\sin x$ 在 $(0,\pi)$ 上不是单调函数，上述定理失效，应仍按一般的方法来做. 请同学们自行计算 $f_Y(y)=\begin{cases} \dfrac{2}{\pi\sqrt{1-y^2}}, & 0<y<1, \\ 0, & \text{其他} \end{cases}$.

小　结

随机变量是近代概率论中描述随机现象的重要方法，在近代概率论中占有基础地位. 随机变量的引入使随机事件有了数量标识，进而能够用函数来刻画与研究随机事件，同时能够将微积分中关于函数的导数、微分、级数等方面的知识用于一些概率与分布的计算.

本章首先引入随机变量的概念；介绍了随机变量分布函数的概念和性质；按照随机变量可能取得的值，可以把它们分为两类：离散型随机变量与非离散型随机变量，着重讨论了离散型随机变量的分布律和连续型随机变量的概率密度函数及其性质；介绍了 0—1 分布、二项分布、泊松分布、超几何分布、均匀分布、指数分布和正态分布等常见分布及其应用，这些分布应用较多，特别是正态分布应用更为广泛，读者要重点掌握；最后介绍了随机变量函数的分布的求法，特别是连续型随机变量函数的分布的求法是本章的难点之一.

习题二

1. 设随机变量 X 的分布函数为 $F(x)=\begin{cases} 0, & x\leqslant 0, \\ ax^2, & 0<x\leqslant 1, \\ x-b, & 1<x\leqslant\dfrac{4}{3}, \\ 1, & \dfrac{4}{3}<x, \end{cases}$ 则 $a=$ _____ ，$b=$ _____ .

2. 下列函数可作为分布函数的是（　　）.

(A) $F(x)=\dfrac{1}{1+x^2}$ 　　　　　　　　(B) $F(x)=\dfrac{3}{4}+\dfrac{1}{2\pi}\arctan x$

(C) $F(x)=\begin{cases} \dfrac{1}{1+x^2}, & x\leqslant 0, \\ 0, & x>0 \end{cases}$ 　　　　　(D) $F(x)=\dfrac{2}{\pi}\arctan x+1$

3. 设随机变量 X 的分布函数为

$$F(x)=\begin{cases} 0, & x<0, \\ \dfrac{x^2}{25}, & 0\leqslant x<5, \\ 1, & x\geqslant5. \end{cases}$$

求一元二次方程 $t^2+Xt+\dfrac{1}{4}(X+2)=0$ 有实根事件的概率.

4. 一个人进行投篮，直到投中时为止，若这个人投中的概率为 0.4，求这个人投篮次数 X 的分布律.

5. 某路段有 3 个路口安置了红绿信号灯，且各路口亮什么颜色的灯是相互独立的. 红、绿颜色显示的时间为 1∶2，某人开车经过此路段，求此汽车首次遇到红灯前已通过的路口数 X 的分布律、分布函数及概率 $P\{1\leqslant X\leqslant3\}$.

6. 设随机变量 X 的分布函数为

$$F(x)=\begin{cases} 0, & x<-1, \\ 0.3, & -1\leqslant x<1, \\ 0.8, & 1\leqslant x<4, \\ 1, & x\geqslant4. \end{cases}$$

求 X 的分布律.

7. 设随机变量 X 的分布律为 $P\{X=k\}=\dfrac{c}{k+1}$，$k=0$，1，3，5，试求：(1)常数 c；
(2)$P\{X<3\,|\,X\neq1\}$.

8. 一射手对同一目标独立地射击 4 次，如果至少命中一次的概率为 80/81，则该射手的命中率为_____.

9. 设离散型随机变量 X 服从泊松分布，已知 $P\{X=1\}=P\{X=2\}$，则 $P\{X=5\}$ = _____.

10. 某车间有 8 台 5.6 kW 的车床，每台车床由于工艺的原因，常要停车. 设每个车床停车是相互独立的，每台车床平均每小时停车 12 min.
(1)求在某一指定的时刻车间恰有两台车床停车的概率.
(2)全部车床用电超过 30 kW 的可能有多大？

11. 有一繁忙的汽车站每天有大量汽车通过，设每辆汽车在一天的某段时间内出事故的概率为 0.000 1，在某天的该段时间内有 1 000 辆汽车通过，求出事故的次数不少于 2 次的概率是多少？

12. 若要 $f(x)=\cos x$ 可以成为随机变量 X 的概率密度，则 X 的可能取值区间为(　　).
(A)$\left[0,\dfrac{\pi}{2}\right]$　　(B)$\left[\dfrac{\pi}{2},\pi\right]$　　(C)$[0,\pi]$　　(D)$\left[\dfrac{3\pi}{2},\dfrac{7\pi}{4}\right]$

13. 设连续型随机变量 X 的分布函数为

$$F(x)=\begin{cases} A, & x<0, \\ Bx^2, & 0\leqslant x<1, \\ Cx-\dfrac{1}{2}x^2-1, & 1\leqslant x<2, \\ 1, & x\geqslant2, \end{cases}$$

求：(1)常数 A，B，C 的值；(2)X 的概率密度函数 $f(x)$；(3)$P\{1 \leqslant X < 4\}$.

14. 设连续型随机变量 X 的概率密度函数为

$$f(x) = \begin{cases} A\cos x, & -\dfrac{\pi}{2} \leqslant x \leqslant \dfrac{\pi}{2}, \\ 0, & \text{其他}, \end{cases}$$

求：(1)常数 A；(2)X 的分布函数 $F(x)$，并画出 $F(x)$ 的图形.

15. 设某种公共汽车站每隔 8 min 就有一辆汽车通过，乘客在 8 min 内任一时刻到达汽车站是等可能的，求乘客候车时间不超过 5 min 分钟的概率.

16. 设 $X \sim N(3, 2^2)$，(1)求 $P\{2 < X \leqslant 5\}$，$P\{|X| > 2\}$；(2)若 $P\{X > c\} = P\{X \leqslant c\}$，求 c；(3)要使 $P\{X > d\} \geqslant 0.9$，问 d 至多是多少？

17. 设某地区成年男子的体重 X（以 kg 计）服从正态分布 $N(\mu, \sigma^2)$，已知 $P\{X \leqslant 70\} = \dfrac{1}{2}$，$P\{X \leqslant 60\} = \dfrac{1}{4}$，(1)确定 μ，σ；(2)若在这一地区随机地选出 5 名成年男子，求其至少有 2 人体重超过 60 kg 的概率.

18. 某顾客在银行窗口等待服务的时间 T（单位：min）服从 $\theta = 5$ 指数分布，若顾客在窗口等待服务时间超过 10 min 即离开.

   (1)某顾客某天去银行，求其未等到服务就离开的概率？

   (2)设某顾客一个月要去 5 次银行，求他 5 次中至多有 1 次未等到服务就离开的概率？

19. 设随机变量 X 的分布律为

X	-1	0	1	2
p_k	0.3	0.1	0.2	0.4

求 $Y = 2X^2 - 1$ 的分布律.

20. 设随机变量 X 服从以 1 为参数的指数分布，则 $Y = 2X$ 的概率密度函数是（　　　）.

   (A) $f_Y(y) = \begin{cases} 0.5\mathrm{e}^{-0.5y}, & y > 0, \\ 0, & y \leqslant 0 \end{cases}$ 　　　　(B) $f_Y(y) = \begin{cases} 2\mathrm{e}^{-2y}, & y > 0, \\ 0, & y \leqslant 0 \end{cases}$

   (C) $f_Y(y) = \begin{cases} \mathrm{e}^{-y^2}, & y > 0, \\ 0, & y \leqslant 0 \end{cases}$ 　　　　(D) $f_Y(y) = \begin{cases} \mathrm{e}^{-y}, & y > 0, \\ 0, & y \leqslant 0 \end{cases}$

21. 设随机变量 X 在 $(-1, 1)$ 上服从均匀分布，求以下随机变量的概率密度：

   (1)$Y = 3X + 1$；(2)$Y = \mathrm{e}^X$.

22. 设连续型随机变量 X 的概率密度函数为

$$f(x) = \begin{cases} x, & 0 \leqslant x < 1, \\ B - x, & 1 \leqslant x < 2, \\ 0, & \text{其他}, \end{cases}$$

求：(1)常数 B；(2)$P\left\{\dfrac{1}{2} < X < \dfrac{3}{2}\right\}$；(3)分布函数 $F(x)$；(4)$Y = 1 - \sqrt[3]{X}$ 的概率密度函数.

23. 设随机变量 X 服从以 $\dfrac{1}{2}$ 为参数的指数分布，证明 $Y = 1 - \mathrm{e}^{-2X}$ 在区间 $[0, 1]$ 上服从均匀分布.

24. 设 X 服从区间 $[-1，9]$ 上的均匀分布，随机变量 Y 是 X 的函数

$$Y=\begin{cases} -1, & X<1, \\ 1, & X=1, \\ 2, & 1<X\leqslant 6, \\ 3, & 6<X\leqslant 9, \end{cases}$$

求 Y 的概率分布.

25. 设连续随机变量 X 有严格增加的分布函数 $F(x)$，试求 $Y=F(X)$ 的分布函数与密度函数.

26. 设有 80 台同类型设备，各台工作相互独立，发生故障的概率都是 0.01，且一台设备的故障一个人能维修，考虑两种配备维护工人的方案：(1)由 4 个人维护，每人承包 20 台；(2)由 3 个人共同维护 80 台. 试比较这两种方案的优劣.

第三章 多维随机变量及其分布

以上我们只限于讨论一个随机变量的情况，但在实际问题中，很多随机现象只用一个随机变量来描述往往是不够的，而要涉及多个随机变量. 例如，打靶时，炮弹弹着点的位置需要由它的横坐标和纵坐标来确定，这就涉及两个随机变量：横坐标 x 和纵坐标 y；又如飞行器在空间的位置，则由横坐标 x、纵坐标 y 和竖坐标 z 来确定，涉及三个随机变量. 这些都要把多个随机变量作为一个整体来看待和研究.

本章中，我们主要讨论二维随机变量的联合分布、边缘分布、条件分布，随机变量的相互独立性以及两个随机变量的函数的分布.

§1 二维随机变量及联合分布函数

3.1.1 二维随机变量及联合分布函数

定义 1 设 E 是一个随机试验，它的样本空间是 $S=\{e\}$，设 $X=X(e)$ 和 $Y=Y(e)$ 是定义在 S 上的随机变量，由它们构成的一个向量 (X,Y) 叫作二维随机向量或二维随机变量.

二维随机变量 (X,Y) 的性质不仅与 X 的性质及 Y 的性质有关，而且还依赖于这两个随机变量的相互关系，因此，仅仅逐个研究 X 或 Y 的性质是不够的，必须把 (X,Y) 作为一个整体加以研究.

与一维的情况类似，我们也借助"分布函数"来研究二维随机变量.

定义 2 设 (X,Y) 是二维随机变量，对于任意实数 x,y，二元函数
$$F(x,y)=P\{(X\leqslant x)\bigcap(Y\leqslant y)\}\overset{\text{记成}}{=}P\{X\leqslant x,Y\leqslant y\} \tag{3-1-1}$$
称为二维随机变量 (X,Y) 的分布函数，或称为随机变量 X 和 Y 的联合分布函数.

分布函数 $F(x,y)$ 表示事件 $\{X\leqslant x\}$ 和事件 $\{Y\leqslant y\}$ 同时发生的概率. 如果把 (X,Y) 看成平面上随机点的坐标，则分布函数 $F(x,y)$ 在 (x_0,y_0) 处的函数值 $F(x_0,y_0)$，就是随机点 (X,Y) 落在平面上以点 (x_0,y_0) 为顶点而位于该点左下方的无穷矩形区域内的概率，如图 3-1 所示.

由上面的几何解释，容易得到随机点 (X,Y) 落在矩形区域：
$x_1<x\leqslant x_2$，$y_1<y\leqslant y_2$ 内的概率
$$P\{x_1<x\leqslant x_2,y_1<y\leqslant y_2\}=$$
$$F(x_2,y_2)-F(x_2,y_1)-F(x_1,y_2)+F(x_1,y_1). \tag{3-1-2}$$

分布函数 $F(x,y)$ 具有以下的基本性质：

(1) $F(x,y)$ 是变量 x 和 y 的不减函数，即对于任意固定的 y，当 $x_1<x_2$ 时，$F(x_1,y)\leqslant F(x_2,y)$；对于任意固定的 x，当 $y_1<y_2$ 时，$F(x,y_1)\leqslant F(x,y_2)$；

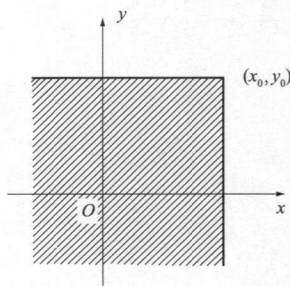

图 3-1

(2)$0 \leqslant F(x, y) \leqslant 1$，且

对于任意固定的 y，$F(-\infty, y) = \lim\limits_{x \to -\infty} F(x, y) = 0$，

对于任意固定的 x，$F(x, -\infty) = \lim\limits_{y \to -\infty} F(x, y) = 0$，

$F(-\infty, -\infty) = \lim\limits_{\substack{x \to -\infty \\ y \to -\infty}} F(x, y) = 0$，$F(\infty, \infty) = \lim\limits_{\substack{x \to \infty \\ y \to \infty}} F(x, y) = 1$.

上面四个式子的意义可以从几何上加以说明. 若在图 3-1 中将无穷矩形的右边界向左无限移动(即令 $x \to -\infty$)，则"随机点(X, Y)落在这个矩形内"这一事件趋于不可能事件，其概率趋于零，即有 $F(-\infty, y) = 0$. 又如当 $x \to \infty$，$y \to \infty$ 时，图 3-1 中的无穷矩形扩展到全平面，"随机点(X, Y)落在这个矩形内"这一事件趋于必然事件，其概率趋于 1，即有 $F(\infty, \infty) = 1$.

(3)$F(x, y) = F(x+0, y)$，$F(x, y) = F(x, y+0)$，即 $F(x, y)$ 关于 x 右连续，关于 y 也右连续.

(4)对于任意(x_1, y_1)，(x_2, y_2)，$x_1 < x_2$，$y_1 < y_2$，下述不等式成立：
$$F(x_2, y_2) - F(x_2, y_1) - F(x_1, y_2) + F(x_1, y_1) \geqslant 0.$$
这一性质由式(3-1-2)及概率的非负性即可得.

以上关于二维随机变量的讨论很容易推广到 $n(n>2)$ 维随机变量的情况. 设 E 是一个随机试验，它的样本空间是 $S = \{e\}$，设 $X_1 = X_1(e)$，$X_2 = X_2(e)$，$\cdots$，$X_n = X_n(e)$ 是定义在 S 上的随机变量，由它们构成的一个 n 维向量$(X_1, X_2, \cdots, X_n)$，叫做 n 维随机向量或 n 维随机变量.

对于任意实数 x_1，x_2，$\cdots$，x_n，n 元函数
$$F(x_1, x_2, \cdots, x_n) = P\{X_1 \leqslant x_1, X_2 \leqslant x_2, \cdots, X_n \leqslant x_n\}$$
称为 n 维随机变量$(X_1, X_2, \cdots, X_n)$的分布函数，或称为随机变量 X_1，X_2，$\cdots$，X_n的联合分布函数.

3.1.2　二维离散型随机变量

如果二维随机变量(X, Y)全部可能取到的不同的值是有限对或可列无限多对，则称(X, Y)是二维离散型随机变量.

定义 3　设二维离散型随机变量(X, Y)所有可能取的值为(x_i, y_j)，$i = 1, 2, \cdots$，$j = 1, 2, \cdots$，记
$$P\{X = x_i, Y = y_j\} = p_{ij} \quad (i = 1, 2, \cdots; j = 1, 2, \cdots), \qquad (3-1-3)$$
称式(3-1-3)为二维随机变量(X, Y)的分布律，或随机变量 X 和 Y 的联合分布律.

(X, Y)的分布律也可以用表格表示，见表 3-1.

表 3-1

X＼Y	y_1	y_2	$\cdots$	y_j	$\cdots$
x_1	p_{11}	p_{12}	$\cdots$	p_{1j}	$\cdots$
x_2	p_{21}	p_{22}	$\cdots$	p_{2j}	$\cdots$
$\vdots$	$\vdots$	$\vdots$		$\vdots$	$\vdots$
x_i	p_{i1}	p_{i2}	$\cdots$	p_{ij}	$\cdots$
$\vdots$	$\vdots$	$\vdots$		$\vdots$	$\vdots$

由概率的定义，显然 p_{ij} 满足以下两个条件：

(1) $p_{ij} \geqslant 0$ （$i=1$, 2, …; $j=1$, 2, …）;

(2) $\sum\limits_{i=1}^{\infty} \sum\limits_{j=1}^{\infty} p_{ij} = 1$.

将 (X, Y) 看成一个随机点的坐标，由图 3—1 可知，离散型随机变量 X 和 Y 的联合分布函数为

$$F(x, y) = \sum_{x_i \leqslant x} \sum_{y_j \leqslant y} p_{ij}, \qquad (3-1-4)$$

其中和式是对一切满足 $x_i \leqslant x$，$y_j \leqslant y$ 的 i，j 求和.

例 1　设有 5 件产品，其中 3 件正品，2 件次品. 现从中任取两次，每次取一件产品，取后不放回. 设 X 表示"第一次取到次品的个数"，Y 表示"第二次取到次品的个数"，求二维随机变量 (X, Y) 的联合分布律.

解　X 和 Y 都仅取 0，1 这两个值，(X, Y) 所有可能取的值是 (0, 0)，(0, 1)，(1, 0)，(1, 1).

首先求 $P\{X=0, Y=0\}$，即第一次取到正品、第二次也取到正品的概率，这是古典概型，易得

$$P\{X=0, Y=0\} = \frac{3 \times 2}{5 \times 4} = \frac{3}{10}.$$

同理可分别求得

$$P\{X=0, Y=1\} = \frac{3 \times 2}{5 \times 4} = \frac{3}{10},$$

$$P\{X=1, Y=0\} = \frac{2 \times 3}{5 \times 4} = \frac{3}{10},$$

$$P\{X=1, Y=1\} = \frac{2 \times 1}{5 \times 4} = \frac{1}{10}.$$

(X, Y) 的联合分布律可用表格表示，见表 3—2.

表 3—2

X ＼ Y	0	1
0	$\dfrac{3}{10}$	$\dfrac{3}{10}$
1	$\dfrac{3}{10}$	$\dfrac{1}{10}$

3.1.3　二维连续型随机变量

定义 4　对于二维随机变量 (X, Y) 的分布函数 $F(x, y)$，如果存在非负的函数 $f(x, y)$，使对于任意 x，y 有

$$F(x, y) = \int_{-\infty}^{x} \int_{-\infty}^{y} f(u, v) \mathrm{d}u \mathrm{d}v, \qquad (3-1-5)$$

则称 (X, Y) 是二维连续型随机变量，函数 $f(x, y)$ 称为二维随机变量 (X, Y) 的概率密度，或称为随机变量 X 和 Y 的联合概率密度.

$f(x, y)$ 具有以下四条性质：

(1) $f(x, y) \geqslant 0$；

(2) $\int_{-\infty}^{\infty}\int_{-\infty}^{\infty} f(x,y)\mathrm{d}x\mathrm{d}y = 1$；

(3) 若 $f(x, y)$ 在点 (x, y) 处连续，则有 $\dfrac{\partial^2 F(x, y)}{\partial x \partial y} = f(x, y)$；

(4) 设 G 为 xOy 平面上的区域，则点 (X, Y) 落在 G 内的概率

$$P\{(X,Y) \in G\} = \iint\limits_{G} f(x,y)\mathrm{d}x\mathrm{d}y.$$

在几何上 $z = f(x, y)$ 表示空间的一个曲面，由性质 (2) 知，介于它和 xOy 平面之间的空间区域的体积为 1. 由性质 (4)，$P\{(X, Y) \in G\}$ 的值等于以 G 为底，以曲面 $z = f(x, y)$ 为顶的曲顶柱体的体积.

由性质 (3)，在 $f(x, y)$ 的连续点处有

$$f(x, y) = \dfrac{\partial^2 F(x, y)}{\partial x \partial y}$$

$$= \lim_{\substack{\Delta x \to 0^+ \\ \Delta y \to 0^+}} \dfrac{1}{\Delta x \Delta y}[F(x+\Delta x, y+\Delta y) - F(x+\Delta x, y) - F(x, y+\Delta y) + F(x, y)]$$

$$= \lim_{\substack{\Delta x \to 0^+ \\ \Delta y \to 0^+}} \dfrac{P\{x < X \leqslant x+\Delta x, \, y < Y \leqslant y+\Delta y\}}{\Delta x \Delta y}.$$

这个关系式说明了概率密度的意义，即平均概率的极限.

若 $f(x, y)$ 在点 (x, y) 连续，则当 Δx，Δy 很小时

$$P\{x < X \leqslant x+\Delta x, \, y < Y \leqslant y+\Delta y\} \approx f(x, y)\Delta x \Delta y,$$

即 (X, Y) 落在小长方形 $(x, x+\Delta x] \times (y, y+\Delta y]$ 内的概率近似地等于 $f(x, y)\Delta x \Delta y$.

例 2　设二维随机变量 (X, Y) 具有概率密度

$$f(x, y) = \begin{cases} ce^{-(2x+3y)}, & x > 0, \, y > 0, \\ 0, & \text{其他.} \end{cases}$$

(1) 确定常数 c；(2) 求分布函数；(3) 求概率 $P\{Y \leqslant X\}$.

解　(1) 由 $\int_{-\infty}^{\infty}\int_{-\infty}^{\infty} f(x,y)\mathrm{d}x\mathrm{d}y = 1$，有

$$1 = \int_0^{\infty}\int_0^{\infty} ce^{-(2x+3y)}\mathrm{d}x\mathrm{d}y$$

$$= c\int_0^{\infty} e^{-2x}\mathrm{d}x \cdot \int_0^{\infty} e^{-3y}\mathrm{d}y = \dfrac{c}{6},$$

解得 $c = 6$.

(2) $F(x,y) = \int_{-\infty}^{x}\int_{-\infty}^{y} f(x,y)\mathrm{d}x\mathrm{d}y$

$$= \begin{cases} \int_0^x\int_0^y 6e^{-(2x+3y)}\mathrm{d}x\mathrm{d}y, & x > 0, y > 0, \\ 0, & \text{其他.} \end{cases}$$

即有　　　　$F(x, y) = \begin{cases} (1-e^{-2x})(1-e^{-3y}), & x > 0, y > 0, \\ 0, & \text{其他.} \end{cases}$

(3)将(X,Y)看作平面上随机点的坐标. 即有
$$\{Y\leqslant X\}=\{(X,Y)\in G\},$$
其中 G 为 xOy 平面上直线 $y=x$ 及其下方部分，于是
$$P\{Y\leqslant X\}=P\{(X,Y)\in G\}=\iint\limits_{G}f(x,y)\mathrm{d}x\mathrm{d}y$$
$$=\int_{0}^{\infty}\mathrm{d}y\int_{y}^{\infty}6\mathrm{e}^{-(2x+3y)}\mathrm{d}x=\frac{3}{5}.$$

例3　设 G 为平面上的有界区域，其面积为 A. 若二维随机变量 (X,Y) 具有概率密度
$$f(x,y)=\begin{cases}\dfrac{1}{A}, & (x,y)\in G,\\[2mm]0, & \text{其他.}\end{cases}$$
则称 (X,Y) 在 G 服从均匀分布. 现设二维随机变量 (X,Y) 在圆域 G：$x^2+y^2\leqslant 1$ 上服从均匀分布，计算 $P\{X+Y\geqslant 1\}$.

解　圆域 $x^2+y^2\leqslant 1$ 的面积 $S=\pi$，因此 (X,Y) 的概率密度函数为
$$f(x,y)=\begin{cases}\dfrac{1}{\pi}, & (x,y)\in G,\\[2mm]0, & \text{其他.}\end{cases}$$
$$P\{X+Y\geqslant 1\}=\iint\limits_{x+y\geqslant 1}f(x,y)\mathrm{d}x\mathrm{d}y=\frac{\pi}{4}-\frac{1}{2}.$$

二维正态分布也是一种很重要的分布.

设二维随机变量 (X,Y) 的概率密度为
$$f(x,y)=\frac{1}{2\pi\sigma_1\sigma_2\sqrt{1-\rho^2}}\exp\left\{\frac{-1}{2(1-\rho^2)}\left[\frac{(x-\mu_1)^2}{\sigma_1^2}-2\rho\frac{(x-\mu_1)(y-\mu_2)}{\sigma_1\sigma_2}+\right.\right.$$
$$\left.\left.\frac{(y-\mu_2)^2}{\sigma_2^2}\right]\right\},\quad -\infty<x<\infty,\quad -\infty<y<\infty,\tag{3-1-6}$$

其中 μ_1，μ_2，σ_1，σ_2，ρ 都是常数，且 $\sigma_1>0$，$\sigma_2>0$，$-1<\rho<1$. 我们称 (X,Y) 为服从参数为 μ_1，μ_2，σ_1，σ_2，ρ 的二维正态分布(这五个参数的意义将在第四章说明)，记为 $(X,Y)\sim N(\mu_1,\mu_2,\sigma_1,\sigma_2,\rho)$.

§2　边缘分布

二维随机变量 (X,Y) 作为一个整体，具有分布函数 $F(x,y)$. 而 X 和 Y 都是随机变量，它们也有各自的分布函数，将它们分别记为 $F_X(x)$，$F_Y(y)$，依次称为二维随机变量 (X,Y) 关于 X 和 Y 的边缘分布函数. 边缘分布函数可以由 (X,Y) 的分布函数 $F(x,y)$ 来确定. 但反过来不一定成立.

事实上，对于二维随机变量 (X,Y)，事件 $\{X\leqslant x\}$ 相当于事件 $\{X\leqslant x,Y<\infty\}$，因此有
$$F_X(x)=P\{X\leqslant x\}=P\{X\leqslant x,Y<\infty\}=F(x,\infty),\tag{3-2-1}$$
即只要在函数 $F(x,y)$ 中令 $y\to\infty$ 就能得到 $F_X(x)$.

同理
$$F_Y(y)=P\{Y\leqslant y\}=P\{X<\infty,Y\leqslant y\}=F(\infty,y).\tag{3-2-2}$$
对于二维离散型随机变量 (X,Y)，设其分布律为

$$P\{X=x_i,\ Y=y_j\}=p_{ij}\quad(i=1,\ 2,\ \cdots;\ j=1,\ 2,\ \cdots),$$

由式(3－2－1)可得

$$F_X(x)=F(x,\infty)=\sum_{x_i\leqslant x}\sum_{j=1}^{\infty}p_{ij}. \tag{3－2－3}$$

与一维离散型随机变量分布函数式比较，知 X 的分布律为

$$P\{X=x_i\}=\sum_{j=1}^{\infty}p_{ij}\quad(i=1,\ 2,\ \cdots). \tag{3－2－4}$$

同样，可得 Y 的分布律为

$$P\{Y=y_j\}=\sum_{i=1}^{\infty}p_{ij}\quad(j=1,\ 2,\ \cdots). \tag{3－2－5}$$

记

$$p_{i\cdot}=\sum_{j=1}^{\infty}p_{ij}=P\{X=x_i\}\quad(i=1,\ 2,\ \cdots),$$

$$p_{\cdot j}=\sum_{i=1}^{\infty}p_{ij}=P\{Y=y_i\}\quad(j=1,\ 2,\ \cdots),$$

分别称 $p_{i\cdot}(i=1,\ 2,\ \cdots)$ 和 $p_{\cdot j}(j=1,\ 2,\ \cdots)$ 为 $(X,\ Y)$ 关于 X 和关于 Y 的边缘分布律.

例1　设二维随机变量 $(X,\ Y)$ 只取下列数值中的值：$(0,\ 0)$，$(-1,\ 1)$，$\left(-1,\ \frac{1}{3}\right)$，

$(2,\ 0)$，且相应概率依次为 $\frac{1}{6}$，$\frac{1}{3}$，$\frac{1}{12}$，$\frac{5}{12}$，写出 $(X,\ Y)$ 关于 X 和关于 Y 的边缘分布律.

解　根据 $(X,\ Y)$ 的全部可能取值以及相应概率，得 $(X,\ Y)$ 的分布律(见表 3－3).

表 3－3

X \ Y	0	$\frac{1}{3}$	1
0	$\frac{1}{6}$	0	0
-1	0	$\frac{1}{12}$	$\frac{1}{3}$
2	$\frac{5}{12}$	0	0

X 的所有可能取的值为 0，-1，2，Y 的所有可能取的值为 0，$\frac{1}{3}$，1，于是由式(3－2－4)得 X 的边缘分布律为

$$P\{X=0\}=\frac{1}{6}+0+0=\frac{1}{6},$$

$$P\{X=-1\}=0+\frac{1}{12}+\frac{1}{3}=\frac{5}{12},$$

$$P\{X=2\}=\frac{5}{12}+0+0=\frac{5}{12}.$$

由式(3－2－5)得 Y 的边缘分布律为

$$P\{Y=0\}=\frac{1}{6}+0+\frac{5}{12}=\frac{7}{12},$$

$$P\{Y=\frac{1}{3}\}=0+\frac{1}{12}+0=\frac{1}{12},$$

$$P\{Y=1\}=0+\frac{1}{3}+0=\frac{1}{3}.$$

我们常常将边缘分布律写在联合分布律表格的边缘上，见表3-4，这就是"边缘分布律"这个名词的由来.

表 3-4

X \ Y	0	$\frac{1}{3}$	1	$p_i.$
0	$\frac{1}{6}$	0	0	$\frac{1}{6}$
-1	0	$\frac{1}{12}$	$\frac{1}{3}$	$\frac{5}{12}$
2	$\frac{5}{12}$	0	0	$\frac{5}{12}$
$p._j$	$\frac{7}{12}$	$\frac{1}{12}$	$\frac{1}{3}$	

对于连续型随机变量(X,Y)，设它的概率密度为$f(x,y)$，可得

$$F_X(x)=F(x,\infty)=\int_{-\infty}^{x}\left[\int_{-\infty}^{\infty}f(x,y)\mathrm{d}y\right]\mathrm{d}x,$$

与一维连续型随机变量分布函数式比较，知X是一个连续型随机变量，且其概率密度为

$$f_X(x)=\int_{-\infty}^{\infty}f(x,y)\mathrm{d}y. \tag{3-2-6}$$

同样，Y也是一个连续型随机变量，且其概率密度为

$$f_Y(y)=\int_{-\infty}^{\infty}f(x,y)\mathrm{d}x. \tag{3-2-7}$$

分别称$f_X(x)$，$f_Y(y)$为(X,Y)关于X和关于Y的边缘概率密度.

例 2　设(X,Y)在曲线$y=x^2$，$y=x$所围成的区域G内服从均匀分布，求联合概率密度和边缘概率密度.

解　据题意知，区域G的面积为$S=\int_0^1\int_{x^2}^{x}\mathrm{d}x\mathrm{d}y=\frac{1}{6}$，由于$(X,Y)$在区域$G$内服从均匀分布，故$(X,Y)$的联合概率密度函数为

$$f(x,y)=\begin{cases}6,&(x,y)\in G,\\0,&\text{其他}.\end{cases}$$

由式（3-2-6）得X的边缘概率密度

$$f_X(x)=\int_{-\infty}^{\infty}f(x,y)\mathrm{d}y=\begin{cases}\int_{x^2}^{x}6\mathrm{d}y,&0\leqslant x\leqslant 1\\0,&\text{其他}\end{cases}=\begin{cases}6(x-x^2),&0\leqslant x\leqslant 1\\0,&\text{其他}.\end{cases}$$

由式（3-2-7）得Y的边缘概率密度

$$f_Y(y)=\int_{-\infty}^{\infty}f(x,y)\mathrm{d}x=\begin{cases}\int_{y}^{\sqrt{y}}6\mathrm{d}x,&0\leqslant y\leqslant 1\\0,&\text{其他}\end{cases}=\begin{cases}6(\sqrt{y}-y),&0\leqslant y\leqslant 1,\\0,&\text{其他}.\end{cases}$$

例 3　设(X,Y)是二维正态随机变量，$(X,Y)\sim N(\mu_1,\mu_2,\sigma_1,\sigma_2,\rho)$，求它的边缘

概率密度.

解　由式(3-2-6)，$f_X(x) = \int_{-\infty}^{\infty} f(x, y)\mathrm{d}y$，其中 $f(x, y)$ 见式(3-1-6).

由于　$\dfrac{(y-\mu_2)^2}{\sigma_2^2} - 2\rho\dfrac{(x-\mu_1)(y-\mu_2)}{\sigma_1\sigma_2} = \left(\dfrac{y-\mu_2}{\sigma_2} - \rho\dfrac{x-\mu_1}{\sigma_1}\right)^2 - \rho^2\dfrac{(x-\mu_1)^2}{\sigma_1^2}$,

作变量代换 $t = \dfrac{1}{\sqrt{1-\rho^2}}\left(\dfrac{y-\mu_2}{\sigma_2} - \rho\dfrac{x-\mu_1}{\sigma_1}\right)$，则有

$$f_X(x) = \frac{1}{2\pi\sigma_1}\mathrm{e}^{-\frac{(x-\mu_1)^2}{2\sigma_1^2}}\int_{-\infty}^{\infty}\mathrm{e}^{-\frac{t^2}{2}}\mathrm{d}t$$

$$= \frac{1}{\sqrt{2\pi}\sigma_1}\mathrm{e}^{-\frac{(x-\mu_1)^2}{2\sigma_1^2}}\quad(-\infty < x < \infty),$$

表明 $X \sim N(\mu_1, \sigma_1^2)$.

同理可得

$$f_Y(y) = \frac{1}{\sqrt{2\pi}\sigma_2}\mathrm{e}^{-\frac{(y-\mu_2)^2}{2\sigma_2^2}}\quad(-\infty < y < \infty),$$

表明 $X \sim N(\mu_1, \sigma_1^2)$.

我们看到二维正态随机变量 (X, Y) 的两个边缘分布都是一维正态分布，并且与参数 ρ 无关. 所以，对于给定的 μ_1，μ_2，σ_1，σ_2，不同的 ρ 对应了不同的二维正态分布，但其中的分量 X 或 Y 却服从相同的正态分布. 这一事实表明：边缘概率密度只考虑了 X 和 Y 为单个变量的情况，而未涉及 X 和 Y 之间的关系，X 和 Y 之间的关系式包含在 (X, Y) 的联合概率密度内.

因此，仅由 X 和 Y 的边缘概率分布，一般来说是不能确定随机变量 X 和 Y 的联合分布的.

§3　条件分布

在本节中，我们将讨论随机变量的条件分布. 条件分布是事件的条件概率的直接推广. 设有两个随机变量 X 和 Y，在给定了 Y 取某个值或某些值的条件下 X 的分布，称为 X 的条件分布. 类似地，我们可以定义 Y 的条件分布.

设 (X, Y) 是二维离散型随机变量，其分布律为
$$P\{X=x_i, Y=y_j\} = p_{ij}\quad(i=1, 2, \cdots; j=1, 2, \cdots),$$
(X, Y) 关于 X 和 Y 的边缘分布律分别为

$$p_{i\cdot} = \sum_{j=1}^{\infty} p_{ij} = P\{X = x_i\}\quad(i=1, 2, \cdots),$$

$$p_{\cdot j} = \sum_{i=1}^{\infty} p_{ij} = P\{Y = y_j\}\quad(j=1, 2, \cdots).$$

设 $p_{\cdot j} > 0$，在事件 $\{Y=y_j\}$ 已发生的条件下，事件 $\{X=x_i\}$ 发生的条件概率为

$$P\{X=x_i \mid Y=y_j\} = \frac{P\{X=x_i, Y=y_j\}}{P\{Y=y_j\}} = \frac{p_{ij}}{p_{\cdot j}}\quad(i=1, 2, \cdots).$$

易知上述条件概率具有分布律的性质：

(1) $P\{X=x_i \mid Y=y_j\} \geq 0$;

(2) $\displaystyle\sum_{i=1}^{\infty} P\{X = x_i \mid Y = y_j\} = \sum_{i=1}^{\infty} \frac{p_{ij}}{p_{\cdot j}} = 1$.

于是可引出下述定义

定义1　设$(X，Y)$二维离散型随机变量，对于固定的j，若$p._j>0$，则称

$$P\{X=x_i|Y=y_j\}=\frac{p_{ij}}{p._j}\quad(i=1,2,\cdots)\quad\quad(3-3-1)$$

为在$Y=y_j$条件下随机变量X的条件分布律.

同样对于固定的i，若$p_i.>0$，则称

$$P\{Y=y_j|X=x_i\}=\frac{p_{ij}}{p_i.}\quad(j=1,2,\cdots)\quad\quad(3-3-2)$$

为在$X=x_i$条件下随机变量Y的条件分布律.

例1　设二维随机变量$(X，Y)$的联合分布律如表3—5所示.

表3—5

X＼Y	0.4	0.8
2	0.15	0.05
5	0.30	0.12
8	0.35	0.03

(1)求在$Y=0.4$的条件下，X的条件分布律.

(2)求在$X=5$的条件下，Y的条件分布律.

解　(1)由$(X，Y)$的联合分布律可求得X，Y的边缘分布律见表3—6和表3—7.

表3—6

X	2	5	8
$p_i.$	0.20	0.42	0.38

表3—7

Y	0.4	0.8
$p._j$	0.80	0.20

$$P\{X=2|Y=0.4\}=\frac{P\{X=2，Y=0.4\}}{P\{X=0.4\}}=\frac{0.15}{0.80}=\frac{3}{16},$$
$$P\{X=5|Y=0.4\}=\frac{P\{X=5，Y=0.4\}}{P\{X=0.4\}}=\frac{0.30}{0.80}=\frac{3}{8},$$
$$P\{X=8|Y=0.4\}=\frac{P\{X=8，Y=0.4\}}{P\{X=0.4\}}=\frac{0.35}{0.80}=\frac{7}{16}.$$

或写成如表3—8所示.

表3—8

$X=k$	2	5	8
$P\{X=k|Y=0.4\}$	$\frac{3}{16}$	$\frac{3}{8}$	$\frac{7}{16}$

(2)同样方法可求出 $X=5$ 的条件下，Y 的条件分布律见表 3—9.

表 3—9

$Y=k$	0.4	0.8
$P\{Y=k \mid X=5\}$	$\dfrac{5}{7}$	$\dfrac{2}{7}$

设 $(X，Y)$ 是二维连续型随机变量. 由于对任意的 $x，y$ 有 $P\{X=x\}=0$，$P\{Y=y\}=0$，因此不能像离散型那样，直接用条件概率来引入条件分布，而是要使用极限的方法处理.

给定 y，设对于任意固定的正数 ε，概率 $P\{y-\varepsilon<Y\leqslant y+\varepsilon\}>0$，于是对于任意的 x，有

$$P\{X\leqslant x \mid y-\varepsilon<Y\leqslant y+\varepsilon\}=\frac{P\{X\leqslant x，y-\varepsilon<Y\leqslant y+\varepsilon\}}{P\{y-\varepsilon<Y\leqslant y+\varepsilon\}},$$

这是在条件 $y-\varepsilon<Y\leqslant y+\varepsilon$ 下 X 的条件分布函数.

定义 2　给定 y，设对于任意固定 $\varepsilon>0$，$P\{y-\varepsilon<Y\leqslant y+\varepsilon\}>0$，且若对于任意实数 x，极限

$$\lim_{\varepsilon\to 0^+}P\{X\leqslant x \mid y-\varepsilon<Y\leqslant y+\varepsilon\}=\lim_{\varepsilon\to 0^+}\frac{P\{X\leqslant x，y-\varepsilon<Y\leqslant y+\varepsilon\}}{P\{y-\varepsilon<Y\leqslant y+\varepsilon\}} \quad (3-3-3)$$

存在，则称此极限为在条件 $Y=y$ 下 X 的条件分布函数，记为 $P\{X\leqslant x \mid Y=y\}$ 或 $F_{X\mid Y}(x\mid y)$.

设二维随机变量 $(X，Y)$ 的概率密度为 $f(x，y)$，若 $f(x，y)$ 在点 $(x，y)$ 处连续，$(X，Y)$ 关于 Y 的概率密度 $f_Y(y)$ 连续，且 $f_Y(y)>0$，由式 $(3-3-3)$ 有

$$\begin{aligned}
F_{X\mid Y}(x\mid y)&=\lim_{\varepsilon\to 0^+}\frac{P\{X\leqslant x，y-\varepsilon<Y\leqslant y+\varepsilon\}}{P\{y-\varepsilon<Y\leqslant y+\varepsilon\}}\\[2mm]
&=\lim_{\varepsilon\to 0^+}\frac{F(x，y+\varepsilon)-F(x，y-\varepsilon)}{F_Y(y+\varepsilon)-F_Y(y-\varepsilon)}\\[2mm]
&=\frac{\displaystyle\lim_{\varepsilon\to 0^+}\frac{F(x，y+\varepsilon)-F(x，y-\varepsilon)}{2\varepsilon}}{\displaystyle\lim_{\varepsilon\to 0^+}\frac{F_Y(y+\varepsilon)-F_Y(y-\varepsilon)}{2\varepsilon}}\\[2mm]
&=\frac{\dfrac{\partial F(x,y)}{\partial y}}{\dfrac{\mathrm{d}F_Y(y)}{\mathrm{d}y}}=\frac{\displaystyle\int_{-\infty}^{x}f(x,y)\,\mathrm{d}x}{f_Y(y)}\\[2mm]
&=\int_{-\infty}^{x}\frac{f(x,y)}{f_Y(y)}\,\mathrm{d}x.
\end{aligned}$$

与一维随机变量概率密度的定义式比较，我们给出以下的定义.

定义 3　设二维随机变量 $(X，Y)$ 的概率密度为 $f(x，y)$，$(X，Y)$ 关于 Y 的概率密度 $f_Y(y)$，若对于固定的 y，$f_Y(y)>0$，则称 $\dfrac{f(x，y)}{f_Y(y)}$ 为在 $Y=y$ 的条件下 X 的条件概率密度，记为

$$f_{X\mid Y}(x\mid y)=\frac{f(x，y)}{f_Y(y)}. \quad (3-3-4)$$

类似地，可以定义

$$F_{Y|X}(y|x) = \int_{-\infty}^{y} \frac{f(x,y)}{f_X(x)} \mathrm{d}y,\qquad(3-3-5)$$

$$f_{Y|X}(y|x) = \frac{f(x,y)}{f_X(x)}.\qquad(3-3-6)$$

例 2　设二维随机变量 (X,Y) 的联合分布密度为

$$f(x,y) = \frac{1}{\pi} e^{-\frac{1}{2}(x^2+2xy+5y^2)},$$

求条件分布密度 $f_{X|Y}(x|y)$ 及 $f_{Y|X}(y|x)$.

解　X 的边缘概率密度

$$\begin{aligned}
f_X(x) &= \int_{-\infty}^{\infty} f(x,y)\mathrm{d}y = \frac{1}{\pi}\int_{-\infty}^{\infty} e^{-\frac{1}{2}(x^2+2xy+5y^2)}\mathrm{d}y\\
&= \frac{1}{\pi} e^{-\frac{x^2}{2}} e^{\frac{x^2}{10}} \sqrt{\frac{2}{5}} \int_{-\infty}^{\infty} e^{-\left(\sqrt{\frac{5}{2}}y+\sqrt{\frac{1}{10}}x\right)^2} \mathrm{d}\left(\sqrt{\frac{5}{2}}y+\sqrt{\frac{1}{10}}x\right)\\
&= \frac{1}{\pi}\sqrt{\frac{2}{5}} e^{-\frac{2}{5}x^2} \cdot \sqrt{\pi} = \sqrt{\frac{2}{5\pi}} e^{-\frac{2}{5}x^2}.
\end{aligned}$$

这里应用了 $\int_{-\infty}^{\infty} e^{-u^2}\mathrm{d}u = \sqrt{\pi}$. 同理，可求得 Y 的边缘概率密度为

$$f_Y(y) = \sqrt{\frac{2}{\pi}} e^{-2y^2}.$$

在给定 $Y=y$ 的条件下，X 的条件分布密度为

$$f_{X|Y}(x|y) = \frac{f(x,y)}{f_Y(y)} = \frac{1}{\sqrt{2\pi}} e^{-\frac{(x+y)^2}{2}}.$$

而在给定 $X=x$ 的条件下，Y 的条件分布密度为

$$f_{Y|X}(y|x) = \frac{f(x,y)}{f_X(x)} = \frac{\sqrt{5}}{\sqrt{2\pi}} e^{-\frac{(x+5y)^2}{10}}.$$

例 3　设数 X 在区间 $(0,1)$ 上随机地取值，当观察到 $X=x(0<x<1)$ 时，数 Y 在区间 $(x,1)$ 上随机地取值，求 Y 的概率密度.

解　按题意 X 具有概率密度

$$f_X(x) = \begin{cases} 1, & 0<x<1,\\ 0, & \text{其他}. \end{cases}$$

对于任意给定的值 $x(0<x<1)$，在 $X=x$ 的条件下，Y 的条件概率密度为

$$f_{Y|X}(y|x) = \begin{cases} \dfrac{1}{1-x}, & x<y<1,\\ 0, & \text{其他}. \end{cases}$$

由式 $(3-3-4)$ 得 X 和 Y 的联合概率密度为

$$f(x,y) = f_{Y|X}(y|x)f_X(x) = \begin{cases} \dfrac{1}{1-x}, & 0<x<y<1,\\ 0, & \text{其他}. \end{cases}$$

于是得关于 Y 的概率密度为

$$f_Y(y) = \int_{-\infty}^{\infty} f(x,y)\mathrm{d}x = \begin{cases} \int_0^y \dfrac{1}{1-x}\mathrm{d}x = -\ln(1-y), & 0 < y < 1, \\ 0, & \text{其他}. \end{cases}$$

§4 随机变量的相互独立性

在第一章中，我们讨论了随机事件的相互独立性，本节将利用两个事件相互独立的概念引出随机变量相互独立的概念.

定义 1 设二维随机变量(X,Y)的分布函数为$F(x,y)$，X和Y的边缘分布函数分别为$F_X(x)$和$F_Y(y)$. 若对任意的实数x,y，有

$$F(x,y) = F_X(x)F_Y(y), \tag{3-4-1}$$

则称随机变量X和Y相互独立.

由分布函数的定义，式$(3-4-1)$可以写为

$$P\{X \leqslant x, Y \leqslant y\} = P\{X \leqslant x\}P\{Y \leqslant y\}, \tag{3-4-2}$$

因此，随机变量X和Y相互独立是指对任意实数x,y，随机事件$\{X \leqslant x\}$和$\{Y \leqslant y\}$相互独立.

随机变量的相互独立是概率统计中一个十分重要的概念.

(X,Y)是离散型随机变量时，X和Y相互独立的条件式$(3-4-1)$等价于对于(X,Y)的所有可能取的值(x_i, y_j)有

$$P\{X = x_i, Y = y_j\} = P\{X = x_i\}P\{Y = y_j\}. \tag{3-4-3}$$

例如§2例1中的随机变量X和Y的联合分布律见表$3-10$.

表 3—10

X \ Y	0	$\frac{1}{3}$	1	$p_i.$
0	$\frac{1}{6}$	0	0	$\frac{1}{6}$
-1	0	$\frac{1}{12}$	$\frac{1}{3}$	$\frac{5}{12}$
2	$\frac{5}{12}$	0	0	$\frac{5}{12}$
$p._j$	$\frac{7}{12}$	$\frac{1}{12}$	$\frac{1}{3}$	

$$P\{X=0, Y=0\} = \frac{1}{6}, \quad P\{X=0\}P\{Y=0\} = \frac{7}{12} \cdot \frac{1}{6} = \frac{7}{72}.$$

$$P\{X=0, Y=0\} \neq P\{X=0\}P\{Y=0\}.$$

因而随机变量X和Y不是相互独立的.

(X,Y)是连续型随机变量时，$f(x,y)$，$f_X(x)$，$f_Y(y)$分别为(X,Y)的概率密度和边缘概率密度，则X和Y相互独立的条件式$(3-4-1)$等价于等式

$$f(x,y) = f_X(x)f_Y(y), \tag{3-4-4}$$

几乎处处成立.

例如二维正态随机变量(X,Y)，它的概率密度为

$$f(x,\ y)=\frac{1}{2\pi\sigma_1\sigma_2\sqrt{1-\rho^2}}\exp\left\{\frac{-1}{2(1-\rho^2)}\left[\frac{(x-\mu_1)^2}{\sigma_1^2}-2\rho\frac{(x-\mu_1)(y-\mu_2)}{\sigma_1\sigma_2}+\frac{(y-\mu_2)^2}{\sigma_2^2}\right]\right\},$$
$$-\infty<x<\infty,\quad -\infty<y<\infty,$$

由§2例3知道，其边缘概率密度为

$$f_X(x)=\frac{1}{\sqrt{2\pi}\sigma_1}e^{-\frac{(x-\mu_1)^2}{2\sigma_1^2}},\qquad f_Y(y)=\frac{1}{\sqrt{2\pi}\sigma_2}e^{-\frac{(y-\mu_2)^2}{2\sigma_2^2}},$$

于是

$$f_X(x)\cdot f_Y(y)=\frac{1}{2\pi\sigma_1\sigma_2}e^{-\frac{1}{2}\left[\frac{(x-\mu_1)^2}{\sigma_1^2}-\frac{(y-\mu_2)^2}{\sigma_2^2}\right]}.$$

因此，如果$\rho=0$，则对于所有x，y有$f(x,\ y)=f_X(x)\cdot f_Y(y)$，即$X$和$Y$相互独立. 反之，如果$X$和$Y$相互独立，由于$f(x,\ y)$，$f_X(x)$，$f_Y(y)$都是连续函数，故对于所有的$x$，$y$有$f(x,\ y)=f_X(x)\cdot f_Y(y)$. 特别取$x=\mu_1$，$y=\mu_2$得到$f(\mu_1,\ \mu_2)=f_X(\mu_1)\cdot f_Y(\mu_2)$，即

$$\frac{1}{2\pi\sigma_1\sigma_2\sqrt{1-\rho^2}}=\frac{1}{\sqrt{2\pi}\sigma_1}\cdot\frac{1}{\sqrt{2\pi}\sigma_2},$$

于是$\sqrt{1-\rho^2}=1$，$\rho=0$. 综上所述，可以得到以下结论：

对于二维正态随机变量$(X,\ Y)$，X和Y相互独立的充要条件是参数$\rho=0$.

在实际问题中，随机变量的独立性往往不是从数学定义验证出来的. 而常常是从随机变量产生的实际背景来判断他们的独立性.

§5　随机变量的函数的分布

在第二章中，讨论了一个随机变量的函数的分布，本节讨论两个随机变量的函数的分布问题. 对二维随机变量$(X,\ Y)$，函数$Z=g(X,\ Y)$是一个随机变量，现由$(X,\ Y)$的分布导出Z的分布.

3.5.1　离散型随机变量的函数的分布

二维离散型随机变量的函数仍是离散型随机变量，它的分布求法比较简单，下面举例说明。

例1　设二维随机变量$(X,\ Y)$的联合分布律见表3—11.

表 3—11

X＼Y	0	1	2
0	$\frac{1}{12}$	$\frac{1}{6}$	$\frac{1}{12}$
1	$\frac{1}{3}$	$\frac{1}{6}$	$\frac{1}{6}$

求：(1)$Z_1=X+Y$的分布律；(2)$Z_2=XY$的分布律.

解　(1)$Z_1=X+Y$的所有可能取值为0，1，2，3.

$$P\{Z_1=0\}=P\{X=0,\ Y=0\}=\frac{1}{12},$$

$$P\{Z_1=1\}=P\{X=0,\ Y=1\}+P\{X=1,\ Y=0\}=\frac{1}{6}+\frac{1}{3}=\frac{1}{2},$$

$$P\{Z_1=2\}=P\{X=0, Y=2\}+P\{X=1, Y=1\}=\frac{1}{12}+\frac{1}{6}=\frac{1}{4},$$

$$P\{Z_1=3\}=P\{X=1, Y=2\}=\frac{1}{6}.$$

故 Z_1 的分布律见表 3-12.

表 3-12

Z_1	0	1	2	3
p_k	$\frac{1}{12}$	$\frac{1}{2}$	$\frac{1}{4}$	$\frac{1}{6}$

(2)$Z_2=XY$ 的所有可能取值为 0, 1, 2.

$$P\{Z_2=0\}=P\{X=0, Y=0\}+P\{X=0, Y=1\}+P\{X=0, Y=2\}+$$

$$P\{X=1, Y=0\}=\frac{1}{12}+\frac{1}{6}+\frac{1}{12}+\frac{1}{3}=\frac{2}{3},$$

$$P\{Z_2=2\}=P\{X=1, Y=2\}=\frac{1}{6},$$

$$P\{Z_2=1\}=P\{X=1, Y=1\}=\frac{1}{6}.$$

故 Z_2 的分布律见表 3-13.

表 3-13

Z_2	0	1	2
p_k	$\frac{2}{3}$	$\frac{1}{6}$	$\frac{1}{6}$

例 2 设随机变量 X, Y 相互独立，且 $X\sim\pi(\lambda_1)$，$Y\sim\pi(\lambda_2)$，证明 $X+Y\sim\pi(\lambda_1+\lambda_2)$.

证明 由题设，有

$$P\{X=i\}=\frac{\lambda_1^i e^{-\lambda_1}}{i!} \quad (i=0, 1, \cdots),$$

$$P\{Y=j\}=\frac{\lambda_2^j e^{-\lambda_2}}{j!} \quad (j=0, 1, \cdots).$$

现在 $X+Y$ 的可能取值为 $k=0, 1, 2, \cdots$，

$$P\{X+Y=k\}=\sum_{i=0}^{k}P\{X=i, Y=k-i\}$$

$$=\sum_{i=0}^{k}P\{X=i\}P\{Y=k-i\}=\sum_{i=0}^{k}\frac{\lambda_1^i e^{-\lambda_1}}{i!}\cdot\frac{\lambda_2^{k-i}e^{-\lambda_2}}{(k-i)!}$$

$$=e^{-(\lambda_1+\lambda_2)}\sum_{i=0}^{k}\frac{\lambda_1^i\lambda_2^{k-i}}{i!(k-i)!}=\frac{1}{k!}e^{-(\lambda_1+\lambda_2)}\sum_{i=0}^{k}\frac{k!\lambda_1^i\lambda_2^{k-i}}{i!(k-i)!}$$

$$=\frac{1}{k!}e^{-(\lambda_1+\lambda_2)}(\lambda_1+\lambda_2)^k,$$

即

$$P\{X+Y=k\}=\frac{(\lambda_1+\lambda_2)^k e^{-(\lambda_1+\lambda_2)}}{k!}, \quad k=0, 1, 2, \cdots,$$

从而证得 $X+Y\sim\pi(\lambda_1+\lambda_2)$.

3.5.2　连续型随机变量的函数的分布

1. $Z = X + Y$ 的分布

设二维连续型随机变量 (X, Y) 的概率密度为 $f(x, y)$，求 $Z = X + Y$ 的概率密度 $f_Z(z)$. 设 Z 的分布函数为 $F_Z(z)$，于是（如图 3—2 所示）

$$F_Z(z) = P\{Z \leqslant z\} = P\{X + Y \leqslant z\} = \iint\limits_{x+y \leqslant z} f(x, y) \mathrm{d}x \mathrm{d}y = \int_{-\infty}^{\infty} \left[\int_{-\infty}^{z-x} f(x, y) \mathrm{d}y \right] \mathrm{d}x,$$

固定 z 和 x，在积分 $\int_{-\infty}^{z-x} f(x, y) \mathrm{d}y$ 中作变量代换，令 $y = u - x$，

$$\int_{-\infty}^{z-x} f(x, y) \mathrm{d}y = \int_{-\infty}^{z} f(x, u-x) \mathrm{d}u,$$

于是

$$F_Z(z) = \int_{-\infty}^{\infty} \left[\int_{-\infty}^{z} f(x, u-x) \mathrm{d}u \right] \mathrm{d}x$$
$$= \int_{-\infty}^{z} \left[\int_{-\infty}^{\infty} f(x, u-x) \mathrm{d}x \right] \mathrm{d}u.$$

由概率密度的定义，即得 Z 的概率密度为

$$f_Z(z) = \int_{-\infty}^{\infty} f(x, z-x) \mathrm{d}x. \qquad (3-5-1)$$

由 X，Y 的对称性，$f_Z(z)$ 又可写成

$$f_Z(z) = \int_{-\infty}^{\infty} f(z-y, y) \mathrm{d}y. \qquad (3-5-2)$$

特别地，当 X 和 Y 相互独立时，设 (X, Y) 关于 X，Y 的边缘概率密度分别为 $f_X(x)$，$f_Y(y)$，则式 (3—5—1) 和式 (3—5—2) 分别化为

$$f_Z(z) = \int_{-\infty}^{\infty} f_X(x) f_Y(z-x) \mathrm{d}x, \qquad (3-5-3)$$

$$f_Z(z) = \int_{-\infty}^{\infty} f_X(z-y) f_Y(y) \mathrm{d}y. \qquad (3-5-4)$$

图 3—2

这两个公式称为卷积公式，记为 $f_X * f_Y$. 在求相互独立的随机变量的和的分布时，可直接应用.

例 3　设 X 和 Y 是两个相互独立的随机变量，它们都服从 $N(0, 1)$ 分布，其概率密度为

$$f_X(x) = \frac{1}{\sqrt{2\pi}} \mathrm{e}^{-\frac{1}{2}x^2}, \quad -\infty < x < \infty.$$

$$f_Y(y) = \frac{1}{\sqrt{2\pi}} \mathrm{e}^{-\frac{1}{2}y^2}, \quad -\infty < y < \infty.$$

求 $Z = X + Y$ 的概率密度.

解　由式 (3—5—3)

$$f_Z(z) = \int_{-\infty}^{\infty} f_X(x) f_Y(z-x) \mathrm{d}x$$
$$= \frac{1}{2\pi} \int_{-\infty}^{\infty} \mathrm{e}^{-\frac{1}{2}x^2} \cdot \mathrm{e}^{-\frac{(z-x)^2}{2}} \mathrm{d}x$$
$$= \frac{1}{2\pi} \mathrm{e}^{-\frac{z^2}{4}} \int_{-\infty}^{\infty} \mathrm{e}^{-(x-\frac{z}{2})^2} \mathrm{d}x,$$

令 $t = x - \frac{z}{2}$，得

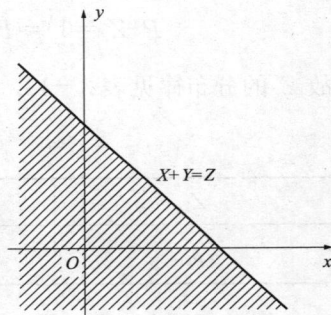

$$f_Z(z)=\frac{1}{2\pi}\mathrm{e}^{-\frac{z^2}{4}}\int_{-\infty}^{\infty}\mathrm{e}^{-t^2}\mathrm{d}t=\frac{1}{2\pi}\mathrm{e}^{-\frac{z^2}{4}}\sqrt{\pi}=\frac{1}{2\sqrt{\pi}}\mathrm{e}^{-\frac{z^2}{4}},$$

即 Z 服从 $N(0，2)$ 分布.

　　一般地，设 X,Y 相互独立且 $X\sim N(\mu_1，\sigma_1^2)$，$Y\sim N(\mu_2，\sigma_2^2)$，则可以证明 $Z=X+Y\sim N$ $(\mu_1+\mu_2，\sigma_1^2+\sigma_2^2)$. 这个结论还能推广到 n 个相互独立正态随机变量之和的情况.

　　更一般地，可以证明有限个相互独立的正态随机变量的线性组合仍然服从正态分布.

　　例 4　设 X 和 Y 是两个相互独立的随机变量，且 X 在$(0，1)$上服从均匀分布，Y 服从参数为 1 的指数分布，求 $Z=X+Y$ 的概率密度.

　　解　由题意，X 和 Y 的概率密度分别为

$$f_X(x)=\begin{cases}1，&0<x<1，\\0，&其他.\end{cases}\qquad f_Y(y)=\begin{cases}\mathrm{e}^{-y}，&y>0，\\0，&其他.\end{cases}$$

由式(3-5-3)

$$f_Z(z)=\int_{-\infty}^{\infty}f_X(x)f_Y(z-x)\mathrm{d}x,$$

易知仅当

$$\begin{cases}0<x<1，\\z-x>0，\end{cases}\quad 即\begin{cases}0<x<1，\\z>x，\end{cases}$$

时上述积分的被积函数不等于零，如图 3-3 所示.

　　(1)当 $z\leqslant 0$ 时，$f_Z(z)=0$；

　　(2)当 $0<z\leqslant 1$ 时，$f_Z(z)=\int_{-\infty}^{\infty}f_X(x)f_Y(z-x)\mathrm{d}x=$
$\int_0^z 1\cdot\mathrm{e}^{-(z-x)}\mathrm{d}x=1-\mathrm{e}^{-z}$；

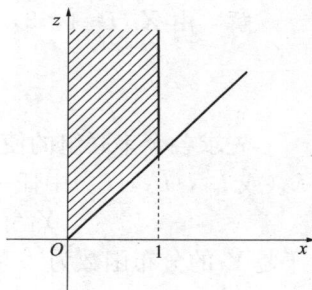

图 3-3

　　(3)当 $z>1$ 时，$f_Z(z)=\int_{-\infty}^{\infty}f_X(x)f_Y(z-x)\mathrm{d}x=\int_0^1 1\cdot\mathrm{e}^{-(z-x)}\mathrm{d}x=(\mathrm{e}-1)\mathrm{e}^{-z}$，

故 $Z=X+Y$ 的概率密度函数为

$$f_Z(z)=\begin{cases}(\mathrm{e}-1)\mathrm{e}^{-z}，&z>1，\\1-\mathrm{e}^{-z}，&0<z\leqslant 1，\\0，&z\leqslant 0.\end{cases}$$

　　2. $M=\max\{X，Y\}$ 和 $N=\min\{X，Y\}$

　　设 X,Y 是两个相互独立的随机变量，它们的分布函数分别为 $F_X(x)$ 和 $F_Y(y)$，求 $M=\max\{X，Y\}$ 及 $N=\min\{X，Y\}$ 的分布函数.

　　由于 $M\leqslant z$ 等价于 $X\leqslant z$ 与 $Y\leqslant z$ 同时成立，故有

$$P\{M\leqslant z\}=P\{X\leqslant z，Y\leqslant z\}.$$

又由于 X 和 Y 相互独立，得到 $M=\max\{X，Y\}$ 的分布函数为

$$F_{\max}(z)=P\{M\leqslant z\}=P\{X\leqslant z，Y\leqslant z\}$$
$$=P\{X\leqslant z\}P\{Y\leqslant z\},$$

即有

$$F_{\max}(z)=F_X(z)F_Y(z).$$

类似地，可得 $N=\min\{X，Y\}$ 的分布函数为

$$F_{\min}(z)=P\{N\leqslant z\}=1-P\{N>z\}$$
$$=1-P\{X>z，Y>z\}=1-P\{X>z\}P\{Y>z\},$$

即有
$$F_{\max}(z)=1-[1-F_X(z)][1-F_Y(z)].$$

例 5　电子仪器由六个相互独立的部件 $L_i(i=1，2，\cdots，6)$ 组成连接方式，如图 3—4 所示，设各个部件的使用寿命 $X_i(i=1，2，\cdots，6)$ 服从相同的分布，概率密度为

$$f(x，y)=\begin{cases}\lambda \mathrm{e}^{-\lambda x}，&x>0，\\0，&x\leqslant0，\end{cases}$$

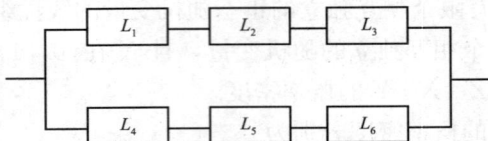

图 3—4

其中 $\lambda>0$ 为常数，求仪器使用寿命的概率密度.

解　由 $X_i(i=1，2，\cdots，6)$ 的概率密度，可求得其分布函数

$$F(x)=\begin{cases}1-\mathrm{e}^{-\lambda x}，&x>0，\\0，&x\leqslant0.\end{cases}$$

先求各个串联组的使用寿命 $Y_i(i=1，2)$ 的分布函数. 因为当串联的三个部件 L_1，L_2，L_3（或 L_4，L_5，L_6）中任一个损坏时，第 i 个串联组即停止工作，所以有
$$Y_1=\min\{X_1，X_2，X_3\}，\quad Y_2=\min\{X_4，X_5，X_6\}，$$
于是 Y_1 的分布函数为

$$F_{Y_1}(y)=1-[1-F(y)]^3=\begin{cases}1-\mathrm{e}^{-3\lambda y}，&y>0，\\0，&y\leqslant0.\end{cases}$$

Y_2 的分布函数为

$$F_{Y_2}(y)=\begin{cases}1-\mathrm{e}^{-3\lambda y}，&y>0，\\0，&y\leqslant0.\end{cases}$$

现在求仪器使用寿命 Z 的分布函数，因为当两个串联组都停止工作时，仪器才停止工作，所以有
$$Z=\max\{Y_1，Y_2\}，$$
于是 Z 的分布函数

$$F_Z(z)=F_{Y_1}(z)F_{Y_2}(z)=\begin{cases}(1-\mathrm{e}^{-3\lambda z})^2，&z>0，\\0，&z\leqslant0.\end{cases}$$

由此得仪器寿命的概率密度为

$$f_Z(z)=\begin{cases}6\lambda \mathrm{e}^{-3\lambda z}(1-\mathrm{e}^{-3\lambda z})，&z>0，\\0，&z\leqslant0.\end{cases}$$

小　结

本章将一维随机变量的概念加以扩充，得到了多维随机变量的概念，并重点讨论了二维随机变量. 与一维随机变量一样定义二维随机变量 $(X，Y)$ 的分布函数为
$$F(x，y)=P\{X\leqslant x，Y\leqslant y\}.$$

对于二维离散型随机变量和连续性随机变量，我们分别用联合分布律和联合概率密度来描述它们的分布.

二维离散型随机变量定义联合分布律为：

$$P\{X=x_i,Y=y_j\}=p_{ij},i=1,2,\cdots,j=1,2,\cdots,\sum_{i=1}^{\infty}\sum_{j=1}^{\infty}p_{ij}=1,p_{ij}\geqslant 0.$$

二维连续型随机变量定义了联合概率密度 $f(x,y)$，$f(x,y)$ 与分布函数的关系为

$$F(x,y)=\int_{-\infty}^{x}\int_{-\infty}^{y}f(u,v)\mathrm{d}v\mathrm{d}u,$$

对于任意 x,y

$$\frac{\partial^2 F(x,y)}{\partial x\partial y}=f(x,y).$$

二维随机点 (X,Y) 落在平面区域 G 内的概率可用公式

$$P\{(X,Y)\in G\}=\iint\limits_{G}f(x,y)\mathrm{d}x\mathrm{d}y.$$

求得它是求一维随机变量 X 落在某一区间内的概率的公式的扩充.

此外，还讨论了边缘分布、条件分布、随机变量的独立性等.

对于 (X,Y) 而言，由 (X,Y) 的分布可以确定关于 X、关于 Y 的边缘分布. 反之，由关于 X 和关于 Y 的边缘分布一般是不能确定 (X,Y) 的分布的. 只有当 X,Y 相互独立时，由两个边缘分布才能确定 (X,Y) 的分布.

随机变量的相互独立性是随机事件独立性的扩充. 两个随机变量的相互独立性的概念可以推广到 n 个随机变量的独立性.

设 n 维随机变量 $(X_1,X_2,\cdots,X_n)$ 的联合分布函数为 $F(x_1,x_2,\cdots,x_n)$，且 $F_{X_i}(x_i)$ 为 X_i 的边缘分布函数. 如果对任意 n 个实数 $x_1,x_2,\cdots,x_n$ 有

$$F(x_1,x_2,\cdots,x_n)=\prod_{i=1}^{n}f_{X_i}(x_i),$$

则称 $X_1,X_2,\cdots,X_n$ 相互独立；否则称 $X_1,X_2,\cdots,X_n$ 不互相独立.

设 n 维离散随机变量 $(X_1,X_2,\cdots,X_n)$ 的联合分布律为

$$P\{X_1=x_1,X_2=x_2,\cdots,X_n=x_n\},$$

且 $P\{X_i=x_i\}$，$i=1,2,\cdots,n$ 为 X_i 的边缘分布律. 如果对其任意 n 个取值 $x_1,x_2,\cdots,x_n$

有 $P\{X_1=x_1,X_2=x_2,\cdots,X_n=x_n\}=\prod_{i=1}^{n}P\{X_i=x_i\}$，

则称 $X_1,X_2,\cdots,X_n$ 相互独立；否则称 $X_1,X_2,\cdots,X_n$ 不相互独立.

设 n 维连续随机变量 $(X_1,X_2,\cdots,X_n)$ 的联合密度函数为 $f(x_1,x_2,\cdots,x_n)$，且 $f_{X_i}(x_i)$ 为 X_i 的边缘概率密度. 如果对任意 n 个实数 $x_1,x_2,\cdots,x_n$ 有

$$f(x_1,x_2,\cdots,x_n)=\prod_{i=1}^{n}f_{X_i}(x_i),$$

则称 $X_1,X_2,\cdots,X_n$ 相互独立.

多维随机变量间的相互独立性可从定义出发加以判别，也可以从实际背景加以判别. 多维随机变量间的独立性假设，可给理论研究和实际运用带来很多方便之处.

我们还讨论了 $Z=X+Y$，$M=\max\{X,Y\}$，$N=\min\{X,Y\}$ 的分布的求法，这在解决实际问题时是很有用的.

本章在进行各种问题计算时，要用到二重积分，二重积分转化为二次积分时定限是关键，做题时，先画出草图，对于正确定限是有帮助的.

习题三

1. 设从一只放有 2 个红球，3 个白球和 2 个黑球的袋中，随机抽取 4 个球，令 X 表示抽到白球的个数，Y 表示抽到红球的个数，求二维随机变量 (X, Y) 的分布律.

2. 设 X 为在 1，2，3 三个整数中任取一值，Y 为在 1 与 X 间的整数中任取一值，求二维随机变量 (X, Y) 的分布律.

3. 设随机变量 X 与 Y 独立同分布，且 X 的分布律为

X	1	2
P	$\frac{2}{3}$	$\frac{1}{3}$

记 $U=\max\{X, Y\}$，$V=\min\{X, Y\}$，求 (U, V) 的联合概率律.

4. 一个口袋中有三个球，依次标有 1，2，2，从中任取一个，不放回袋中，再任取一个. 设每次取球时，各球被取到的可能性相等. 以 X，Y 分别记第一次和第二次取到的球上标有的数字，求 (X, Y) 的联合分布律与分布函数.

5. 设二维随机变量 (X, Y) 的联合概率密度为

$$f(x, y) = \begin{cases} Ce^{-(3x+4y)}, & x \geqslant 0, \ y \geqslant 0 \\ 0, & \text{其他.} \end{cases}$$

试求：(1) 常数 C；(2) $P\{0<X<1, 0<Y<2\}$；(3) (X, Y) 的分布函数.

6. 二维随机变量 (X, Y) 的联合概率密度为

$$f(x, y) = \begin{cases} x^2 + \frac{1}{3}xy, & 0<x<1, \ 0<y<2, \\ 0, & \text{其他.} \end{cases}$$

求：(1) $P\{X>0.5\}$；(2) $P\{X<Y\}$；(3) $P\{X+Y \geqslant 1\}$.

7. 设 X 与 Y 是相互独立的随机变量，$X \sim U(0, 1)$，Y 服从参数为 2 的指数分布. (1) 写出二维随机变量 (X, Y) 的联合密度函数 $f(x, y)$；(2) 求 t 的二次方程 $t^2 + 2Xt + Y = 0$ 有实根的概率.

8. 设随机变量 (X, Y) 的分布律为 $P\{X=m, Y=n\} = p^2 q^{n-2}$，其中 $m=1, 2, \cdots$；$n=m+1, m+2, \cdots$. $0<p<1$，$P+q=1$，试求关于 X 及关于 Y 的边缘分布律.

9. 设二维连续型随机变量 (X, Y) 在区域 G 上服从均匀分布，其中 $G=\{(x, y): |x+y| \leqslant 1, |x-y| \leqslant 1\}$，求 X 和 Y 的边缘概率密度 $f_X(x)$ 和 $f_Y(y)$.

10. 若二维随机变量 (X, Y) 的联合概率分布为

X \ Y	-1	0	1
-1	0.08	a	0.12
一	0.12	b	0.18

且 X 与 Y 相互独立，求 a 和 b 的值.

11. 设二维连续型随机变量 (X, Y) 的概率密度为

$$f(x, y) = \begin{cases} 4.8y(2-x), & 0 \leqslant x \leqslant 1, \ 0 \leqslant y \leqslant x, \\ 0, & \text{其他.} \end{cases}$$

求 X 和 Y 的边缘概率密度 $f_X(x)$ 和 $f_Y(y)$；随机变量 X 和 Y 是否相互独立.

12. 若二维随机变量 (X,Y) 的联合概率密度为 $f(x,y)=\begin{cases}kx, & 0\leqslant x\leqslant1,\ |y|\leqslant x,\\ 0, & \text{其他.}\end{cases}$

(1)求 k 值；(2)求 X 和 Y 的边缘概率密度 $f_X(x)$ 及 $f_Y(y)$；(3)讨论随机变量 X 与 Y 的相互独立性.

13. 设在一段时间内进入某一商店的顾客人数 X 服从泊松分布 $\pi(\lambda)$，每个顾客购买某种商品的概率为 p，并且每个顾客是否购买某种商品相互独立，求进入商店的顾客购买该种商品的人数 Y 的分布律.

14. 设 X 和 Y 是相互独立的随机变量，其概率密度为

$$f_X(x)=\begin{cases}\lambda e^{-\lambda x}, & x>0,\\ 0, & x\leqslant0,\end{cases} \qquad f_Y(y)=\begin{cases}\lambda e^{-\lambda y}, & y>0,\\ 0, & y\leqslant0,\end{cases}$$

其中 $\lambda>0$，$\mu>0$ 是常数. 引入随机变量 $Z=\begin{cases}1, & \text{当 }X\leqslant Y,\\ 0, & \text{当 }X>Y,\end{cases}$

(1)求条件概率密度 $f_{X|Y}(x|y)$；(2)求 Z 的分布律和分布函数.

15. 设 X 和 Y 是相互独立的随机变量，它们都服从参数为 n，p 的二项分布. 证明 $Z=X+Y$ 服从参数为 $2n$，p 的二项分布.

16. 某种商品一周的需要量是一个随机变量，其概率密度为

$$f(t)=\begin{cases}te^{-t}, & t>0,\\ 0, & t\leqslant0,\end{cases}$$

设各周的需要量是相互独立的，求：(1)两周的需要量的概率密度；(2)三周的需要量的概率密度.

17. 设二维随机变量 (X,Y) 的概率密度为

$$f(x,y)=\begin{cases}2-x-y, & 0<x<1,\ 0<y<1,\\ 0, & \text{其他.}\end{cases}$$

求 $Z=X+Y$ 的概率密度.

18. 设二维随机变量 (X,Y) 的联合概率密度为

$$f(x,y)=\begin{cases}\dfrac{1}{2}(x+y)e^{-x-y}, & x>0,\ y>0,\\ 0, & \text{其他.}\end{cases}$$

求随机变量 $Z=X+Y$ 的概率密度函数.

19. 设 X_1，X_2，$\cdots$，X_n 是相互独立的随机变量，它们的概率密度为

$$f_{X_i}(x)=\begin{cases}\lambda_i e^{-\lambda_i x}, & x>0,\\ 0, & x\leqslant0,\end{cases} \quad i=1,2,\cdots,n.$$

试求 $U=\min\{X_1,X_2,\cdots,X_n\}$ 的概率密度.

20. 设有一半导体装置，它的寿命 T 的概率密度为

$$f(t)=\begin{cases}0.001e^{-0.001t}, & t>0,\\ 0, & t\leqslant0,\end{cases}$$

今检验了 100 个装置，其观测值为 T_1，T_2，$\cdots$，T_{100} 且相互独立，试求 $P\{\max(T_1,T_2,\cdots,T_{100})>7\,200\}$ 和 $P\{\min(T_1,T_2,\cdots,T_{100})<10\}$.

第四章　随机变量的数字特征

第三章讨论了随机变量的分布函数，利用分布函数(离散型随机变量的分布律或连续型随机变量的密度函数)可以完整地描述随机变量的概率分布情况. 然而对随机变量的探讨，有时并不需要去全面考查随机变量的各种情况，而仅需知道随机变量取值的平均值和其取值偏离平均值程度等一些综合数量指标. 例如，在检查一批棉花的质量时，只需要注意纤维的平均长度，以及纤维长度与平均长度的偏离程度. 又如在评定一批灯泡质量时，主要看这批灯泡的平均寿命和灯泡寿命相对于平均寿命的偏差. 这些统计特征虽然不能够完整地描述随机变量的概率分布，但是对于考查随机变量的总体特征具有十分重要的作用. 这些特征一般常用一些数字表示，称之为随机变量的数字特征. 本章着重介绍几种常见的数字特征：数学期望、方差、协方差、相关系数及矩.

§1　数学期望

4.1.1　数学期望的定义

引例：某年级有 100 名学生，其中 17 岁的有 20 人，18 岁的有 30 人，19 岁的有 50 人，则该年级学生的平均年龄为

$$\frac{1}{100} \times (17 \times 20 + 18 \times 30 + 19 \times 50) = 17 \times \frac{20}{100} + 18 \times \frac{30}{100} + 19 \times \frac{50}{100} = 18.3.$$

可以看到，上式最终的平均年龄是以频率为权重的加权平均值，即是随机变量的可能取值与其对应的概率乘积之和. 对于一般的随机变量，我们给出如下定义.

定义 1　设 X 是离散型随机变量，它的分布律为

$$P\{X = x_k\} = p_k, \ k = 1, \ 2, \ \cdots.$$

若级数 $\sum\limits_{k=1}^{\infty} x_k p_k$ 绝对收敛，则称级数 $\sum\limits_{k=1}^{\infty} x_k p_k$ 的和为随机变量 X 的数学期望，记为 $E(X)$. 即

$$E(X) = \sum_{k=1}^{\infty} x_k p_k. \tag{4-1-1}$$

定义 2　设连续型随机变量 X 的概率密度为 $f(x)$，若积分

$$\int_{-\infty}^{\infty} x f(x) \mathrm{d}x$$

绝对收敛，则称积分 $\int_{-\infty}^{\infty} x f(x) \mathrm{d}x$ 的值为随机变量 X 的**数学期望**，记为 $E(X)$，即

$$E(X) = \int_{-\infty}^{\infty} x f(x) \mathrm{d}x. \tag{4-1-2}$$

数学期望简称**期望**，又称为**均值**.

说明：

① 随机变量 X 的数学期望 $E(X)$ 是一个常量，它是从概率的角度来计算随机变量 X 所有可能取值的平均值，具有重要的统计意义.

② 级数的绝对收敛性保证了级数的和不随级数各项次序的改变而改变.

例 1　一批产品中有一、二、三等品及废品 4 种，相应比例分别为 60%，20%，13%，7%，若各等级的产值分别为 10 元、5.8 元、4 元及 0 元，求这批产品的平均产值.

解　设一个产品的产值为 X 元，则 X 的可能取值分别为 0，4，5.8，10；取这些值的相应比例分别为 7%，13%，20%，60%；即 X 的分布律为

X	0	4	5.8	10
P_k	7%	13%	20%	60%

由数学期望的定义求得产品的平均产值为

$$E(X)=0\times0.07+4\times0.13+5.8\times0.2+10\times0.6=7.68(\text{元}).$$

例 2　已知随机变量 X 的分布律为 $P\left\{X=(-1)^{k-1}\dfrac{2^k}{k}\right\}=\dfrac{1}{2^k}(k=1,2,\cdots)$，说明 X 的数学期望不存在.

解　虽然

$$\sum_{k=1}^{\infty}(-1)^{k-1}\frac{2^k}{k}\cdot\frac{1}{2^k}=\sum_{k=1}^{\infty}(-1)^{k-1}\frac{1}{k}$$

存在，但

$$\sum_{k=1}^{\infty}\frac{2^k}{k}\cdot\frac{1}{2^k}=\sum_{k=1}^{\infty}\frac{1}{k}.$$

是不存在的，所以 X 的数学期望不存在.

例 3　设随机变量 X 服从参数为 p 的 0—1 分布，求 X 的数学期望.

解　随机变量 X 的分布律为

$$P\{X=k\}=p^k(1-p)^{1-k},\ k=0,1\ \ (0<p<1),$$

因而

$$E(X)=1\times p+0\times(1-p)=p.$$

例 4　设随机变量 X 服从参数为 λ 的泊松分布 $X\sim\pi(\lambda)$，求 X 的数学期望.

解　随机变量 X 的分布律为

$$p_k=P\{X=k\}=\frac{\lambda^k}{k!}e^{-\lambda},\ \lambda>0,\ k=0,1,2,\cdots,$$

因而

$$E(X)=\sum_{k=0}^{\infty}k\frac{\lambda^k}{k!}e^{-\lambda}=\lambda e^{-\lambda}\sum_{k=1}^{\infty}\frac{\lambda^{k-1}}{(k-1)!}=\lambda e^{-\lambda}\cdot e^{\lambda}=\lambda.$$

泊松分布的参数 λ 就是随机变量 X 的数学期望，因而只要知道泊松分布变量的数学期望，就能够完全确定它的分布了.

例 5　设随机变量 X 服从区间 (a,b) 上的均匀分布，求 X 的数学期望.

解　已知随机变量 X 的概率密度为

$$f(x)=\begin{cases}\dfrac{1}{b-a}, & a<x<b,\\ 0, & 其他.\end{cases}$$

X 的数学期望为

$$E(X)=\int_{-\infty}^{\infty}xf(x)\mathrm{d}x=\int_{b}^{a}x\cdot\frac{1}{b-a}\mathrm{d}x=\frac{a+b}{2},$$

即数学期望位于区间 (a,b) 的中点.

例 6　设随机变量 X 服从参数为 θ 的指数分布，求 X 的数学期望.

解　已知随机变量 X 的概率密度为

$$f(x)=\begin{cases}\dfrac{1}{\theta}\mathrm{e}^{\frac{-x}{\theta}}, & (x>0)，其中 \theta>0,\\ 0, & 其他.\end{cases}$$

X 的数学期望为

$$E(X)=\int_{-\infty}^{\infty}xf(x)\mathrm{d}x=\int_{0}^{\infty}x\cdot\frac{1}{\theta}\mathrm{e}^{\frac{-x}{\theta}}\mathrm{d}x=\theta.$$

在第二章中，我们知道，指数分布往往用来描述寿命的分布，此例说明其参数 θ 即为其平均寿命.

例 7　设随机变量 $X\sim N(\mu,\sigma^2)$，求 X 的数学期望.

解　已知随机变量 X 的概率密度为

$$f(x)=\frac{1}{\sqrt{2\pi}\sigma}\mathrm{e}^{-\frac{(x-\mu)^2}{2\sigma^2}}, \quad -\infty<x<\infty,$$

X 的数学期望为

$$E(X)=\int_{-\infty}^{\infty}xf(x)\mathrm{d}x=\int_{-\infty}^{\infty}\frac{x}{\sqrt{2\pi}\sigma}\mathrm{e}^{-\frac{(x-\mu)^2}{2\sigma^2}}\mathrm{d}x.$$

令 $t=\dfrac{x-\mu}{\sigma}$，得

$$E(X)=\frac{1}{\sqrt{2\pi}}\int_{-\infty}^{\infty}(\mu+t\sigma)\mathrm{e}^{\frac{-t^2}{2}}\mathrm{d}t=\frac{\mu}{\sqrt{2\pi}}\int_{-\infty}^{\infty}\mathrm{e}^{\frac{-t^2}{2}}\mathrm{d}t+\frac{\sigma}{\sqrt{2\pi}}\int_{-\infty}^{\infty}t\mathrm{e}^{\frac{-t^2}{2}}\mathrm{d}t=\mu.$$

注　上面推导过程中，用到的积分 $\int_{-\infty}^{\infty}\dfrac{1}{\sqrt{2\pi}}\mathrm{e}^{\frac{-t^2}{2}}\mathrm{d}t=1$. 事实上，此处被积函数是标准正态分布的概率密度 $\dfrac{1}{\sqrt{2\pi}}\mathrm{e}^{\frac{-t^2}{2}}$.

例 8　某种化合物的 pH 值 X 是一个随机变量，它的概率密度函数为

$$f(x)=\begin{cases}25(x-3.8), & 3.8\leqslant x\leqslant4,\\ -25(x-4.2), & 4<x\leqslant4.2,\\ 0, & 其他,\end{cases}$$

解

$$\begin{aligned}E(X)&=\int_{-\infty}^{\infty}xf(x)\mathrm{d}x\\&=\int_{3.8}^{4}x\cdot25(x-3.8)\mathrm{d}x+\int_{4}^{4.2}x\cdot(-25)(x-4.2)\mathrm{d}x\\&=4.\end{aligned}$$

4.1.2　随机变量函数的数学期望

在实际中，我们常常需要求随机变量的函数的数学期望. 例如已知分子运动速率 X 的分布，求分子的平均动能，即求 $Y=mX^2/2$(m 为分子质量)的期望. 又如一零件的横截面是一个圆，圆的直径 X 是一个随机变量，则横截面的面积 $Y=\pi X^2/4$ 也是随机变量. 如已知 X 的概率密度，而我们需要求的却是 Y 的数学期望 $E(Y)$，这时可以通过下面的定理来求 $E(Y)$.

定理 1　设 Y 是随机变量 X 的函数：$Y=g(X)$(g 是连续函数).

(1)如果 X 是离散型随机变量，它的分布律为 $P\{X=x_k\}=p_k$，$k=1$，2，$\cdots$，若 $\sum\limits_{k=1}^{\infty}g(x_k)p_k$ 绝对收敛，则有

$$E(Y)=E[g(X)]=\sum_{k=1}^{\infty}g(x_k)p_k. \qquad (4-1-3)$$

(2)如果 X 为连续型随机变量，它的概率密度为 $f(x)$，若 $\int_{-\infty}^{\infty}g(x)f(x)\mathrm{d}x$ 绝对收敛，则有

$$E(Y)=E[g(X)]=\int_{-\infty}^{\infty}g(x)f(x)\mathrm{d}x. \qquad (4-1-4)$$

(证明略)

可见当求 $E(Y)$ 时，不必知道 $Y=g(X)$ 的分布律或概率密度，而只需利用已知的 X 的分布律或概率密度就可以了.

上述定理还可以推广到两个或两个以上随机变量的函数的情况.

例如，设 Z 是随机变量 X，Y 的函数 $Z=g(X,Y)$(g 是连续函数)，那么 Z 是一个一维随机变量. 若二维随机变量(X,Y)的概率密度为 $f(x,y)$，则有

$$E(Z)=E[g(X,Y)]=\int_{-\infty}^{\infty}\int_{-\infty}^{\infty}g(x,y)f(x,y)\mathrm{d}x\mathrm{d}y. \qquad (4-1-5)$$

这里设上式右边的积分绝对收敛. 又若(X,Y)为离散型随机变量，其分布律为 $P\{X=x_i,Y=y_i\}=p_{ij}$，i，$j=1$，2，$\cdots$，则有

$$E(Z)=E[g(X,Y)]=\sum_{j=1}^{\infty}\sum_{i=1}^{\infty}g(x_i,y_j)p_{ij}. \qquad (4-1-6)$$

这里设式$(4-1-6)$右边的级数绝对收敛.

例 9　设(X,Y)的分布律为

Y＼X	1	3
0	0	$\frac{1}{8}$
1	$\frac{3}{8}$	0
2	$\frac{3}{8}$	0
3	0	$\frac{1}{8}$

求 $E(X)$，$E(Y)$，$E(XY)$.

解　要求 $E(X)$ 和 $E(Y)$ 需先求出 X 和 Y 的边缘分布，关于 X 和 Y 的边缘分布律分别为

X	1	3
P_k	$\frac{3}{4}$	$\frac{1}{4}$

Y	0	1	2	3
P_k	$\frac{1}{8}$	$\frac{3}{8}$	$\frac{3}{8}$	$\frac{1}{8}$

于是

$$E(X)=1\times\frac{3}{4}+3\times\frac{1}{4}=\frac{3}{2},$$

$$E(Y)=0\times\frac{1}{8}+1\times\frac{3}{8}+2\times\frac{3}{8}+3\times\frac{1}{8}=\frac{3}{2},$$

$$E(XY)=(1\times0)\times0+(1\times1)\times\frac{3}{8}+(1\times2)\times\frac{3}{8}+(1\times3)\times0+$$

$$(3\times0)\times\frac{1}{8}+(3\times1)\times0+(3\times2)\times0+(3\times3)\times\frac{1}{8}=\frac{9}{4}.$$

例 10　设风速 v 在 $(0,a)$ 上服从均匀分布，即密度函数：

$$f(v)=\begin{cases}\dfrac{1}{a}, & 0<v<a,\\[2mm] 0, & \text{其他},\end{cases}$$

又设飞机机翼受到的正压力 W 是关于 v 的一个函数 $W=kv^2$，求 W 的数学期望.

解

$$E(W)=\int_{-\infty}^{\infty}kv^2f(v)\mathrm{d}v$$

$$=\int_0^a kv^2\cdot\frac{1}{a}\mathrm{d}v=\frac{1}{3}ka^2.$$

4.1.3　数学期望的性质

数学期望具有以下性质（设以下所遇到的随机变量的数学期望存在）.

性质 1　设 C 是常数，则有 $E(C)=C$.

证明　C 是这样的随机变量，它只可能取值 C，因而它取 C 的概率为 1. 于是 $E(C)=C\cdot1=C$.

性质 2　设 X 是一个随机变量，C 是常数，则有 $E(CX)=CE(X)$.

证明　只就 X 为连续型随机变量的情况来证明，对于离散型的情况，其证明类似.

设 X 的概率密度为 $f(x)$，由式 $(4-1-4)$ 有

$$E(CX)=\int_{-\infty}^{\infty}Cxf(x)\mathrm{d}x=C\int_{-\infty}^{\infty}xf(x)\mathrm{d}x=CE(X).$$

性质 3　设 X，Y 是两个随机变量，则有 $E(X+Y)=E(X)+E(Y)$.

证明　只就 X 为连续型随机变量的情况来证明，对于离散型的情况，其证明类似.

设二维随机变量 (X,Y) 的概率密度为 $f(x,y)$，由式 $(4-1-5)$ 有

$$E(X+Y)=\int_{-\infty}^{\infty}\int_{-\infty}^{\infty}(x+y)f(x,y)\mathrm{d}x\mathrm{d}y$$

$$=\int_{-\infty}^{\infty}\int_{-\infty}^{\infty}xf(x,y)\mathrm{d}x\mathrm{d}y+\int_{-\infty}^{\infty}\int_{-\infty}^{\infty}yf(x,y)\mathrm{d}x\mathrm{d}y$$

$$=E(X)+E(Y).$$

这一性质可以推广到任意有限个随机变量之和的情况.

性质4　设 X，Y 是相互独立的随机变量，则有 $E(XY)=E(X)E(Y)$.

证明　只就 X 为连续型随机变量的情况来证明，对于离散型的情况，其证明类似.

若 X 和 Y 相互独立，此时 $f(x,y)=f_X(x)f_Y(y)$，此处 $f_X(x)$，$f_Y(y)$ 分别是 (X,Y) 关于 X 和关于 Y 的边缘概率密度，由式 $(4-1-5)$ 有

$$
\begin{aligned}
E(XY) &= \int_{-\infty}^{\infty}\int_{-\infty}^{\infty} xyf(x,y)\mathrm{d}x\mathrm{d}y \\
&= \int_{-\infty}^{\infty}\int_{-\infty}^{\infty} xyf_X(x)f_Y(y)\mathrm{d}x\mathrm{d}y \\
&= \int_{-\infty}^{\infty} xf_X(x)\mathrm{d}x \int_{-\infty}^{\infty} yf_Y(y)\mathrm{d}y \\
&= E(X)E(Y).
\end{aligned}
$$

这一性质可以推广到任意有限个相互独立的随机变量之积的情况.

例11　已知离散型随机变量 X 的分布律如下，若 $Y=2X$，求 $E(X)$，$E(Y)$，$E(Y+2)$，$E(3Y-7)$.

X	5	10
P_k	0.2	0.8

解　由期望的性质得

$$
\begin{aligned}
E(X)&=5\times0.2+10\times0.8=9, \\
E(Y)&=E(2X)=2E(X)=2\times9=18, \\
E(Y+2)&=E(Y)+2=18+2=20, \\
E(3Y-7)&=3E(Y)-7=3\times18-7=47.
\end{aligned}
$$

例12　一民航送客车载有 20 位旅客自机场开出，旅客有 10 个车站可以下车. 如到达一个车站没有旅客下车就不停车. 以 X 表示停车的次数，求 $E(X)$（设每位旅客在各个车站下车是等可能的，并设各位旅客是否下车相互独立）.

解　引入随机变量 $X_i=\begin{cases}0,&\text{在第 }i\text{ 站没有人下车,}\\1,&\text{在第 }i\text{ 站有人下车,}\end{cases}$ 　$i=1,2,\cdots,10$.

易知

$$X=X_1+X_2+\cdots+X_{10}.$$

现在来求 $E(X)$.

按题意，任一旅客在第 i 站不下车的概率为 $\dfrac{9}{10}$，因此 20 位旅客都不在第 i 站下车的概率为 $\left(\dfrac{9}{10}\right)^{20}$，在第 i 站有人下车的概率为 $1-\left(\dfrac{9}{10}\right)^{20}$，也就是

$$P\{X_i=0\}=\left(\frac{9}{10}\right)^{20},\ P\{X_i=1\}=1-\left(\frac{9}{10}\right)^{20},\ i=1,2,\cdots,10.$$

由此

$$E(X_i)=1-\left(\frac{9}{10}\right)^{20},\ i=1,2,\cdots,10.$$

进而 $\quad E(X)=E(X_1)+E(X_2)+\cdots+E(X_{10})=10\times\left[1-\left(\dfrac{9}{10}\right)^{20}\right]=8.784(\text{次}).$

本题是将 X 分解成数个随机变量之和，然后利用随机变量和的数学期望等于随机变量数学期望之和来求数学期望的，这种处理方法具有一定的普遍意义.

例 13　设一电路中电流 $I(A)$ 与电阻 $R(\Omega)$ 是两个相互独立的随机变量，其概率密度分别为

$$g(i)=\begin{cases}2i, & 0\leqslant i\leqslant 1,\\ 0, & 其他,\end{cases} \qquad h(r)=\begin{cases}\dfrac{r^2}{9}, & 0\leqslant r\leqslant 3,\\ 0, & 其他.\end{cases}$$

试求电压 $V=IR$ 的数学期望.

解
$$E(V)=E(IR)=E(I)E(R)$$
$$=\left[\int_{-\infty}^{\infty}ig(i)\mathrm{d}i\right]\left[\int_{-\infty}^{\infty}rh(r)\mathrm{d}r\right]$$
$$=\left(\int_0^1 2i^2\,\mathrm{d}i\right)\left(\int_0^3\frac{r^3}{9}\,\mathrm{d}r\right)=\frac{3}{2}(V).$$

§2　方差

随机变量的数学期望刻画了它取值的平均大小，但在实际应用中，仅仅靠数学期望还不能满足需要. 常常还要知道随机变量相对它的平均值(数学期望)是集中的还是分散的. 例如甲乙两工人生产同一种零件，已知他们生产零件的长度 X_1 与 X_2 的分布律分别为

X_1	28	29	30	31	32
p_k	0.1	0.15	0.5	0.15	0.1

X_2	28	29	30	31	32
p_k	0.13	0.17	0.4	0.17	0.13

通过计算可得 $E(X_1)=E(X_2)=30$，这说明仅由零件长度的均值还无法判断两工人技术水平的高低. 此时需要进一步考虑零件长度 X 与其均值 $E(X)$ 的偏离程度的大小. 为了刻画随机变量取值与其数学期望值的偏离程度，容易想到用 $|X-E(X)|$ 来表示. 但由于绝对值运算在数学处理上有许多不便，所以采用 $[X-E(X)]^2$ 来描述偏离程度. 可是 $[X-E(X)]^2$ 仍然是一个随机变量，故我们用它的平均值 $E\{[X-E(X)]^2\}$ 作为描述随机变量与其均值的差异程度的数字特征，并且我们将这个数字特征称为随机变量 X 的方差.

4.2.1　方差的概念

定义 1　设 X 是一个随机变量，若 $E\{[X-E(X)]^2\}$ 存在，则称 $E\{[X-E(X)]^2\}$ 为 X 的方差，记为 $D(X)$ 或 $\mathrm{Var}(X)$，即

$$D(X)=\mathrm{Var}(X)=E\{[X-E(X)]^2\}. \tag{4-2-1}$$

并称方差的算术平方根 $\sqrt{D(X)}$ 为 X 的**标准差**或**均方差**.

按此定义，若 X 是离散型随机变量，分布律为：$P\{X=x_k\}=p_k$，$k=1,2,\cdots$，则

$$D(X) = \sum_{k=1}^{\infty} [x_k - E(X)]^2 p_k. \tag{4-2-2}$$

若 X 是连续型随机变量，概率密度为 $f(x)$，则

$$D(X) = \int_{-\infty}^{\infty} [x - E(X)]^2 f(x)\mathrm{d}x. \tag{4-2-3}$$

随机变量 X 的方差常用下面公式计算：

$$D(X)=E(X^2)-[E(X)]^2. \tag{4-2-4}$$

证明 由数学期望的性质 1～性质 3 得

$$\begin{aligned}
D(X)&=E\{[X-E(X)]^2\}=E\{X^2-2XE(X)+E^2(X)\}\\
&=E(X^2)-2E(X)E(X)+[E(X)]^2\\
&=E(X^2)-[E(X)]^2.
\end{aligned}$$

例 1 随机变量 X 具有数学期望 $E(X)=\mu$，方差 $D(X)=\sigma^2\neq0$，记

$$X^*=\frac{X-\mu}{\sigma},$$

求 $D(X^*)$.

解
$$E(X^*)=\frac{1}{\sigma}E(X-\mu)=\frac{1}{\sigma}[E(X)-\mu]=0.$$

$$\begin{aligned}
D(X^*)&=E(X^{*2})-[E(X^*)]^2=E\left[\left(\frac{X-\mu}{\sigma}\right)^2\right]\\
&=\frac{1}{\sigma^2}E[(X-\mu)^2]=\frac{\sigma^2}{\sigma^2}=1,
\end{aligned}$$

即 $X^*=\dfrac{X-\mu}{\sigma}$ 的数学期望为 0，方差为 1. 称 X^* 为 X 的**标准化变量**.

注 这里 X 不一定是正态随机变量.

例 2 随机变量 X 服从 0—1 分布，求 $D(X)$.

解 随机变量 X 的分布律为

$$P\{X=0\}=1-p, \quad P\{X=1\}=p.$$

在 §1 的例 3 中已求得 $E(X)=p$，

$$E(X^2)=0^2 \cdot (1-p)+1^2 \cdot p=p.$$

由式(4-2-4)

$$D(X)=E(X^2)-[E(X)]^2=p-p^2=p(1-p).$$

例 3 设 $X\sim\pi(\lambda)$，求 $D(X)$.

解 随机变量 X 的分布律为

$$P\{X=k\}=\frac{\lambda^k}{k!}\mathrm{e}^{-\lambda}, \quad k=0,1,2,\cdots,\lambda>0.$$

§1 的例 4 中已求得 $E(X)=\lambda$，而

$$\begin{aligned}
E(X^2)&=E[X(X-1)+X]=E[X(X-1)]+E(X)\\
&=\sum_{k=0}^{\infty} k(k-1)\frac{\lambda^k}{k!}\mathrm{e}^{-\lambda}+\lambda=\lambda^2\mathrm{e}^{-\lambda}\sum_{k=2}^{\infty}\frac{\lambda^{k-2}}{(k-2)!}+\lambda\\
&=\lambda^2\mathrm{e}^{-\lambda}\mathrm{e}^{\lambda}+\lambda=\lambda^2+\lambda.
\end{aligned}$$

于是
$$D(X)=E(X^2)-[E(X)]^2=\lambda^2+\lambda-\lambda^2=\lambda.$$

由此可知，泊松分布的数学期望与方差相同，都等于参数 λ，因为泊松分布只含一个参数 λ，只要知道它的数学期望或方差就能完全确定它的分布了．

例 4　设 $X \sim U(a, b)$，求 $D(X)$．

解　随机变量 X 的概率密度为

$$f(x) = \begin{cases} \dfrac{1}{b-a}, & a < x < b, \\ 0, & \text{其他}. \end{cases}$$

§1 已求得 $E(X) = \dfrac{a+b}{2}$，方差为

$$D(X) = E(X^2) - [E(X)]^2 = \int_a^b x^2 \frac{1}{b-a} \mathrm{d}x - \left(\frac{a+b}{2}\right)^2 = \frac{(b-a)^2}{12}.$$

例 5　设随机变量 X 服从参数为 θ 的指数分布，求 $D(X)$．

解　随机变量 X 概率密度为

$$f(x) = \begin{cases} \dfrac{1}{\theta} \mathrm{e}^{\frac{-x}{\theta}}, & x > 0, \\ 0, & x \leqslant 0, \end{cases} \quad \text{其中 } \theta > 0,$$

§1 的例 6 中已求得 $E(X) = \theta$，

$$E(X^2) = \int_{-\infty}^{\infty} x^2 f(x) \mathrm{d}x = \int_0^{\infty} x^2 \frac{1}{\theta} \mathrm{e}^{\frac{-x}{\theta}} \mathrm{d}x = -x^2 \mathrm{e}^{\frac{-x}{\theta}} \Big|_0^{\infty} + \int_0^{\infty} 2x \mathrm{e}^{\frac{-x}{\theta}} \mathrm{d}x = 2\theta^2,$$

于是

$$D(X) = E(X^2) - [E(X)]^2 = 2\theta^2 - \theta^2 = \theta^2,$$

即有

$$E(X) = \theta, \ D(X) = \theta^2.$$

4.2.2　方差的性质

方差具有以下的性质（设以下所遇到的随机变量的方差存在）：

性质 1　设 C 是常数，则 $D(C) = 0$．

证明　$D(C) = E\{[C - E(C)]^2\} = 0$．

性质 2　设 X 是随机变量，C 是常数，则有

$$D(CX) = C^2 D(X), \ D(X+C) = D(X).$$

证明　$D(CX) = E\{[CX - E(CX)]^2\} = C^2 E\{[X - E(X)]^2\} = C^2 D(X).$

$D(X+C) = E\{[X + C - E(X+C)]^2\} = E\{[X - E(X)]^2\} = D(X).$

性质 3　设 X，Y 是两个随机变量，则有

$$D(X+Y) = D(X) + D(Y) + 2E\{[X - E(X)][Y - E(Y)]\}. \tag{4-2-5}$$

特别，若 X，Y 相互独立，则有

$$D(X+Y) = D(X) + D(Y). \tag{4-2-6}$$

这一性质可以推广到任意有限多个相互独立的随机变量之和的情况．

证明
$$\begin{aligned} D(X+Y) &= E\{[(X+Y) - E(X+Y)]^2\} \\ &= E\{[(X - E(X)) + (Y - E(Y))]^2\} \\ &= E\{[X - E(X)]^2\} + E\{[Y - E(Y)]^2\} + 2E\{[X - E(X)][Y - E(Y)]\} \\ &= D(X) + D(Y) + 2E\{[X - E(X)][Y - E(Y)]\}. \end{aligned}$$

上式右端第三项:

$$2E\{[X-E(X)][Y-E(Y)]\}$$
$$=2E\{XY-XE(Y)-YE(X)+E(X)E(Y)\}$$
$$=2\{E(XY)-E(X)E(Y)-E(Y)E(X)+E(X)E(Y)\}$$
$$=2\{E(XY)-E(X)E(Y)\}.$$

若 X 和 Y 相互独立,由数学期望的性质4知道上式右端为0,于是 $D(X+Y)=D(X)+D(Y)$.

性质4 $D(X)=0$ 的充要条件是 X 以概率1取常数 $E(X)$,即

$$P\{X=E(X)\}=1.$$

证明 充分性:设 $P\{X=E(X)\}=1$,则有 $P\{X^2=[E(X)]^2\}=1$,于是

$$D(X)=E(X^2)-[E(X)]^2=0.$$

必要性的证明写在契比雪夫不等式证明的后面.

例6 设 $X\sim b(n,\ p)$,求 $E(X)$,$D(X)$.

解 由二项分布的定义知,随机变量 X 是 n 重伯努利试验中事件 A 发生的次数,且在每次试验中 A 发生的概率为 p. 引入随机变量:

$$X_k=\begin{cases}1, & A \text{ 在第 } k \text{ 次试验发生,}\\ 0, & A \text{ 在第 } k \text{ 次试验不发生,}\end{cases} k=1,\ 2,\ \cdots,\ n.$$

易知

$$X=X_1+X_2+\cdots+X_n, \tag{4-2-7}$$

由于 X_k 只依赖于第 k 次试验,而各次试验相互独立,于是 X_1,X_2,$\cdots$,X_n 相互独立. 又知 $X_k(k=1,\ 2,\ \cdots,\ n)$ 服从同一个 $0-1$ 分布.

式 $(4-2-7)$ 表明以 n,p 为参数的二项分布变量,可分解成为 n 个相互独立且都服从以 p 为参数的 $0-1$ 分布的随机变量之和.

由例2知 $E(X_k)=p$,$D(X_k)=p(1-p)$,$k=1,\ 2,\ \cdots,\ n$,故知

$$E(X)=E\Big(\sum_{k=1}^{n}X_k\Big)=\sum_{k=1}^{n}E(X_k)=np.$$

又由于 X_1,X_2,$\cdots$,X_n 相互独立,得

$$D(X)=D\Big(\sum_{k=1}^{n}X_k\Big)=\sum_{k=1}^{n}D(X_k)=np(1-p),$$

即

$$E(X)=np,\ D(X)=np(1-p).$$

例7 设 $X\sim N(\mu,\ \sigma^2)$,求 $E(X)$,$D(X)$.

解 先求标准正态变量

$$Z=\frac{X-\mu}{\sigma},$$

的数学期望和方差. Z 的概率密度为

$$\varphi(t)=\frac{1}{\sqrt{2\pi}}e^{\frac{-t^2}{2}},\ -\infty<t<\infty.$$

于是

$$E(Z)=\frac{1}{\sqrt{2\pi}}\int_{-\infty}^{\infty}te^{\frac{-t^2}{2}}dt=\frac{-1}{\sqrt{2\pi}}e^{\frac{-t^2}{2}}\Big|_{-\infty}^{\infty}=0,$$

$$D(Z) = E(Z^2) = \frac{1}{\sqrt{2\pi}} \int_{-\infty}^{\infty} t^2 \mathrm{e}^{\frac{-t^2}{2}} \mathrm{d}t = \frac{-1}{\sqrt{2\pi}} t \mathrm{e}^{\frac{-t^2}{2}} \Big|_{-\infty}^{\infty} + \frac{1}{\sqrt{2\pi}} \int_{-\infty}^{\infty} \mathrm{e}^{\frac{-t^2}{2}} \mathrm{d}t = 1.$$

因 $X = \mu + \sigma Z$，即得

$$E(X) = E(\mu + \sigma Z) = \mu,$$
$$D(X) = D(\mu + \sigma Z) = D(\sigma Z) = \sigma^2 D(Z) = \sigma^2.$$

这就是说，正态分布的概率密度中的两个参数 μ 和 σ 分别就是该分布的数学期望和均方差，因而正态分布完全可由它的数学期望和方差所确定.

再者，由第三章 §5 中知道，若 $X_i \sim N(\mu_i,\ \sigma_i^2)$，$i = 1,\ 2,\ \cdots,\ n$，且它们相互独立，则它们的线性组合：$C_1 X_1 + C_2 X_2 + \cdots + C_n X_n (C_1,\ C_2,\ \cdots,\ C_n$ 是不全为 0 的常数)仍然服从正态分布，于是由数学期望和方差的性质知道

$$C_1 X_1 + C_2 X_2 + \cdots + C_n X_n \sim N\left(\sum_{i=1}^{n} C_i \mu_i, \sum_{i=1}^{n} C_i^2 \sigma_i^2\right) \tag{4-2-8}$$

这一个重要的结果.

例 8　设活塞的直径(以 cm 计) $X \sim N(22.40,\ 0.03^2)$，汽缸的直径(以 cm 计) $Y \sim N(22.50, 0.04^2)$，X 和 Y 相互独立. 任取一只活塞，任取一只汽缸，求活塞能装入汽缸的概率.

解　按题意需求 $P\{X < Y\} = P\{X - Y < 0\}$. 由于

$$X - Y \sim N(-0.10,\ 0.002\ 5),$$

故有

$$P\{X < Y\} = P\{X - Y < 0\} = P\left\{ \frac{(X - Y) - (-0.10)}{\sqrt{0.002\ 5}} < \frac{0 - (-0.10)}{\sqrt{0.002\ 5}} \right\}$$
$$= \Phi\left(\frac{0.10}{0.05}\right) = \Phi(2) = 0.977\ 2.$$

4.2.3　契比雪夫不等式

我们已经知道方差可以描述随机变量的分散程度，方差越大说明随机变量取值越分散，偏离其均值 $E(X)$ 越远. 具体地讲，设 ε 为一个正的常数，事件 $\{|X - E(X)| \geqslant \varepsilon\}$ 发生的概率 $P\{|X - E(X)| \geqslant \varepsilon\}$ 应该与方差 $D(X)$ 关系密切，$D(X)$ 越大，$P\{|X - E(X)| \geqslant \varepsilon\}$ 应该越大，其关系就是下面著名的契比雪夫不等式.

定理 1　设随机变量 X 具有数学期望 $E(X) = \mu$，方差 $D(X) = \sigma^2$，则对于任意正数 ε，不等式

$$P\{|X - \mu| \geqslant \varepsilon\} \leqslant \frac{\sigma^2}{\varepsilon^2} \tag{4-2-9}$$

成立.

证明　不妨设 X 为连续型随机变量，概率密度为 $f(x)$，则

$$P\{|X - \mu| \geqslant \varepsilon\} = \int_{|x - \mu| \geqslant \varepsilon} f(x) \mathrm{d}x \leqslant \int_{|x - \mu| \geqslant \varepsilon} \frac{(x - \mu)^2}{\varepsilon^2} f(x) \mathrm{d}x \leqslant$$
$$\frac{1}{\varepsilon^2} \int_{-\infty}^{\infty} (x - \mu)^2 f(x) \mathrm{d}x = \frac{\sigma^2}{\varepsilon^2}.$$

由于 $|X - \mu| \geqslant \varepsilon$ 与 $|X - \mu| < \varepsilon$ 是对立事件，故有

$$P\{|X - \mu| < \varepsilon\} = 1 - P\{|X - \mu| \geqslant \varepsilon\} \geqslant 1 - \frac{\sigma^2}{\varepsilon^2},$$

因而契比雪夫不等式也可以写成如下的形式：

$$P\{|X-\mu|<\varepsilon\}\geqslant 1-\frac{\sigma^2}{\varepsilon^2}. \tag{4-2-10}$$

用契比雪夫不等式可以粗略地估计一些概率. 例如，若某人每天接听的电话次数 X 服从参数为 4 的泊松分布，那么此人一天接听电话次数大于或等于 10 次的概率是多少？

$$P\{X\geqslant 10\}=P\{|X-4|\geqslant 6\}\leqslant\frac{4}{36}=\frac{1}{9}.$$

方差性质 4 的必要性证明：

设 $D(X)=0$，要证 $P\{X=E(X)\}=1$.

证明　用反证法，假设 $P\{X=E(X)\}<1$，则对于某一个数 $\varepsilon>0$，有

$$P\{|X-E(X)|\geqslant\varepsilon\}>0.$$

但由契比雪夫不等式，对于任意 $\varepsilon>0$，因 $\sigma^2=0$ 由式(4-2-9)有

$$P\{|X-E(X)|\geqslant\varepsilon\}=0,$$

矛盾，于是 $P\{X=E(X)\}=1$.

§3　协方差及相关系数、矩

对于二维随机变量 (X,Y)，我们除了讨论 X 和 Y 的数学期望与方差外，还需要讨论描述 X 和 Y 之间相互关系的数字特征：协方差与相关系数.

利用数学期望的性质我们知道，如果两个随机变量 X 和 Y 是相互独立的，则

$$\begin{aligned}E\{[X-E(X)][Y-E(Y)]\}&=E[XY-XE(Y)-YE(X)+E(X)\cdot E(Y)]\\&=E(XY)-E(X)E(Y)\\&=0,\end{aligned}$$

但是如果 X 与 Y 不相互独立，那么 $E\{[X-E(X)][Y-E(Y)]\}$ 就不一定为 0，这说明 $E\{[X-E(X)][Y-E(Y)]\}$ 的大小能够在一定程度上反映随机变量 X 与 Y 的关系.

4.3.1　协方差及相关系数

定义 1　量 $E\{[X-E(X)][Y-E(Y)]\}$ 称为随机变量 X 和 Y 的**协方差**. 记为 $\text{Cov}(X,Y)$，即

$$\text{Cov}(X,Y)=E\{[X-E(X)][Y-E(Y)]\}.$$

而

$$\rho_{XY}=\frac{\text{Cov}(X,Y)}{\sqrt{D(X)}\sqrt{D(Y)}}\quad(D(X)\neq 0,D(Y)\neq 0),$$

称为随机变量 X 和 Y 的**相关系数**. 这里 ρ_{XY} 是一个量纲为 1 的量.

由定义可知协方差 $\text{Cov}(X,Y)$ 的表达式还可表示为

$$\text{Cov}(X,Y)=E(XY)-E(X)E(Y). \tag{4-3-1}$$

我们常常利用这一式子计算协方差 $\text{Cov}(X,Y)$.

又由式(4-2-5)知，对于任意两个随机变量 X 和 Y，下列等式成立：

$$D(X+Y)=D(X)+D(Y)+2\text{Cov}(X,Y). \tag{4-3-2}$$

协方差还具有下列性质：

性质 1　若 X 和 Y 相互独立，则 $\text{Cov}(X,Y)=0$.

性质 2　$\mathrm{Cov}(X,Y)=\mathrm{Cov}(Y,X)$，$\mathrm{Cov}(X,X)=D(X)$.

性质 3　$\mathrm{Cov}(aX,bY)=ab\mathrm{Cov}(X,Y)$，$a,b$ 是常数.

性质 4　$\mathrm{Cov}(X_1+X_2,Y)=\mathrm{Cov}(X_1,Y)+\mathrm{Cov}(X_2,Y)$.

设 $X_1,X_2,\cdots,X_n$ 和 Y 均为随机变量，则可将性质 4 推广为

$$\mathrm{Cov}\Big(\sum_{i=1}^{n}X_i,Y\Big)=\mathrm{Cov}(X_1,Y)+\mathrm{Cov}(X_2,Y)+\cdots+\mathrm{Cov}(X_n,Y).$$

相关系数具有以下两条重要性质：

定理 1　$|\rho_{XY}|\leqslant 1$；

证明　记 $E(X)=\mu_X$，$E(Y)=\mu_Y$，$D(X)=\sigma_X^2$，$D(Y)=\sigma_Y^2$. 考虑实变量 t 的非负函数：
$$h(t)=E\{[(X-\mu_X)t+(Y-\mu_Y)]^2\}.$$

将上式右边展开，得到
$$h(t)=t^2E[(X-\mu_X)^2]+2tE[(X-\mu_X)(Y-\mu_Y)]+E[(Y-\mu_Y)^2]$$
$$=t^2\sigma_X^2+2t\mathrm{Cov}(X,Y)+\sigma_Y^2.$$

因为对于一切 t，$h(t)\geqslant 0$，因此二次方程 $h(t)=0$ 的判别式为
$$[2\mathrm{Cov}(X,Y)]^2-4\sigma_X^2\sigma_Y^2\leqslant 0,\tag{4-3-3}$$

即
$$-\sigma_X\sigma_Y\leqslant \mathrm{Cov}(X,Y)\leqslant\sigma_X\sigma_Y.$$

于是
$$-1\leqslant\frac{\mathrm{Cov}(X,Y)}{\sigma_X\sigma_Y}\leqslant 1,$$

即得
$$|\rho_{XY}|\leqslant 1.$$

定理 2　$|\rho_{XY}|=1$ 的充要条件是 X 和 Y 以概率 1 存在线性关系，即 $P\{Y=a+bX\}=1$，a,b 是常数.

证明　设 $|\rho_{XY}|=1$，这相当于方程 $h(t)=0$ 的判别式(4-3-3)取等号. 因而方程 $h(t)=0$ 存在二重根 t_0，即有
$$h(t_0)=E\{[(X-\mu_X)t_0+(Y-\mu_Y)]^2\}=0.\tag{4-3-4}$$

又易知
$$E[(X-\mu_X)t_0+(Y-\mu_Y)]=0,\tag{4-3-5}$$

由式(4-3-4)和式(4-3-5)得
$$D\{(X-\mu_X)t_0+(Y-\mu_Y)\}=0.\tag{4-3-6}$$

由方差的性质 4，知上式成立的充要条件为
$$P\{(X-\mu_X)t_0+(Y-\mu_Y)=0\}=1.$$

即
$$P\{Y=a+bX\}=1,\ a,b\ \text{是常数}.$$

这就是说存在常数 a,b，使 $P\{Y=a+bX\}=1$.

相关系数的性质表明，随机变量 X 和 Y 的相关系数 ρ_{XY} 是衡量 X 和 Y 之间线性相关程度的量. 当 $|\rho_{XY}|=1$ 时，X 和 Y 依概率 1 线性相关. 特别当 $\rho_{XY}=1$ 时，Y 随 X 的增大而线性的增大，此时称 X 和 Y 正线性相关；当 $\rho_{XY}=-1$ 时，Y 随 X 的增大而线性地减小，此时称 X 和 Y 负线性相关. 当 $|\rho_{XY}|$ 变小时，X 和 Y 的线性相关程度就变弱. 如果 $\rho_{XY}=0$，X

和 Y 之间就不存在线性关系，此时称 X 和 Y 不相关.

随机变量 X 和 Y 不相关等价于以下各条结论中的任何一条.

(1) $\rho_{XY} = 0$；

(2) $\text{Cov}(X, Y) = 0$；

(3) $E(XY) = E(X)E(Y)$；

(4) 存在 a，b 不为零，使 $D(aX + bY) = a^2 D(X) + b^2 D(Y)$.

例 1　设二维随机变量 (X, Y) 的分布律为：

Y \ X	-1	0	1	$p\{Y=j\}$
-1	0	$\frac{1}{4}$	0	$\frac{1}{4}$
0	$\frac{1}{4}$	0	$\frac{1}{4}$	$\frac{1}{2}$
1	0	$\frac{1}{4}$	0	$\frac{1}{4}$
$p\{X=i\}$	$\frac{1}{4}$	$\frac{1}{2}$	$\frac{1}{4}$	1

验证 X 和 Y 是不相关的，但 X 和 Y 不是相互独立的.

证明　易知 $E(X) = 0$，$E(Y) = 0$，$E(XY) = 0$，于是 $\rho_{XY} = 0$，X 和 Y 不相关；

但是 $P\{X=-1, Y=-1\} = 0 \neq P\{X=-1\}P\{Y=-1\} = (1/4) \cdot (1/4)$，所以 X 和 Y 不是相互独立的.

由以上讨论知道，"X 和 Y 不相关"与"X 和 Y 相互独立"是两个不同的概念. "不相关"只说明 X 和 Y 不存在线性关系，而"独立"说明 X 和 Y 之间即不存在线性关系，也不存在其他关系. 所以"相互独立"必导致"不相关"；反之，"不相关"可能是"相互独立"的，也可能是"不相互独立"的.

例 2　设 (X, Y) 服从二维正态分布，它的概率密度为

$$f(x, y) = \frac{1}{2\pi\sigma_1\sigma_2\sqrt{1-\rho^2}} \exp\left\{ \frac{-1}{2(1-\rho^2)} \left[\frac{(x-\mu_1)^2}{\sigma_1^2} - 2\rho\frac{(x-\mu_1)(y-\mu_2)}{\sigma_1\sigma_2} + \frac{(y-\mu_2)^2}{\sigma_2^2} \right] \right\},$$

$-\infty < x, y < \infty,$

求随机变量 X 和 Y 的相关系数.

解　已知 (X, Y) 的边缘概率密度为

$$f_X(x) = \frac{1}{\sqrt{2\pi}\sigma_1} e^{-\frac{(x-\mu_1)^2}{2\sigma_1^2}}, \quad -\infty < x < \infty,$$

$$f_Y(y) = \frac{1}{\sqrt{2\pi}\sigma_2} e^{-\frac{(y-\mu_2)^2}{2\sigma_2^2}}, \quad -\infty < y < \infty.$$

故知 $E(X) = \mu_1$，$E(Y) = \mu_2$，$D(X) = \sigma_1^2$，$D(Y) = \sigma_2^2$. 而

$$\text{Cov}(X, Y) = \int_{-\infty}^{\infty}\int_{-\infty}^{\infty}(x-\mu_1)(y-\mu_2)f(x,y)\mathrm{d}x\mathrm{d}y$$

$$= \frac{1}{2\pi\sigma_1\sigma_2\sqrt{1-\rho^2}}\int_{-\infty}^{\infty}\int_{-\infty}^{\infty}(x-\mu_1)(y-\mu_2)\times$$

$$\exp\left\{-\frac{1}{2(1-\rho^2)}\left(\frac{y-\mu_2}{\sigma_2}-\rho\frac{x-\mu_1}{\sigma_1}\right)^2 - \frac{(x-\mu_1)^2}{2\sigma_1^2}\right\}\mathrm{d}y\mathrm{d}x.$$

令 $t = \dfrac{1}{\sqrt{1-\rho^2}}\left(\dfrac{y-\mu_2}{\sigma_2} - \rho\dfrac{x-\mu_1}{\sigma_1}\right),\ u = \dfrac{x-\mu_1}{\sigma_1}$，则有

$$\mathrm{Cov}(X,Y) = \dfrac{1}{2\pi}\int_{-\infty}^{\infty}\int_{-\infty}^{\infty}(\sigma_1\sigma_2\sqrt{1-\rho^2}\,tu + \rho\sigma_1\sigma_2 u^2)\mathrm{e}^{\frac{-(u^2+t^2)}{2}}\mathrm{d}t\mathrm{d}u$$

$$= \dfrac{\rho\sigma_1\sigma_2}{2\pi}\left(\int_{-\infty}^{\infty}u^2\mathrm{e}^{-\frac{u^2}{2}}\mathrm{d}u\right)\left(\int_{-\infty}^{\infty}\mathrm{e}^{-\frac{t^2}{2}}\mathrm{d}t\right) + \dfrac{\sigma_1\sigma_2\sqrt{1-\rho^2}}{2\pi}\left(\int_{-\infty}^{\infty}u\mathrm{e}^{-\frac{u^2}{2}}\mathrm{d}u\right)\left(\int_{-\infty}^{\infty}t\mathrm{e}^{-\frac{t^2}{2}}\mathrm{d}t\right)$$

$$= \dfrac{\rho\sigma_1\sigma_2}{2\pi}\sqrt{2\pi}\cdot\sqrt{2\pi},$$

即有　　　$\mathrm{Cov}(X,Y) = \rho\sigma_1\sigma_2.$

于是　　　$\rho_{XY} = \dfrac{\mathrm{Cov}(X,Y)}{\sqrt{D(X)}\sqrt{D(Y)}} = \rho.$

这就是说，二维正态随机变量(X,Y)的概率密度中的参数 ρ 就是 X 和 Y 的相关系数，因而二维正态随机变量的分布完全可由 X,Y 各自的数学期望、方差以及它们的相关系数所确定.

在第三章中已经讲过，若(X,Y)服从二维正态分布，那么 X 和 Y 相互独立的充要条件为 $\rho=0$. 现在知道 $\rho=\rho_{XY}$，故知对于二维正态随机变量(X,Y)来说，X 和 Y 不相关与 X 和 Y 相互独立是等价的.

4.3.2　矩

本节介绍随机变量的另外几个数字特征. 设(X,Y)是二维随机变量.

定义 2　设 X 和 Y 是随机变量，若
$$E(X^k),\ k=1,2,\cdots$$
存在，则称它为 X 的 k **阶原点矩**，简称 k **阶矩**.

若
$$E\{[X-E(X)]^k\},\ k=2,3,\cdots$$
存在，则称它为 X 的 k **阶中心矩**.

若
$$E(X^kY^l),\ k,l=1,2,\cdots$$
存在，则称它为 X 和 Y 的 $k+l$ **阶混合矩**.

若
$$E\{[X-E(X)]^k[Y-E(Y)]^l\},\ k,l=1,2,\cdots$$
存在，则称它为 X 和 Y 的 $k+l$ **阶混合中心矩**.

其中 X 的数学期望$E(X)$是 X 的一阶原点矩，方差$D(X)$是 X 的二阶中心矩，协方差$\mathrm{Cov}(X,Y)$是 X 和 Y 的二阶混合中心矩.

小　　结

随机变量的期望与方差是了解随机变量总体数量特征的重要指标，它们具有直观综合的优点. 数学期望描述随机变量取值的平均大小，方差描述随机变量与其数学期望的偏离程度. 这两个数字特征，虽然不能完整地描述随机变量，但是对于考查随机变量的总体分布情况具有十分重要的作用. 特别地，对于有些随机变量，我们只要知道它的期望与方差，就可

以知道其分布的具体形式.

某些随机变量的数学期望如用定义求会比较麻烦,甚至难以计算,如果利用好数学期望的性质,求解可能变得更加容易;对于 $E(X^2)$ 的求解,灵活采用公式 $E(X^2) = D(X) + [E(X)]^2$ 会很简单,另外当 X_1,X_2 独立或 X_1,X_2 不相关时,才有 $E(X_1 X_2) = E(X_1)E(X_2)$ 和 $D(X_1 + X_2) = D(X_1) + D(X_2)$.

"X 和 Y 不相关"与"X 和 Y 相互独立"是两个不同的概念. "不相关"只说明 X 和 Y 不存在线性关系,而"独立"说明 X 和 Y 之间即不存在线性关系,也不存在其他关系. 所以"相互独立"必导致"不相关";反之,"不相关"可能是"相互独立"的,也可能是"不相互独立"的.

契比雪夫不等式给出了在随机变量 X 的分布未知时,只知道 $E(X)$ 和 $D(X)$ 的情况下,对事件 $\{|X - \mu| < \varepsilon\}$ 概率的下限的估计.

习题四

1. 设随机变量 X 的分布律为

X	1	2	3	4
p_k	$\dfrac{1}{8}$	$\dfrac{1}{4}$	$\dfrac{1}{2}$	$\dfrac{1}{8}$

求 $E(X)$,$E(X^2)$,$E(X+2)^2$.

2. 某种产品共有 10 件,其中有次品 3 件. 现从中任取三件,求取出的三件产品中次品数 X 的数学期望和方差.

3. 某产品的次品率为 0.1,检验员每天检验 4 次. 每次随机地取 10 件产品进行检验,如果发现其中的次品数多于 1,就去调整设备. 以 X 表示一天中调整设备的次数,试求 $E(X)$.

4. 设随机变量 X 的分布律为 $P\{X = (-1)^k k\} = \dfrac{1}{k(k+1)}$,$k = 1$,$2$,$\cdots$,求 $E(X)$.

5. 设随机变量 X 的概率密度为

$$f(x) = \begin{cases} 2(1-x), & 0 < x < 1, \\ 0, & \text{其他.} \end{cases}$$

求 $E(X)$ 及 $E(X^3)$.

6. 设某种动物的寿命 X(以年计)是一个随机变量,其分布函数为

$$F(x) = \begin{cases} 0, & x \leqslant 5, \\ 1 - \dfrac{25}{x^2} & x > 5, \end{cases}$$

求这种动物的平均寿命 $E(X)$.

7. 设随机变量 X 在 $(0, 2)$ 上服从均匀分布,Y 服从参数为 1 的指数分布,且 X 与 Y 相互独立,试求 $E(XY)$ 与 $D(XY)$.

8. 设 (X, Y) 的联合分布律为

Y ＼ X	1	2	3
−1	0.2	0.1	0.0
0	0.1	0.0	0.3
1	0.1	0.1	0.1

(1)求 $E(X)$，$E(Y)$；(2)设 $Z=(X-Y)^2$，求 $E(Z)$；(3)设 $Z=\dfrac{Y}{X}$，求 $E(Z)$.

9. 设随机变量 X 的概率密度为

$$f(x)=\begin{cases}\mathrm{e}^{-x}, & x>0,\\ 0, & \text{其他}.\end{cases}$$

试求(1)$Y=2X^2$ 的数学期望；(2)$Y=\mathrm{e}^{-2X}$ 的数学期望.

10. 设电压(以 V 计)$X\sim N(0,9)$. 将电压施加于一检波器，其输出电压为 $Y=5X^2$，求输出电压 Y 的均值.

11. 设随机变量 X_1，X_2，$\cdots$，X_n 相互独立，且都服从$(0,1)$上的均匀分布. 记 $Y_1=\min(X_1,X_2,\cdots,X_n)$，$Y_2=\max(X_1,X_2,\cdots,X_n)$，求 $E(Y_1)$，$E(Y_2)$.

12. 将一枚均匀骰子连续投掷十次，求所得点数之和的数学期望.

13. 将 n 只球放入 M 个盒子中去，设每只球落入各个盒子是等可能的，求有球的盒子数 X 的数学期望.

14. 设随机变量 X，Y 相互独立，其概率密度分别为

$$f_X(x)=\begin{cases}4\mathrm{e}^{-4x}, & x>0,\\ 0, & x\leqslant0,\end{cases}\qquad f_Y(y)=\begin{cases}2\mathrm{e}^{-2y}, & y>0,\\ 0, & y\leqslant0,\end{cases}$$

求 $E(XY)$.

15. 设二维随机变量(X,Y)的概率密度为

$$f(x,y)=\begin{cases}cxy, & 0\leqslant x\leqslant1,\ 0\leqslant y\leqslant x,\\ 0, & \text{其他}.\end{cases}$$

试求：(1)常数 c；(2)$E(X)$，$E(Y)$，$D(X)$，$D(Y)$；(3)$\mathrm{Cov}(X,Y)$，ρ_{XY}.

16. 设随机变量(X,Y)具有 $D(X)=9$，$D(Y)=4$，$\rho_{XY}=-\dfrac{1}{6}$，求 $D(X+Y)$，$D(X-3Y+4)$.

17. 已知正常男性成人血液中，每毫升白细胞数平均是 7 300，均方差是 700，试利用契比雪夫不等式，估计每毫升含白细胞数在 5 200～9 400 之间的概率 P.

18. 设随机变量 X 和 Y 的数学期望分别为 −2 和 2，方差分别为 1 和 4，而相关系数为 −0.5，根据契比雪夫不等式估计 $P\{|X+Y|\geqslant6\}$ 的值.

19. 设随机变量 X，Y 相互独立，且 $X\sim N(\mu,\sigma_1^2)$，$Y\sim N(\mu,\sigma_2^2)$，求随机变量 $|X-Y|$ 的方差.

20. 设随机变量 X，Y 相互独立，且都服从正态分布 $N(\mu,\sigma^2)$，令 $Z_1=aX+bY$，$Z_2=aX-bY$，求：(1)Z_1 和 Z_2 的相关系数；(2)Z_1 和 Z_2 独立的条件.

第五章 大数定律及中心极限定理

§1 大数定律

随机现象的发生在一次试验中会有一定的偶然性. 但当试验的次数无限增大时, 随机现象会呈现出一定的规律性, 如一个随机事件发生的频率具有稳定性, 即当试验的次数无限增大时, 事件的频率稳定地在某一个固定的值附近摆动. 我们将这种规律性叫做统计规律性. 关于统计规律性的有关理论就是本节大数定律所要研究的问题.

5.1.1 契比雪夫(Chebyshev)大数定律

定理 1(契比雪夫大数定律) 设随机变量 X_1, X_2, $\cdots$; X_n, $\cdots$ 相互独立, 每一随机变量的期望、方差都存在, 且它们的方差有公共的上界 C, 即

$$D(X_1) \leqslant C, \; D(X_2) \leqslant C, \; \cdots, \; D(X_n) \leqslant C, \; \cdots$$

则对任意的正数 $\varepsilon > 0$, 有

$$\lim_{n \to \infty} P\left\{ \left| \frac{1}{n} \sum_{k=1}^{n} X_k - \frac{1}{n} \sum_{k=1}^{n} E(X_k) \right| < \varepsilon \right\} = 1. \tag{5-1-1}$$

证明 由于 X_1, X_2, $\cdots$, X_n, $\cdots$ 相互独立, 故

$$D\left(\frac{1}{n} \sum_{k=1}^{n} X_k \right) = \frac{1}{n^2} \sum_{k=1}^{n} D(X_k) \leqslant \frac{1}{n^2} \cdot nC = \frac{C}{n}.$$

再由契比雪夫不等式得到

$$P\left\{ \left| \frac{1}{n} \sum_{k=1}^{n} X_k - \frac{1}{n} \sum_{k=1}^{n} E(X_k) \right| < \varepsilon \right\} \geqslant 1 - \frac{D\left(\frac{1}{n} \sum\limits_{k=1}^{n} X_k \right)}{\varepsilon^2} \geqslant 1 - \frac{C}{n\varepsilon^2}.$$

又由于任何事件的概率都不超过 1, 故得

$$1 \geqslant P\left\{ \left| \frac{1}{n} \sum_{k=1}^{n} X_k - \frac{1}{n} \sum_{k=1}^{n} E(X_k) \right| < \varepsilon \right\} \geqslant 1 - \frac{C}{n\varepsilon^2},$$

于是, 在上述不等式中, 令 $n \to \infty$, 得到式(5-1-1).

契比雪夫大数定律应用到伯努利试验中, 得到伯努利(Bernoulli)大数定律.

5.1.2 伯努利(Bernoulli)大数定律

定理 2(伯努利大数定律) 设 n_A 是 n 次伯努利试验中事件 A 发生的次数, p 是事件 A 在每次试验中发生的概率, 则对任意正数 $\varepsilon > 0$, 都有

$$\lim_{n \to \infty} P\left\{ \left| \frac{n_A}{n} - p \right| < \varepsilon \right\} = 1. \tag{5-1-2}$$

或

$$\lim_{n \to \infty} P\left\{ \left| \frac{n_A}{n} - p \right| \geqslant \varepsilon \right\} = 0.$$

证明　定义随机变量 X_k 如下：

$$X_k = \begin{cases} 1, & \text{第 } k \text{ 次试验 } A \text{ 发生,} \\ 0, & \text{第 } k \text{ 次试验 } A \text{ 不发生,} \end{cases} \quad k=1,\ 2\cdots,$$

则

$$n_A = \sum_{k=1}^{n} X_k.$$

由于每次试验是独立的，因此，X_1，X_2，$\cdots$，X_n，$\cdots$相互独立.

故得 $E(X_k)=p$，$D(X_k)=p(1-p)$，$k=1,\ 2,\ \cdots$.　又　$n_A=X_1+X_2+\cdots+X_k$，因而有

$$\lim_{n \to \infty} P\left\{ \left| \frac{n_A}{n} - p \right| < \varepsilon \right\} = 1.$$

又因为

$$P\left\{ \left| \frac{n_A}{n} - p \right| < \varepsilon \right\} + P\left\{ \left| \frac{n_A}{n} - p \right| \geqslant \varepsilon \right\} = 1.$$

故有

$$\lim_{n \to \infty} P\left\{ \left| \frac{n_A}{n} - p \right| \geqslant \varepsilon \right\} = 0.$$

伯努利定理是契比雪夫定理的特例，它从理论上证明了频率的稳定性. 只要试验次数 n 足够大，事件 A 出现的频率 $\frac{n_A}{n}$ 与事件 A 的概率 p 有较大偏差的可能性很小. 因此在实践中，当试验次数较大时，便可以用事件发生的频率来代替事件发生的概率.

把契比雪夫大数定律应用到独立同分布的情况即得辛钦大数定律.

5.1.3　辛钦大数定律

定理 3（辛钦定理）　设随机变量 X_1，X_2，$\cdots$，X_n，$\cdots$相互独立，服从同一分布，且具有数学期望 $E(X_k)=\mu$，$k=1,\ 2,\ \cdots$，则对任意 $\varepsilon > 0$，有

$$\lim_{n \to \infty} P\left\{ \left| \frac{1}{n} \sum_{i=1}^{n} X_i - \mu \right| < \varepsilon \right\} = 1.$$

注　① 辛钦定理不要求随机变量的方差存在；

② 伯努利大数定律是辛钦定理的特殊情况；

③ 设 Y_1，Y_2，$\cdots$，Y_n，$\cdots$是一个随机变量序列，a 是一个数. 若对于任意正数 ε，有

$$\lim_{n \to \infty} P\{ |Y_n - a| < \varepsilon \} = 1,$$

则称随机变量序列 Y_1，Y_2，$\cdots$，Y_n，$\cdots$**依概率收敛于** a，记为

$$Y_n \xrightarrow{P} a.$$

依概率收敛的序列有以下的性质：

设 $X_n \xrightarrow{P} a$，$Y_n \xrightarrow{P} b$，又设函数 $g(x,\ y)$ 在点 $(a,\ b)$ 连续，则 $g(X_n,\ Y_n) \xrightarrow{P} g(a,\ b)$. 这样，辛钦大数定律又可叙述如下.

辛钦大数定律　设随机变量 X_1，X_2，$\cdots$，X_n，$\cdots$相互独立，服从同一分布，且具有数学期望 $E(X_k)=\mu$，$k=1,\ 2,\ \cdots$，则序列 $\overline{X} = \frac{1}{n} \sum_{k=1}^{n} X_k$ 依概率收敛于 μ，即 $\overline{X} \xrightarrow{P} \mu$.

§2　中心极限定理

在实际问题中，许多随机现象是由大量相互独立的随机因素综合影响所形成，其中每一个因素在总的影响中所起的作用是微小的. 这类随机变量一般都服从或近似服从正态分布. 以一门大炮的射程为例，影响大炮的射程的随机因素包括：大炮炮身结构的制造导致的误差、炮弹及炮弹内炸药在质量上的误差、瞄准时的误差、受风速、风向的干扰而造成的误差等. 其中每一种误差造成的影响在总的影响中所起的作用是微小的，并且可以看成相互独立的，其综合影响近似服从正态分布. 为什么会这样？本节介绍的中心极限定理给予了解答.

5.2.1　独立同分布的中心极限定理

设 X_1，X_2，$\cdots$，X_n，$\cdots$是相互独立且同分布的随机变量序列，具有期望和方差：

$$E(X_k)=\mu,\ D(X_k)=\sigma^2\neq 0\quad(k=1,2,\cdots).$$

在一般的条件下，n 个随机变量之和 $\sum\limits_{k=1}^{n}X_k$ 的标准化变量

$$Y_n=\frac{\sum\limits_{k=1}^{n}X_k-n\mu}{\sqrt{n}\sigma}$$

的极限分布就是中心极限定理所要讨论的问题.

定理1（独立同分布的中心极限定理）　若 $\sigma^2>0$，则

$$\lim_{n\to\infty}P\{Y_n\leqslant x\}=\frac{1}{\sqrt{2\pi}}\int_{-\infty}^{x}\mathrm{e}^{-\frac{t^2}{2}}\mathrm{d}t.\tag{5-2-1}$$

由于定理的证明比较复杂，因此这里将其略去.

例1　用机器包装味精，每袋味精的净重量是一个随机变量，期望值是 100 g，标准差是 10 g，一箱内装 200 袋味精，求一箱味精净重量大于 20 500 g 的概率.

解　设 X_i 为第 i 袋味精净重量，$i=1,2,\cdots,200$，且它们独立同分布，则一箱味精的净重量为 $X=\sum\limits_{i=1}^{200}X_i$，而且

$$\mu=E(X_i)=100,\ \sigma=\sqrt{D(X_i)}=10,\ n=200.$$

由中心极限定理有

$$P\{X>20\ 500\}=1-P\{X\leqslant 20\ 500\}$$
$$=1-P\left\{\frac{X-n\mu}{\sqrt{n}\sigma}\leqslant\frac{20\ 500-n\mu}{\sqrt{n}\sigma}\right\}$$
$$=1-P\left\{\frac{X-20\ 000}{100\sqrt{2}}\leqslant\frac{500}{100\sqrt{2}}\right\}$$
$$\approx 1-\Phi(3.54)=0.000\ 2.$$

把中心极限定理应用到二项分布上，我们可得到另一个重要的中心极限定理.

5.2.2　棣莫弗—拉普拉斯定理

定理2（棣莫弗—拉普拉斯定理）　设随机变量 X 服从参数为 n，$p(0<p<1)$ 的二项分

布，则对于任意的 x，恒有

$$\lim_{n \to \infty} P\left\{ \frac{X - np}{\sqrt{np(1-p)}} \leqslant x \right\} = \frac{1}{\sqrt{2\pi}} \int_{-\infty}^{x} \mathrm{e}^{-\frac{t^2}{2}} \mathrm{d}t. \tag{5-2-2}$$

例2　有一批建筑房屋用的木桩，其中 80% 的长度不小于 3 m，现从这批木桩中随机地取 100 根，求其中至少有 30 根短于 3 m 的概率.

解　按题意，可认为 100 根木桩是从为数甚多的木桩中抽取得到的，因而可当作放回抽样来看待. 将检查一根木桩看它是否短于 3 m 看成一次试验，检查 100 根木桩相当于做 100 重伯努利试验. 以 X 记被抽取的 100 根木桩中长度短于 3 m 的根数，则 $X \sim b(100, 0.2)$. 于是由定理 2 得

$$P\{X \geqslant 30\} = 1 - P\{X < 30\}$$
$$= 1 - P\left\{ \frac{X - 100 \times 0.2}{\sqrt{100 \times 0.2 \times 0.8}} < \frac{30 - 100 \times 0.2}{\sqrt{100 \times 0.2 \times 0.8}} \right\}$$
$$= 1 - \Phi(2.5)$$
$$= 1 - 0.9938 = 0.0062.$$

小　结

人们在长期实践中认识到频率具有稳定性，即当试验次数不断增大时，频率稳定在一个数的附近. 这一事实显示了可以用一个数来表征事件发生的可能性大小. 这使人们认识到概率是客观存在的，进而根据频率的性质，可以抽象地给出概率的定义，因而频率的稳定性是概率定义的客观基础. 伯努利大数定理则以严密的数学形式论证了频率的稳定性.

中心极限定理表明，在一般条件下，当独立随机变量的个数不断增加时，其和的分布趋于正态分布. 这一事实阐明了正态分布的重要性. 也揭示了为什么在实际应用中会经常遇到正态分布，也就是揭示了产生正态分布变量的源泉. 此外，它提供了独立同分布随机变量之和 $\sum_{k=1}^{n} X_k$ （其中 X_k 的方差存在）的近似分布，只要和式中加项的个数充分大，就可以不必考虑和式中的随机变量服从什么分布，都可以用正态分布来近似，这在实际应用上是非常有效和极其重要的.

习题五

1. 设 X 是掷一颗骰子所出现的点数，若给定 $\varepsilon = 1$，实际验算 $P\{|X - E(X)| \geqslant \varepsilon\}$，并验证契比雪夫(Chebyshev)不等式.

2. 对敌人的防御阵地进行 100 次轰炸，每次轰炸命中目标的炸弹数目是一个随机变量，其数学期望是 2，方差是 1.69，求在 100 次轰炸中有 180～220 颗炸弹命中目标的概率.

3. 某保险公司的多年统计资料表明，在索赔户中被盗索赔户占 20%，以 X 表示在随意抽查的 100 户索赔户中因被盗向保险公司索赔的户数.

(1) 求出 X 的概率分布；

(2) 利用棣莫弗－拉普拉斯定理，求被盗索赔户不少于 14 户且不多于 30 户的概率近似值.

4. 某电视机厂每月生产 10 000 台电视机，但它的显像管车间的正品率为 0.8，为了以 0.997 的概率保证出厂的电视机都装上正品的显像管，该车间每月应生产多少只显像管？

5. 根据某医院的数据统计结果，凡心脏手术后患者能完全康复的概率为 0.9，那么在对 100 名此类心脏病患者实施手术后，有 84~95 名病人能完全康复的概率是多少？

6. 设 $X_i (i=1, 2, \cdots, 50)$ 是相互独立的随机变量，且它们都服从参数为 $\lambda=0.03$ 的泊松分布. 记 $Z=X_1+X_2+\cdots+X_{50}$，利用中心极限定理计算 $P\{Z \geqslant 3\}$.

7. 设 $X_1, X_2, \cdots, X_{100}$ 为独立同分布的随机变量，若 $E(X_k)=1$，$D(X_k)=2.4 (k=1, 2, \cdots, 100)$，试计算 $P\left\{\sum\limits_{k=1}^{100} X_k \geqslant 90\right\}$.

8. 某人寿保险公司的老年人寿保险共有 10 000 人参加，每人每年交 200 元. 若老人在该年内死亡，公司付给家属 10 000 元. 设老年人死亡概率为 0.017，试求人寿保险公司在一年的这项保险中亏本的概率是多少？

9. 设某市 120 服务台电话每秒钟平均被呼叫 2 次，试求在 100 s 内该市 120 服务台电话被呼叫次数在 180~220 次之间的概率.

10. 某宿舍有学生 500 人，每人在傍晚大约有 10% 的时间要占用一个水龙头，设每人需要水龙头是相互独立的，问该宿舍至少需要安装多少个水龙头，才能以 95% 以上的概率保证用水需要.

11. 假设 $X_1, X_2, \cdots, X_n$ 是来自总体 X 的简单随机样本，已知 $E(X^k)=a_k (k=1, 2, 3, 4)$，证明：当 n 充分大时，随机变量 $Z_n = \dfrac{1}{n}\sum\limits_{i=1}^{n} X_i^2$ 近似服从正态分布，并指出其分布参数.

12. 设相互独立的随机变量 $X_1, X_2, \cdots, X_n$ 服从同一分布，已知均值为 μ，方差为 $\sigma^2 > 0$，但分布函数未知，证明：当 n 充分大时，$\overline{X} = \dfrac{1}{n}\sum\limits_{k=1}^{n} X_k$ 近似服从正态分布 $N\left(\mu, \left(\dfrac{\sigma}{\sqrt{n}}\right)^2\right)$.

第六章 样本与抽样分布

从本章起，进入本课程的第二部分——数理统计. 数理统计是以概率论为理论基础的具有广泛应用的一个数学分支，是一门分析带有随机影响数据的学科. 它研究如何有效地收集数据，并利用一定的统计模型对这些数据进行分析，提取数据中的有用信息，形成统计结论，为决策提供依据.

在这一章中，介绍一些数理统计的基本概念，包括总体、样本与统计量等，并介绍几个常用统计量及抽样分布.

§1 总体与简单随机样本

人们通常把要考察的对象的全体称为**总体**，而把总体中的每一个成员称为**个体**. 例如：为了考察某灯泡厂某天生产的产品质量的情况，就把该厂这一天所生产的灯泡的全体视为一个总体，其中的每个灯泡就是一个个体. 但在实际问题中，我们真正关心的往往是被考察对象的某个数量指标，比如灯泡的使用寿命，这时，我们就把整批灯泡的使用寿命视为一个整体，而其中每一个灯泡的使用寿命就是一个个体. 因此，总体又可理解为被考察对象的某项数量指标的全体.

为了研究总体的性质，乍看起来，最好是把每个个体都加以研究，但往往这是不必要的，有时甚至是不可能的. 例如当个体总数非常大时，要测定每个个体的性质，会受到时间、人力、物力等各方面条件的制约，因而是不可取的. 又比如测定灯泡使用寿命时，试验本身是破坏性的，不可能将整批灯泡都进行测定. 这样，我们只能从整体中抽取一部分进行观测，通过观测值去推断总体的性质. 从整体中抽取一部分个体叫作抽样，被抽取的部分个体称为总体的一个**样本**. 同理，样本也可理解为这部分个体的数量指标.

今后当我们说到总体与样本时，既指研究对象，又指它们的某项数量指标. 上面的例子中总体与样本是很直观的，但是有时并非如此.

例1 用一把尺子测量一个物体的长度. 假定 n 次测量值为 X_1，X_2，$\cdots$，X_n.

在这个问题中，可以把测量值 X_1，X_2，$\cdots$，X_n 看成样本，但是，总体是什么呢? 事实上，这里没有一个现实存在的个体集合可以作为总体. 可是我们可以这样考虑，既然 n 个测量值 X_1，X_2，$\cdots$，X_n 是样本，那么总体就应该理解为一切所有可能的测量值的全体.

对于一个总体，如果用 X 表示它的数量指标，那么对于不同的个体，X 的值是不同的. 因此，如果我们随机地抽取个体，则 X 的值也就随着抽取的个体的不同而不同. 所以，X 是一个随机变量. 这样，一个总体对应于一个随机变量 X，对总体的研究就是对一个随机变量 X 的研究. 而随机变量 X 有概率分布和数字特征，我们就把 X 的分布和数字特征称为总体的分布和数字特征. 今后，我们将不区分总体与相应的随机变量，笼统称为总体 X.

例2 检验自生产线出来的零件是次品还是正品，设以 0 表示产品是正品，以 1 表示产品为次品，出现次品的概率为 p（常数），那么总体是由一些"1"和一些"0"所组成的，这一总体对应于一个随机变量 X，服从参数为 p 的 0—1 分布

$$P\{X=x\}=p^x(1-p)^{1-x},\ x=0,\ 1,$$

我们就将它说成是 0—1 分布总体.

例 3　灯泡使用寿命一般服从指数分布，我们就说灯泡寿命是一指数分布总体.

例 4　在例 1 中，假定物体的真正长度为 μ. 一般说来测量值 X，也就是总体，取 μ 附近值的概率要大一些，而离 μ 愈远的值的取值概率就愈小. 如果测量过程没有系统性误差，那么 X 取大于 μ 和小于 μ 的值的概率也会相等. 在这样的情况下，假定其方差为 σ^2，则 σ^2 反映了测量的精度. 于是总体 X 的分布为 $N(\mu,\ \sigma^2)$，记为 $X\sim N(\mu,\ \sigma^2)$.

如果总体所包含的个体数量是有限的，则称该总体为**有限总体**，其分布是离散的. 如果总体所包含的个体数量是无限的，则称该总体为**无限总体**，其分布可以连续的，也可以离散的. 在数理统计中，研究有限总体比较困难，因为它的分布是离散型的，且分布律与总体所含个体数量有关. 所以，通常在总体所含个体数量比较大时，我们就把它近似地视为无限总体. 而且为了便于做进一步的统计分析，在一些情形下常用连续型分布去逼近总体的分布. 例如，研究某大城市年龄在 15～18 岁之间青年的身高. 显然，不管这个城市规模有多大，这个年龄段的人数量总是有限的. 因此，这个总体只能是有限总体，总体分布也只能是离散型分布. 然而，为了便于处理问题，我们可以把它近似地看成一个无限总体，并且通常用正态分布来逼近这个总体的分布. 当城市比较大，青年人数量比较多时，这种逼近所带来的误差，从应用观点来看是可以忽略不计的.

样本的一个重要性质是它的二重性. 假设 X_1，X_2，…，X_n 是从总体 X 中抽取的样本，在一次具体的观测或试验中，它们是一批测量值，是一些已知的数，这就是说，样本具有数的属性. 这一点比较容易理解. 但是，另一方面，由于在具体的试验或观测中，受到各种随机因素的影响，在不同的观测中样本取值可能不同. 因此当脱离开特定的具体试验或观测时，我们并不知道样本 X_1，X_2，…，X_n 的具体取值到底是多少，因此可以把它们看成随机变量. 这时，样本就具有随机变量的属性. 这就是所谓的**样本的二重性**. 特别要强调的是，以后凡是离开具体的观测或试验数据来谈及样本 X_1，X_2，…，X_n 时，它们总是被看成随机变量，关于样本的这个基本认识对理解后面的内容十分重要. 为了表示和研究的方便，在本书中通常将观测中获得的样本值记为 x_1，x_2，…，x_n，称为样本的**观察值**.

既然样本 X_1，X_2，…，X_n 被看作随机变量，那么它们的分布是什么呢？在 §1 的例 1 中，如果是在完全相同的条件下，独立地测量了 n 次，把这 n 次测量结果即样本记为 X_1，X_2，…，X_n，那么我们完全有理由认为，这些样本相互独立且有相同的分布，其分布与总体分布 $N(\mu,\ \sigma^2)$ 相同.

推广到一般情况，如果我们在相同的条件下对总体 X 进行 n 次重复的、独立的观测，将观测结果依次记为 X_1，X_2，…，X_n，则由于 X_1，X_2，…，X_n 是对随机变量 X 观测结果，并且各次观测是在相同条件下独立进行的，所以有理由认为 X_1，X_2，…，X_n 是相互独立的，且都是与 X 具有相同分布（称为独立同分布）的随机变量，故得到的 X_1，X_2，…，X_n 称为来自总体 X 的一个**简单随机样本**，n 称为**样本容量**. 以后如无特殊声明，所提到的样本都是指简单随机样本.

对于无限总体，一般用不放回抽样即可得到简单随机样本.

对于有限总体，可用放回抽样得到简单随机样本. 特别地，当总体容量远大于样本容量时，实际中可用不放回抽样代替放回抽样得到简单随机样本.

综上所述，我们给出下面的定义.

定义 1　设随机变量 X 的分布函数为 $F(x)$，若随机变量 X_1，X_2，$\cdots$，X_n 独立同分布，且分布函数也是 $F(x)$，则称 X_1，X_2，$\cdots$，X_n 是来自总体 X 的一个容量为 n 的简单随机样本，简称为样本，它们的观察值 x_1，x_2，$\cdots$，x_n 称为样本值.

由定义得，若 X_1，X_2，$\cdots$，X_n 是来自总体 X 的一个样本，则样本 X_1，X_2，$\cdots$，X_n 相互独且与 X 同分布，所以它们的联合分布函数为

$$F_n(x_1, x_2, \cdots, x_n) = \prod_{i=1}^{n} F(x_i).$$

假设总体 X 的分布是连续型的，并且具有概率密度函数 $f(x)$，则它们的联合概率密度为

$$f_n(x_1, x_2, \cdots, x_n) = \prod_{i=1}^{n} f(x_i).$$

在例 1 中，假定总体 X 服从正态分布 $N(\mu, \sigma^2)$，其概率密度函数为

$$f(x) = \frac{1}{\sqrt{2\pi}\sigma} e^{-\frac{(x-\mu)^2}{2\sigma^2}}, \quad -\infty < x < +\infty.$$

现独立地测量 n 次，记为 X_1，X_2，$\cdots$，X_n，这里 X_1，X_2，$\cdots$，X_n 就是从总体 $N(\mu, \sigma^2)$ 中抽取的随机样本，它们是相互独立的，且与总体 $N(\mu, \sigma^2)$ 有相同的分布，即 $X_i \sim N(\mu, \sigma^2)$，$i = 1, \cdots, n$. 所以 X_1，X_2，$\cdots$，X_n 的联合概率密度函数为

$$f_n(x_1, x_2, \cdots, x_n) = \frac{1}{(2\pi)^{\frac{n}{2}}\sigma^n} e^{-\frac{\sum_{i=1}^{n}(x_i-\mu)^2}{2\sigma^2}}.$$

联合概率密度函数 $f_n(x_1, x_2, \cdots, x_n)$ 概括了样本 X_1，X_2，$\cdots$，X_n 中所包含的 μ 和 σ^2 的全部信息，它是做进一步统计推断的基础和出发点.

§2　抽样分布

6.2.1　统计量

定义 1　设 X_1，X_2，$\cdots$，X_n 是来自总体 X 的一个样本，$g(X_1, X_2, \cdots, X_n)$ 是 X_1，X_2，$\cdots$，X_n 的函数，若 g 中不含未知参数，则称 $g(X_1, X_2, \cdots, X_n)$ 是一统计量.

因为 X_1，X_2，$\cdots$，X_n 都是随机变量，而统计量 $g(X_1, X_2, \cdots, X_n)$ 是随机变量的函数，因此统计量是一个随机变量. 设 x_1，x_2，$\cdots$，x_n 是相应于样本 X_1，X_2，$\cdots$，X_n 的样本值，则称 $g(x_1, x_2, \cdots, x_n)$ 是 $g(X_1, X_2, \cdots, X_n)$ 的观察值.

下面是几个常用的统计量. 设 X_1，X_2，$\cdots$，X_n 是来自总体 X 的一个样本，x_1，x_2，$\cdots$，x_n 是这一样本的观察值. 定义如下：

样本平均值

$$\overline{X} = \frac{1}{n} \sum_{i=1}^{n} X_i.$$

样本方差

$$S^2 = \frac{1}{n-1} \sum_{i=1}^{n} (X_i - \overline{X})^2 = \frac{1}{n-1} \Big(\sum_{i=1}^{n} X_i^2 - n \overline{X}^2 \Big).$$

样本标准差

$$S = \sqrt{S^2} = \sqrt{\frac{1}{n-1} \sum_{i=1}^{n} (X_i - \overline{X})^2}.$$

样本 k 阶(原点)矩

$$A_k = \frac{1}{n} \sum_{i=1}^{n} X_i^k , \quad k=1, 2, \cdots.$$

样本 k 阶中心矩

$$B_k = \frac{1}{n} \sum_{i=1}^{n} (X_i - \overline{X})^k , \quad k=2, 3, \cdots.$$

它们的观察值分别为

$$\overline{x} = \frac{1}{n} \sum_{i=1}^{n} x_i ,$$

$$s^2 = \frac{1}{n-1} \sum_{i=1}^{n} (x_i - \overline{x})^2 = \frac{1}{n-1} \Big(\sum_{i=1}^{n} x_i^2 - n \overline{x}^2 \Big),$$

$$s = \sqrt{s^2} = \sqrt{\frac{1}{n-1} \sum_{i=1}^{n} (x_i - \overline{x})^2}.$$

$$a_k = \frac{1}{n} \sum_{i=1}^{n} x_i^k , \quad k=1, 2, \cdots,$$

$$b_k = \frac{1}{n} \sum_{i=1}^{n} (x_i - \overline{x})^k , \quad k=2, 3, \cdots.$$

这些观察值仍分别称为样本均值、样本方差、样本标准差、样本 k 阶(原点)矩以及样本 k 阶中心矩.

这些统计量与其对应的总体的数字特征有什么关系呢? 若总体 X 的 k 阶矩存在, 记为 μ_k, 则当 $n \rightarrow \infty$ 时, $A_k \xrightarrow{p} \mu_k$, $k=1, 2, \cdots$. 这是因为 X_1, X_2, $\cdots$, X_n 独立与 X 同分布, 所以 X_1^k, X_2^k, $\cdots$, X_n^k 独立且与 X^k 同分布, 它们的总体 k 阶矩均为 μ_k. 故由辛钦大数定理知

$$A_k = \frac{1}{n} \sum_{i=1}^{n} X_i^k \xrightarrow{p} \mu_k , \quad k=1, 2, \cdots.$$

进一步由依概率收敛的序列的性质知

$$g(A_1, A_2, \cdots, A_n) \xrightarrow{p} g(\mu_1, \mu_2, \cdots, \mu_k),$$

其中 g 为连续函数. 上面的常用统计量都是样本矩的连续函数, 所以它们依概率收敛到对应的总体数字特征.

6.2.2　抽样分布

统计量的分布称为抽样分布. 在使用统计量进行统计推断时常需要知道它们的分布. 本节介绍来自正态总体的几个常用统计量的分布. 首先介绍以下三个重要的分布.

1. 统计学三大分布

1)χ^2分布

定义 2　设 X_1，X_2，…，X_n 是来自总体 $N(0，1)$ 的样本，则称统计量

$$\chi^2 = X_1^2 + X_2^2 + \cdots + X_n^2 \tag{6-2-1}$$

为服从自由度为 n 的 χ^2 分布，记为 $\chi^2 \sim \chi^2(n)$. 此处，自由度是指式（6-2-1）右边项包含的独立变量的个数.

$\chi^2(n)$ 分布的概率密度为

$$f(y) = \begin{cases} \dfrac{1}{2^{n/2}\Gamma(n/2)} y^{n/2-1} e^{-y/2}, & y>0, \\ 0, & \text{其他.} \end{cases}$$

$f(y)$ 的图形如图 6-1 所示.

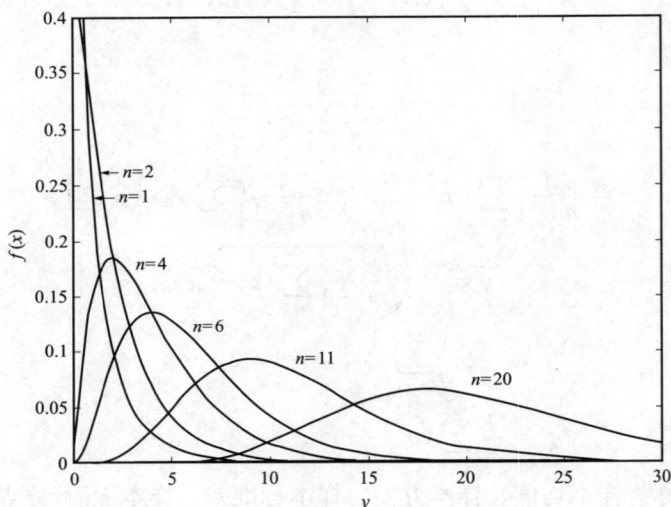

图 6-1

性质 1（χ^2分布的可加性）　设 $\chi_1^2 \sim \chi^2(n_1)$，$\chi_2^2 \sim \chi^2(n_2)$，并且 χ_1^2，χ_2^2 相互独立，则有

$$\chi_1^2 + \chi_2^2 \sim \chi^2(n_1+n_2) \tag{6-2-2}$$

性质 2（χ^2分布的数学期望和方差）　若 $\chi^2 \sim \chi^2(n)$，则有

$$E(\chi^2)=n,\ D(\chi^2)=2n, \tag{6-2-3}$$

这是因为 $X_i \sim N(0，1)$，$i=1，2，\cdots，n$，故

$$E(X_i^2)=1,$$
$$D(X_i^2)=E(X_i^4)-[E(X_i^2)]^2=3-1=2,\ i=1，2，\cdots，n.$$

于是

$$E(\chi^2) = E\Big(\sum_{i=1}^n X_i^2\Big) = \sum_{i=1}^n E(X_i^2) = n,$$
$$D(\chi^2) = D\Big(\sum_{i=1}^n X_i^2\Big) = \sum_{i=1}^n D(X_i^2) = 2n.$$

定义 3（χ^2分布的分位点）　对于给定的正数 α，$0<\alpha<1$，称满足条件

$$P\{\chi^2 > \chi_\alpha^2(n)\} = \int_{\chi_\alpha^2(n)}^{+\infty} f(y)\mathrm{d}y = \alpha \tag{6-2-4}$$

的点 $\chi^2_\alpha(n)$ 为 $\chi^2(n)$ 分布的上 α 分位点，如图 6—2 所示.

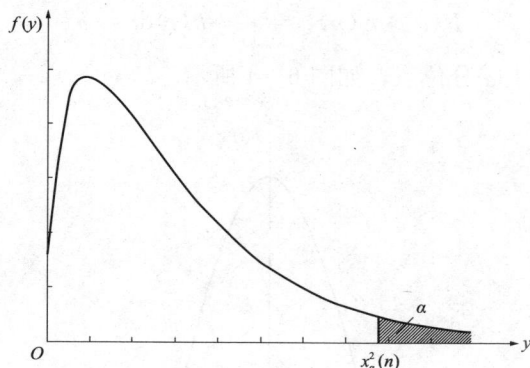

图 6—2

对于不同的 α 和 n，上 α 分位点的值已制成表格(参见附表 5)，可以查表得到. 当 $n>40$ 时，无法查表得到，可用正态近似

$$\chi^2_\alpha(n)\approx\frac{1}{2}(z_\alpha+\sqrt{2n-1})^2,\qquad(6-2-5)$$

其中 z_α 是标准正态分布的上 α 分位点.

2)t 分布

定义 4　设 $X\sim N(0,1)$，$Y\sim\chi^2(n)$，且 X，Y 相互独立，则称随机变量

$$t=\frac{X}{\sqrt{Y/n}}\qquad(6-2-6)$$

服从自由度为 n 的 t 分布. 记为 $t\sim t(n)$.

t 分布又称学生氏(Student)分布，$t(n)$ 分布的概率密度函数为

$$h(t)=\frac{\Gamma[(n+1)/2]}{\sqrt{\pi n}\Gamma(n/2)}\left(1+\frac{t^2}{n}\right)^{-(n+1)/2},\quad-\infty<t<\infty,$$

图 6—3 中画出了 $h(t)$ 的图形.

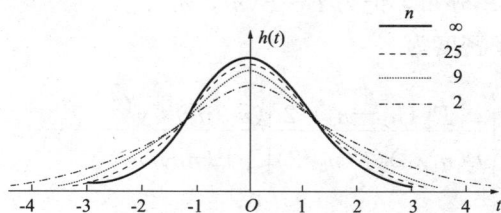

图 6—3

$h(t)$ 的图形关于 $t=0$ 对称，当 n 充分大时其图形近似于标准正态变量的概率密度的图形. 实际上，有

$$\lim_{n\to\infty}h(t)=\frac{1}{\sqrt{2\pi}}e^{\frac{-t^2}{2}},$$

故当 n 足够大时，t 分布近似于标准正态分布. 但当 n 较小时，t 分布与正态分布还是有较大差别的.

定义 5(t 分布的分位点)　对于给定的 α，$0<α<1$，称满足条件

$$P\{t > t_α(n)\} = \int_{t_α(n)}^{\infty} h(t)\mathrm{d}t = α \qquad (6-2-7)$$

的点 $t_α(n)$ 为 $t(n)$ 分布的上 α 分位点，如图 6－4 所示.

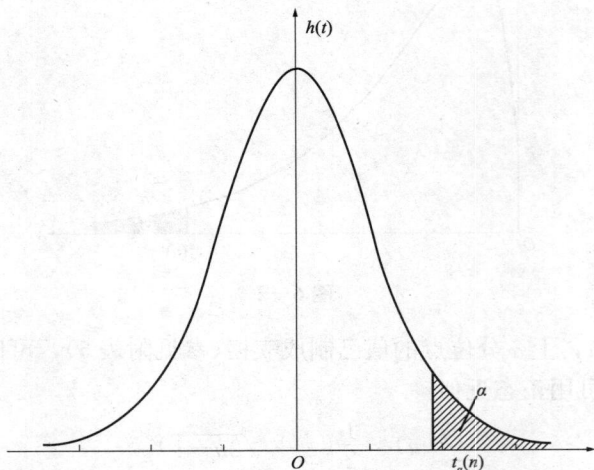

图 6－4

由 t 分布的上 α 分位点的定义及 $h(t)$ 图形的对称性知

$$t_{1-α}(n) = -t_α(n). \qquad (6-2-8)$$

对于不同的 α 和 n，t 分布的上 α 分位点的值也已制成表格(参见附表 4)，其值可以查表得到. 当 $n>45$ 时，对于常用的 α 的值，就用正态分布近似

$$t_α(n) ≈ z_α. \qquad (6-2-9)$$

3)F 分布

定义 6　设 $U \sim χ^2(n_1)$，$V \sim χ^2(n_2)$，且 U，V 相互独立，则称随机变量

$$F = \frac{U/n_1}{V/n_2} \qquad (6-2-10)$$

服从自由度为$(n_1，n_2)$的 F 分布，记为 $F \sim F(n_1，n_2)$.

$F(n_1，n_2)$分布的概率密度为

$$\psi(y) = \begin{cases} \dfrac{\Gamma[(n_1+n_2)/2](n_1/n_2)^{\frac{n_1}{2}} y^{(\frac{n_1}{2})-1}}{\Gamma(n_1/2)(\Gamma(n_2/2)[1+(n_1 y/n_2)]^{\frac{(n_1+n_2)}{2}}}, & y>0, \\ 0, & \text{其他.} \end{cases}$$

$\psi(y)$的图形如图 6－5 所示.

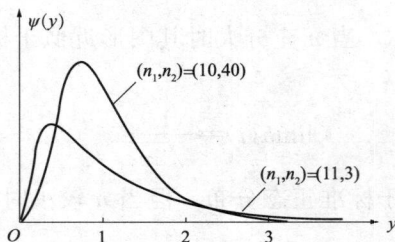

图 6－5

由定义知，若 $F \sim F(n_1, n_2)$，则

$$\frac{1}{F} \sim F(n_2, n_1).\tag{6-2-11}$$

定义 7(F 分布的分位点)　对于给定的 α，$0 < \alpha < 1$，称满足条件

$$P\{F > F_\alpha(n_1, n_2)\} = \int_{F_\alpha(n_1,n_2)}^{\infty} \psi(y)\mathrm{d}y = \alpha\tag{6-2-12}$$

的点 $F_\alpha(n_1, n_2)$ 为 $F(n_1, n_2)$ 分布的上 α 分位点(如图 6-6 所示). F 分布的上 α 分位点可以查表(参见附表 6)得到.

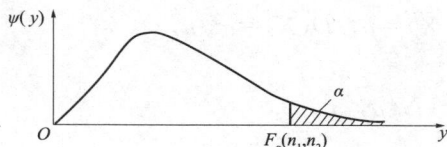

图 6-6

F 分布的上 α 分位点有如下性质：

$$F_{1-\alpha}(n_1, n_2) = \frac{1}{F_\alpha(n_2, n_1)}.\tag{6-2-13}$$

上式常用来求 F 分布表中未列出的常用的上 α 分位点. 例如，

$$F_{0.95}(12, 9) = \frac{1}{F_{0.05}(9, 12)} = \frac{1}{2.80} \approx 0.357.$$

2. 正态总体的样本均值与样本方差的分布

设总体 X(不管服从什么分布，只要均值与方差存在)的均值为 μ，方差为 σ^2，即

$$E(X) = \mu, \quad D(X) = \sigma^2,$$

再设 $X_1, X_2, \cdots, X_n$ 是来自总体 X 的样本，$\overline{X}$ 和 S^2 分别是样本均值和样本方差，即

$$\overline{X} = \frac{1}{n}\sum_{i=1}^{n} X_i, \quad S^2 = \frac{1}{n-1}\sum_{i=1}^{n}(X_i - \overline{X})^2,$$

则有

$$E(\overline{X}) = \mu, \quad D(\overline{X}) = \sigma^2/n,\tag{6-2-14}$$

而　　$E(S^2) = E\left[\frac{1}{n-1}\left(\sum_{i=1}^{n}X_i^2 - n\overline{X}^2\right)\right] = \frac{1}{n-1}\left[\sum_{i=1}^{n}E(X_i^2) - nE(\overline{X}^2)\right]$

$$= \frac{1}{n-1}\left[\sum_{i=1}^{n}(\sigma^2 + \mu^2) - n\left(\frac{\sigma^2}{n} + \mu^2\right)\right] = \sigma^2,$$

即

$$E(S^2) = \sigma^2.\tag{6-2-15}$$

进而，设总体 $X \sim N(\mu, \sigma^2)$，则有下面的重要定理.

定理 1　设 $X_1, X_2, \cdots, X_n$ 是来自正态总体 $X \sim N(\mu, \sigma^2)$ 的样本，$\overline{X}$ 和 S^2 分别是样本均值和样本方差，则有

(1) $\overline{X} \sim N(\mu, \sigma^2/n)$；$\tag{6-2-16}$

$$\frac{\overline{X} - \mu}{\sigma/\sqrt{n}} \sim N(0, 1)；\tag{6-2-17}$$

(2) $\dfrac{(n-1)S^2}{\sigma^2} \sim \chi^2(n-1)$; 　　　　　　　　　　　　　　　　　(6-2-18)

(3) $\overline{X}$ 与 S^2 相互独立;

(4) $\dfrac{\overline{X}-\mu}{S/\sqrt{n}} \sim t(n-1)$. 　　　　　　　　　　　　　　　　　(6-2-19)

证　定理中(2)和(3)的证明超出了本书的范围,这里只证明(1)和(4).

(1)由正态分布的性质知,当 X_1, X_2, $\cdots$, X_n 是来自正态总体的一个样本时, $\overline{X}$ 仍服从正态分布. 又

$$E(\overline{X})=\mu, \ D(\overline{X})=\sigma^2/n,$$

所以

$$\overline{X} \sim N(\mu, \ \sigma^2/n),$$

进而

$$\dfrac{\overline{X}-\mu}{\sigma/\sqrt{n}} \sim N(0, \ 1).$$

(4)由(1)知

$$\dfrac{\overline{X}-\mu}{\sigma/\sqrt{n}} \sim N(0, \ 1),$$

由(2)知

$$\dfrac{(n-1)S^2}{\sigma^2} \sim \chi^2(n-1),$$

由(3)知两者独立. 由 t 分布的定义知

$$\dfrac{\overline{X}-\mu}{\sigma/\sqrt{n}} \Bigg/ \sqrt{\dfrac{(n-1)S^2}{\sigma^2(n-1)}} \sim t(n-1),$$

化简上式左边,即得

$$\dfrac{\overline{X}-\mu}{S/\sqrt{n}} \sim t(n-1).$$

对比式(6-2-17)与式(6-2-19)可知,当总体均值 μ,方差 σ^2 均为已知时,统计量 $\dfrac{\overline{X}-\mu}{\sigma/\sqrt{n}}$ 服从标准正态分布;而当总体均值 μ 已知,方差 σ^2 未知时, $\dfrac{\overline{X}-\mu}{\sigma/\sqrt{n}}$ 不再是统计量,此时,可以使用样本方差 S^2 来代替 σ^2,即构造 $\dfrac{\overline{X}-\mu}{S/\sqrt{n}}$,它不仅是统计量,而且分布是已知的.

这种用样本均值与样本方差去替代未知的总体均值与未知的总体方差,进而得到分布为已知的统计量的思想在后面的统计推断中经常使用,应好好体会.

对于两个正态总体的样本均值与样本方差有下面的定理.

定理 2　设 X_1, X_2, $\cdots$, X_n 是来自正态总体 $X \sim N(\mu_1, \ \sigma_1^2)$ 的样本, Y_1, Y_2, $\cdots$, Y_n 是来自正态总体 $Y \sim N(\mu_2, \ \sigma_2^2)$ 的样本, $\overline{X}=\dfrac{1}{n_1}\sum\limits_{i=1}^{n_1}X_i$ 和 $\overline{Y}=\dfrac{1}{n_2}\sum\limits_{i=1}^{n_2}Y_i$ 分别是这两个样本的样本均值; $S_1^2=\dfrac{1}{n_1-1}\sum\limits_{i=1}^{n_1}(X_i-\overline{X})^2$ 和 $S_2^2=\dfrac{1}{n_2-1}\sum\limits_{i=1}^{n_1}(Y_i-\overline{Y})^2$ 分别是这两个样本的样本方差,

则有

(1) $\dfrac{S_1^2/S_2^2}{\sigma_1^2/\sigma_2^2}\sim F(n_1-1,\ n_2-1)$；　　　　　　　　　　　(6—2—20)

(2) 当 $\sigma_1^2=\sigma_2^2=\sigma^2$ 时，

$$\dfrac{(\overline{X}-\overline{Y})-(\mu_1-\mu_2)}{S_w\sqrt{\dfrac{1}{n_1}+\dfrac{1}{n_2}}}\sim t(n_1+n_2-2),\qquad(6—2—21)$$

其中 $S_w^2=\dfrac{(n_1-1)S_1^2+(n_2-1)S_2^2}{n_1+n_2-2}$，$S_w=\sqrt{S_w^2}$.

证 (1) 由定理 1 中(2)可知

$$\dfrac{(n_1-1)S_1^2}{\sigma_1^2}\sim\chi^2(n_1-1),\quad\dfrac{(n_2-1)S_2^2}{\sigma_1^2}\sim\chi^2(n_2-1),$$

由假设 S_1^2，S_2^2 相互独立，则由 F 分布的定义知

$$\dfrac{(n_1-1)S_1^2}{(n_1-1)\sigma_1^2}\Big/\dfrac{(n_2-1)S_2^2}{(n_2-1)\sigma_2^2}\sim F(n_1-1,\ n_2-1),$$

即

$$\dfrac{S_1^2/S_2^2}{\sigma_1^2/\sigma_2^2}\sim F(n_1-1,\ n_2-1).$$

(2) 因为 $\overline{X}-\overline{Y}\sim N\Big(\mu_1-\mu_2,\ \dfrac{\sigma_1^2}{n_1}+\dfrac{\sigma_2^2}{n_2}\Big)$，所以有

$$U=\dfrac{(\overline{X}-\overline{Y})-(\mu_1-\mu_2)}{\sigma\sqrt{\dfrac{1}{n_1}+\dfrac{1}{n_2}}}\sim N(0,\ 1).$$

又因为

$$\dfrac{(n_1-1)S_1^2}{\sigma^2}\sim\chi^2(n_1-1),\quad\dfrac{(n_2-1)S_2^2}{\sigma^2}\sim\chi^2(n_2-1),$$

且它们相互独立，故由 χ^2 分布的可加性知

$$V=\dfrac{(n_1-1)S_1^2}{\sigma^2}+\dfrac{(n_2-1)S_2^2}{\sigma^2}\sim\chi^2(n_1+n_2-2).$$

由定理 1 知 U 与 V 相互独立，从而由 t 分布的定义知

$$\dfrac{U}{\sqrt{V/(n_1+n_2-2)}}=\dfrac{(\overline{X}-\overline{Y})-(\mu_1-\mu_2)}{S_w\sqrt{\dfrac{1}{n_1}+\dfrac{1}{n_2}}}\sim t(n_1+n_2-2).$$

例 1 从正态总体 $N(4.2,\ 5^2)$ 中抽取容量为 n 的样本，若要求其样本均值位于区间 $(2.2,6.2)$ 内的概率不小于 0.95，则样本容量 n 至少为多少？

解 以 $\overline{X}$ 表示样本均值，由定理 1 中(1)知

$$\overline{X}\sim N\Big(4.2,\ \dfrac{5^2}{n}\Big),\quad\dfrac{\overline{X}-4.2}{5}\sqrt{n}\sim N(0,\ 1),$$

于是

$$P\{2.2<\overline{X}<6.2\}=P\Big\{-\dfrac{2}{5}\sqrt{n}<\dfrac{\overline{X}-4.2}{5}\sqrt{n}<\dfrac{2}{5}\sqrt{n}\Big\}$$

$$=2\Phi\Big(\dfrac{2}{5}\sqrt{n}\Big)-1\geqslant0.95,$$

可得 $\Phi\left(\dfrac{2}{5}\sqrt{n}\right)\geqslant 0.975$，故

$$n\geqslant(2.5\times1.96)^2=24.01.$$

若要求其样本均值位于区间(2.2，6.2)内的概率不小于 0.95，则样本容量 n 至少为 25.

例 2　设随机变量 $X\sim t(n)(n>1)$，$Y_1=X^2$，$Y_2=\dfrac{1}{X^2}$，求 Y_1，Y_2 的分布.

解　由 t 分布的定义知，可令 $X=\dfrac{U}{\sqrt{V/n}}$，其中 $U\sim N(0，1)$，$V\sim\chi^2(n)$，于是

$$Y_1=X^2=\frac{U^2}{V/n},$$

这里 $U^2\sim\chi^2(1)$，根据 F 分布的定义知

$$Y_1=X^2=\frac{U/1}{V/n}\sim F(1，n).$$

再由 F 分布的性质，$Y_2=\dfrac{1}{X^2}\sim F(n，1).$

小　　结

在数理统计中，提到总体与样本时，既指研究对象，又指它们的某项数量指标. 一个总体的分布具有随机变量分布的特征，故我们用随机变量 X 表示总体. 相应地，随机变量 X 的分布就是总体 X 的分布.

在相同的条件下对总体 X 进行 n 次重复的独立观测，得到 n 个结果 X_1，X_2，$\cdots$，X_n，则称 X_1，X_2，$\cdots$，X_n 为来自总体 X 的简单随机样本，简称为样本. 它们满足独立同分布：

(1) X_1，X_2，$\cdots$，X_n 相互独立；

(2) $X_i(i=1，2，\cdots，n)$ 都与 X 有相同的分布.

我们就是利用来自样本的信息推断总体，得到有关总体分布的各种结论.

不含未知参数的由样本 X_1，X_2，$\cdots$，X_n 构造的函数 $g(X_1，X_2，\cdots，X_n)$ 称为统计量. 统计量是一个随机变量，它完全由样本 X_1，X_2，$\cdots$，X_n 确定，这是后面进行统计推断要使用的重要工具. 最常用的统计量有两个，即样本均值

$$\overline{X}=\frac{1}{n}\sum_{i=1}^{n}X_i$$

和样本方差

$$S^2=\frac{1}{n-1}\sum_{i=1}^{n}(X_i-\overline{X})^2.$$

统计量的分布称为抽样分布. 统计学中除了正态分布，还有 χ^2 分布，t 分布，F 分布，这三个分布也称为统计学的三大分布，在数理统计中有着广泛的应用. 读者应掌握它们的定义，上 α 分位点概念以及每个分布独有的性质.

关于样本均值 $\overline{X}$ 与样本方差 S^2 有以下重要结论：

(1) 设 X_1，X_2，$\cdots$，X_n 是来自总体 X 的样本，$E(X)=\mu$，$D(X)=\sigma^2$，则有

$$E(\overline{X})=\mu，\quad D(\overline{X})=\sigma^2/n.$$

(2)设 X_1，X_2，$\cdots$，X_n 是来自正态总体 $X\sim N(\mu,\sigma^2)$ 的样本，则有

① $\overline{X}\sim N(\mu,\sigma^2/n)$，$\dfrac{\overline{X}-\mu}{\sigma/\sqrt{n}}\sim N(0,1)$；

② $\dfrac{(n-1)S^2}{\sigma^2}\sim\chi^2(n-1)$；

③ $\overline{X}$ 与 S^2 相互独立；

④ $\dfrac{\overline{X}-\mu}{S/\sqrt{n}}\sim t(n-1)$.

(3)对于两个正态总体则有定理 2 的结果.

习题六

1. 在总体 $N(52,6.3^2)$ 中随机抽取一容量为 36 的样本，求样本均值 $\overline{X}$ 落在 50.8～53.8 之间的概率.

2. 在总体 $N(60,15^2)$ 中随机抽取一容量为 100 的样本，求样本均值与总体均值之差的绝对值大于 3 的概率.

3. 设样本 X_1，X_2，$\cdots$，X_6 来自总体 $N(0,1)$，$Y=(X_1+X_2+X_3)^2+(X_4+X_5+X_6)^2$，试确定常数 C 使 CY 服从 χ^2 分布.

4. 设样本 X_1，X_2，$\cdots$，X_5 来自总体 $N(0,1)$，$Y=\dfrac{C(X_1+X_2)}{\sqrt{(X_3^2+X_4^2+X_5^2)}}$，试确定常数 C 使 Y 服从 t 分布.

5. 从正态总体 $N(1,4)$ 中抽取容量为 n 的样本，若要求其样本均值位于区间 $(0,2)$ 内的概率不小于 0.95，则样本容量 n 至少为多少？

6. 求总体 $N(20,3)$ 的容量分别为 10，15 的两个独立随机样本均值差的绝对值大于 0.3 的概率.

7. 设总体 $X\sim N(0,\sigma^2)$，X_1，X_2，$\cdots$，X_{15} 是来自该总体的一个样本，$Y=\dfrac{X_1^2+\cdots+X_{10}^2}{2(X_{11}^2+\cdots+X_{15}^2)}$，分析 Y 服从什么分布，参数是什么.

第七章 参数估计

参数估计有点估计和区间估计两方面的问题. 前者是用一个适当的统计量作为参数的近似值, 我们称之为参数的估计量, 后者则用两个统计量所界定的区间来指出真实参数值的大致范围, 我们称之为置信区间.

§1 点估计

设总体 X 的分布函数的形式已知, 但它的一个或多个参数未知, 借助于总体 X 的一个样本来估计总体未知参数的值的问题称为参数的点估计问题.

例 1 某厂生产的活塞环, 其直径 X 是一个随机变量, 总体均值 μ 未知. 现随机地取 8 只活塞环, 测得它们的直径分别为(以 mm 计)

$$74.010, 74.005, 74.003, 74.001, 74.000, 73.991, 73.994, 73.996,$$

试估计总体均值 μ 的值.

解 总体的均值 $E(x) = \mu$, 自然想到用样本均值来估计总体的均值 $E(x)$. 由已知数据可得

$$\bar{x} = \frac{1}{8} \sum_{i=1}^{8} x_i$$

$$= \frac{74.010 + 74.005 + 74.003 + 74.001 + 74.000 + 73.991 + 74.004 + 74.006}{8} = 74,$$

因此, 总体均值 μ 的估计值为 74.

点估计问题的一般提法如下:

设总体 X 的分布函数 $F(x; \theta)$ 形式已知, θ 是待估参数. $X_1, X_2, \cdots, X_n$ 是 X 的一个样本, $x_1, x_2, \cdots, x_n$ 是相应的样本值. 点估计问题就是要构造一个适当的统计量 $\hat{\theta}(X_1, X_2, \cdots, X_n)$, 用它的观察值 $\hat{\theta}(x_1, x_2, \cdots, x_n)$ 作为未知参数 θ 的近似值. 我们称 $\hat{\theta}(X_1, X_2, \cdots, X_n)$ 为 θ 的估计量, 称 $\hat{\theta}(x_1, x_2, \cdots, x_n)$ 为 θ 的估计值. 在不混淆的情况下统称估计量和估计值为估计.

常用的构造估计量的方法: 矩估计法和最大似然估计法.

7.1.1 矩估计

设 X 是离散型随机变量, 其分布律为 $P\{X = x\} = p(x, \theta_1, \theta_2, \cdots, \theta_k)$, 总体 X 的 l 阶矩为

$$\mu_l = E(X^l) = \sum_{i=1}^{\infty} x_i^l p_i \ (x_i, \theta_1, \theta_2, \cdots, \theta_k).$$

设 X 是连续型随机变量, 其概率密度为 $f(x) = f(x, \theta_1, \theta_2, \cdots, \theta_k)$, 总体 X 的 l

阶矩

$$\mu_l = E(X^l) = \int_{-\infty}^{+\infty} x^l f(x, \theta_1, \theta_2, \cdots, \theta_k) dx.$$

设 X_1，X_2，$\cdots$，X_n 是总体 X 的一个样本，$g(X_1, X_2, \cdots, X_n)$ 是 X_1，X_2，$\cdots$，X_n 的函数，若总体 X 的 k 阶矩 $E(X^k) = \mu_k$ 存在，由辛钦大数定理知

$$A_k = \frac{1}{n} \sum_{i=1}^{n} X_i^k \xrightarrow{P} \mu_k, k = 1, 2, \cdots.$$

由依概率收敛的序列的性质知道

$$g(A_1, A_2, \cdots, A_n) \xrightarrow{P} g(\mu_1, \mu_2, \cdots, \mu_n).$$

我们就用样本矩来估计总体矩，用样本矩的连续函数来估计总体矩的连续函数，这种估计法称为矩估计法．

矩估计法的具体做法如下．

设

$$\begin{cases} \mu_1 = \mu_1(\theta_1, \theta_2, \cdots, \theta_k), \\ \vdots \quad \vdots \\ \mu_k = \mu_k(\theta_1, \theta_2, \cdots, \theta_k). \end{cases}$$

这是一个包含 k 个未知参数 θ_1，θ_2，$\cdots$，θ_k 的联立方程组．可解出 θ_1，θ_2，$\cdots$，θ_k，得到

$$\begin{cases} \theta_1 = \theta_1(\mu_1, \mu_2, \cdots, \mu_k), \\ \vdots \quad \vdots \\ \theta_k = \theta_k(\mu_1, \mu_2, \cdots, \mu_k). \end{cases}$$

令

$$A_i = \mu_i, \ i = 1, 2, \cdots, k,$$

以

$$\hat{\theta}_i = \theta_i(A_1, A_2, \cdots, A_k), \ i = 1, 2, \cdots, k$$

分别作为 θ_i，$i = 1, 2, \cdots, k$ 的估计量，这种估计量称为矩估计量．

例 2 设 $X \sim b(1, p)$，X_1，X_2，$\cdots$，X_n 是取自总体 X 的一个样本，试求参数 p 的矩估计值．

解 $\mu_1 = E(X) = p$，$A_1 = \bar{x}$，由矩估计法

令

$$A_1 = \mu_1,$$

则参数 p 的矩估计值为

$$\hat{p} = \bar{x}.$$

例 3 设总体 X 在 $[0, \theta]$ 上服从均匀分布，θ 未知，X_1，X_2，$\cdots$，X_n 是来自总体 X 的样本，求 θ 的矩估计量．

解 $$\mu_1 = E(X) = \frac{\theta}{2}, \ A_1 = \bar{X},$$

令

$$A_1 = \mu_1,$$

则 θ 的矩估计量为

$$\hat{\theta} = 2\overline{X}.$$

例 4　总体 X 的概率密度为

$$f(x) = \begin{cases} \theta x^{\theta-1}, & 0 < x < 1, \\ 0, & \text{其他}, \end{cases}$$

其中，$\theta > 0$ 未知，X_1，X_2，$\cdots$，X_n 是 X 的一个样本，求参数 θ 的矩估计量.

解　$$\mu_1 = E(X) = \int_{-\infty}^{+\infty} x f(x,\theta)\,\mathrm{d}x = \int_0^1 \theta x^\theta\,\mathrm{d}x = \frac{\theta}{\theta+1} x^{\theta+1}\Big|_0^1 = \frac{\theta}{\theta+1},$$

$$A_1 = \overline{X},$$

令

$$A_1 = \mu_1,$$

则参数 θ 的矩估计量为

$$\hat{\theta} = \frac{\overline{X}}{1-\overline{X}}.$$

例 5　无论总体 X 服从什么分布，总体 X 的均值 μ 和方差 σ^2 都存在，且 $\sigma^2 > 0$，但均值 μ 和方差 σ^2 均未知，试求期望 μ 和方差 σ^2 的矩估计量.

解　$$\mu_1 = E(X) = \mu, \quad A_1 = \overline{X},$$

$$\mu_2 = E(X^2) = D(X) + [E(X)]^2 = \sigma^2 + \mu^2, A_2 = \frac{1}{n}\sum_{i=1}^n X_i^2,$$

令

$$A_1 = \mu_1, \quad A_2 = \mu_2,$$

得期望 μ 的矩估计量为

$$\hat{\mu} = \overline{X},$$

方差 σ^2 的矩估计量为

$$\hat{\sigma}^2 = A_2 - A_1^2 = \frac{1}{n}\sum_{i=1}^n X_i^2 - \overline{X}^2 = \frac{1}{n}\sum_{i=1}^n (X_i - \overline{X})^2 = S_n^2$$

$$= \frac{n-1}{n} \frac{1}{n-1}\sum_{i=1}^n (X_i - \overline{X})^2 = \frac{n-1}{n} S^2,$$

其中 $S_n^2 = \frac{1}{n}\sum_{i=1}^n (X_i - \overline{X})^2, S^2 = \frac{1}{n-1}\sum_{i=1}^n (X_i - \overline{X})^2$ 为样本的方差.

此例说明：总体均值与方差的矩估计量的表达式不因不同的总体分布而异. 同时，从结果中可以看出，总体均值的矩估计量是样本的均值，但总体方差的矩估计量却不是样本的方差 $S^2 = \frac{1}{n-1}\sum_{i=1}^n (X_i - \overline{X})^2$，而是 $S_n^2 = \frac{1}{n}\sum_{i=1}^n (X_i - \overline{X})^2$.

7.1.2　最大似然估计

1. 最大似然估计法的思想

"似然"的字面意义就是看起来. 在得到样本的情况下，用哪一个值去估计 θ 呢? 当然要取那个"看起来最像"的值，因此，在有了试验观察结果 x_1，x_2，$\cdots$，x_n 后，自然会关心，参数 θ 取不同值时，导出这个观察结果的可能性如何? 我们必然会给参数 θ 选取这样一个数值，使得前面观察结果出现的可能性最大. 也就是说，我们所取得参数 θ 的估计量能使似然函数 L 达到最大值. 这就是最大似然估计的基本思想. 即在已经得到实验结果的情况下，应该寻找使这个结果出现的可能性最大的那个 θ 作为 θ 的估计 $\hat{\theta}$.

定义 1　设总体 X 是离散型的，概率分布为
$$P\{X=x\}=p(x;\ \theta),$$
其中 θ 为未知参数. 设 X_1，X_2，$\cdots$，X_n 是取自总体 X 的样本，x_1，x_2，$\cdots$，x_n 为样本的观察值，则样本的联合分布律
$$P\{X_1=x_1,\cdots,X_n=x_n\}=\prod_{i=1}^{n}p(x_i;\theta),$$
对确定的样本观察值 x_1，x_2，$\cdots$，x_n，它是未知参数 θ 的函数，记为
$$L(\theta)=L(x_1,x_2,\cdots,x_n;\theta)=\prod_{i=1}^{n}p(x_i;\theta),$$
称之为样本的似然函数.

定义 2　设连续型总体 X 的概率密度为 $f(x;\ \theta)$，其中 θ 为未知参数，定义其似然函数为
$$L(\theta)=L(x_1,x_2,\cdots,x_n,\theta)=\prod_{i=1}^{n}f(x_i;\theta).$$

似然函数 $L(\theta)$ 的值的大小意味着该样本值出现的可能性的大小，在已得到样本值 x_1，x_2，$\cdots$，x_n 的情况下，则应该选择使 $L(\theta)$ 达到最大值的那个 θ 作为 θ 的估计 $\hat{\theta}$. 这种求点估计的方法称为最大似然估计法.

定义 3　若对任意给定的样本值 x_1，x_2，$\cdots$，x_n，存在
$$\hat{\theta}=\hat{\theta}(x_1,\ x_2,\ \cdots,\ x_n),$$
使
$$L(\hat{\theta})=\max_{\theta}L(\theta),$$
则称 $\hat{\theta}=\hat{\theta}(x_1,\ x_2,\ \cdots,\ x_n)$ 为 θ 的最大似然估计值. 称 $\hat{\theta}(X_1,\ X_2,\ \cdots,\ X_n)$ 为 θ 的最大似然估计量.

2. 求最大似然估计量的步骤

（1）写出似然函数
$$L(\theta)=L(x_1,x_2,\cdots,x_n;\theta)=\prod_{i=1}^{n}p(x_i;\theta)$$
或
$$L(\theta)=L(x_1,x_2,\cdots,x_n;\theta)=\prod_{i=1}^{n}f(x_i;\theta).$$

（2）求似然估计量.

① 取对数 $\ln L(x_1,\ x_2,\ \cdots,\ x_n;\ \theta)$；

② 求导 $\dfrac{\mathrm{d}\ln L(\theta)}{\mathrm{d}\theta}$，令 $\dfrac{\mathrm{d}\ln L(\theta)}{\mathrm{d}\theta}=0$；

③ 解出 θ，即为所求的最大似然估计量 $\hat{\theta}$.

例 6　设 $X \sim b(1, p)$，X_1，X_2，$\cdots$，X_n 是取自总体 X 的一个样本，试求参数 p 的最大似然估计值.

解　总体 X 的分布律

$$P\{X=x\}=p^x(1-p)^{1-x}, \quad x=0, 1,$$

似然函数

$$L(p) = \prod_{i=1}^{n} p^{x_i}(1-p)^{1-x_i} = p^{\sum_{i=1}^{n} x_i}(1-p)^{n-\sum_{i=1}^{n} x_i},$$

取对数

$$\ln L(p) = \left(\sum_{i=1}^{n} x_i\right)\ln p + \left(n - \sum_{i=1}^{n} x_i\right)\ln(1-p),$$

令

$$\frac{\mathrm{d}}{\mathrm{d}p}\ln L(p) = \frac{\sum_{i=1}^{n} x_i}{p} - \frac{n - \sum_{i=1}^{n} x_i}{1-p} = 0,$$

解得 p 的最大似然估计值

$$\hat{p} = \frac{1}{n}\sum_{i=1}^{n} x_i = \bar{x}.$$

例 7　设随机变量 X 的密度函数为

$$f(x, \theta) = \begin{cases} \dfrac{1}{\theta}\mathrm{e}^{-\frac{x}{\theta}}, & x>0, \ \theta>0, \\ 0, & \text{其他}, \end{cases}$$

X_1，X_2，$\cdots$，X_n 是取自总体 X 的一组正的样本值，求 θ 的最大似然估计量.

解　似然函数为

$$L(\theta) = L(x_1, x_2, \cdots, x_n; \theta) = \prod_{i=1}^{n} f(x_i; \theta) = \prod_{i=1}^{n} \frac{1}{\theta}\mathrm{e}^{-\frac{x_i}{\theta}} = \frac{1}{\theta^n}\mathrm{e}^{-\sum_{i=1}^{n}\frac{x_i}{\theta}},$$

取对数

$$\ln L = -n\ln\theta - \frac{1}{\theta}\sum_{i=1}^{n} x_i,$$

令

$$\frac{\mathrm{d}\ln L}{\mathrm{d}\theta} = -\frac{n}{\theta} + \frac{1}{\theta^2}\sum_{i=1}^{n} x_i = 0,$$

解得

$$\hat{\theta} = \bar{x},$$

因此，$\bar{X}$ 就是 θ 的最大似然估计量.

例 8　总体 X 的概率密度为

$$f(x) = \begin{cases} \theta x^{\theta-1}, & 0<x<1, \\ 0, & \text{其他}. \end{cases}$$

其中 $\theta>0$ 未知，X_1，X_2，$\cdots$，X_n 是 X 的一个样本，求参数 θ 最大似然估计量.

解　似然函数为

$$L(\theta) = \prod_{i=1}^{n} f(x_i, \theta) = \theta^n \left(\prod_{i=1}^{n} x_i\right)^{\theta-1},$$

取对数

$$\ln L(\theta) = n\ln \theta + (\theta - 1)\Big(\sum_{i=1}^{n} \ln x_i \Big),$$

令

$$\frac{\mathrm{d}\ln L(\theta)}{\mathrm{d}\theta} = \frac{n}{\theta} + \sum_{i=1}^{n} \ln x_i = 0,$$

得到参数 θ 最大似然估计值为

$$\hat{\theta} = -\frac{n}{\sum\limits_{i=1}^{n} \ln x_i},$$

参数 θ 最大似然估计量为

$$\hat{\theta} = -\frac{n}{\sum\limits_{i=1}^{n} \ln X_i}.$$

最大似然估计法也适用于分布中含有多个未知参数 θ_1，θ_2，$\cdots$，θ_k 的情形.

若 $L(x，\theta)$ 对 $\theta_i(i=1，2，\cdots，k)$ 的偏导数存在，最大似然估计 $\hat{\theta}$ 应满足方程组

$$\frac{\partial L}{\partial \theta_i} = 0, \quad i = 1, 2, \cdots, k, \tag{7-1-1}$$

称式(7-1-1)为**似然方程组**. 由于在许多情况下，求 $\ln L(x，\theta)$ 的最大值点比较简单，而且 $\ln x$ 是 x 的严格增函数，因此在 $\ln L(x，\theta)$ 对 $\theta_i(i=1，2，\cdots，k)$ 的偏导数存在的情况下，$\hat{\theta}$ 可由

$$\frac{\partial \ln L}{\partial \theta_i} = 0, \quad i = 1, 2, \cdots, k, \tag{7-1-2}$$

求得. 称(7-1-2)为**对数似然方程组**. 解这一方程组，若 $\ln L(x，\theta)$ 的驻点唯一，又能验证它是一个最大值点，则它必是 $\ln L(x，\theta)$ 的最大值点，即为所求的最大似然估计.

但若驻点不唯一，则需进一步判断哪一个为最大值点. 还需指出的是，若 $\ln L(x，\theta)$ 对 $\theta_i(i=1，2，\cdots，k)$ 的偏导数不存在，或偏导存在却无驻点，则我们无法得到方程组，这时必须根据最大似然估计的定义直接求 $L(x，\theta)$ 的最大值点.

例 9 设 X_1，X_2，$\cdots$，X_n 是总体 $X \sim N(\mu，\sigma^2)$ 的样本，求 μ 与 σ^2 的最大似然估计量.

解 X 的概率密度为

$$f(x; \mu, \sigma^2) = \frac{1}{\sqrt{2\pi}\sigma} e^{-\frac{(x-\mu)^2}{2\sigma^2}},$$

似然函数为

$$L(\mu, \sigma^2) = \prod_{i=1}^{n} \frac{1}{\sqrt{2\pi}\sigma} e^{-\frac{(x_i-\mu)^2}{2\sigma^2}},$$

$$= \frac{1}{(2\pi)^{\frac{n}{2}} (\sigma^2)^{\frac{n}{2}}} \exp\left\{ -\frac{\sum\limits_{i=1}^{n} (x_i - \mu)^2}{2\sigma^2} \right\},$$

取对数

$$\ln L(\mu, \sigma^2) = -\frac{n}{2}\ln(2\pi) - \frac{n}{2}\ln(\sigma^2) - \frac{1}{2\sigma^2} \sum_{i=1}^{n} (x_i - \mu)^2,$$

令

$$\begin{cases} \dfrac{\partial \ln L(\mu,\sigma^2)}{\partial \mu} = \dfrac{1}{\sigma^2} \sum_{i=1}^{n} (x_i - \mu) = 0, \\[2mm] \dfrac{\partial \ln L(\mu,\sigma^2)}{\partial \sigma^2} = -\dfrac{n}{2\sigma^2} + \dfrac{1}{2\sigma^4} \sum_{i=1}^{n} (x_i - \mu)^2 = 0, \end{cases}$$

解似然方程组，即得 μ 与 σ^2 的最大似然估计量

$$\hat{\mu} = \frac{1}{n} \sum_{i=1}^{n} X_i = \overline{X},$$

$$\hat{\sigma}^2 = \frac{1}{n} \sum_{i=1}^{n} (X_i - \overline{X})^2.$$

例 10 设总体 X 在 $[a, b]$ 上服从均匀分布，a，b 未知，x_1，x_2，$\cdots$，x_n 是一个样本值. 试求 a，b 的最大似然估计量.

解 由于 X 的密度函数为

$$f(x; a, b) = \begin{cases} \dfrac{1}{b-a}, & a \leqslant x \leqslant b, \\[2mm] 0, & \text{其他}. \end{cases}$$

似然函数为

$$L(x_1, x_2, \cdots, x_n; a, b) = \begin{cases} \dfrac{1}{(b-a)^n}, & a \leqslant x_i \leqslant b, \ i = 1, 2, \cdots, n, \\[2mm] 0, & \text{其他}. \end{cases}$$

由于无驻点，该题必须从最大似然估计的定义出发来求 L 的最大值点.

为使 L 达到最大，$b-a$ 应尽量地小，而由最大似然函数的条件 $a \leqslant x_i \leqslant b$ 可知：

$$b \geqslant \max\{x_1, x_2, \cdots, x_n\} = x_b,$$

且

$$a \leqslant \min\{x_1, x_2, \cdots, x_n\} = x_a,$$

$$L(a, b) = \frac{1}{(b-a)^n} \leqslant \frac{1}{(x_b - x_a)^n},$$

因此 a，b 的最大似然估计量为

$$\hat{a} = \min\{X_1, X_2, \cdots, X_n\}, \quad \hat{b} = \max\{X_1, X_2, \cdots, X_n\}.$$

设 θ 的函数 $u = u(\theta)$，$\theta \in \Theta$，具有单值反函数 $\theta = \theta(u)$，又设 $\hat{\theta}$ 是 X 的密度函数 $f(x; \theta)$ [或分布律 $p(x; \theta)$] （形式已知）中参数 θ 的最大似然估计，则 $\hat{\mu} = \mu(\hat{\theta})$ 是 $u(\theta)$ 的最大似然估计. 这一性质称为最大似然函数估计的不变性.

例 11 设总体 X 服从参数为 λ 的泊松分布，概率分布为

$$P(X = k) = \frac{\lambda^k}{k!} e^{-\lambda}, \ k = 0, 1, \cdots,$$

$\lambda > 0$ 为未知参数. $(X_1, X_2, \cdots, X_n)$ 为来自 X 的样本，求 $U = e^{\lambda}$ 的极大似然估计值.

解 似然函数为

$$L(x_1, x_2, \cdots, x_n; \lambda) = \prod_{i=1}^{n} \frac{\lambda^{x_i}}{x_i!} e^{-\lambda} = e^{-n\lambda} \frac{\lambda^{\sum_{i=1}^{n} x_i}}{\prod_{i=1}^{n} x_i!},$$

取对数

$$\ln L(x_1,x_2,\cdots,x_n;\lambda) = -n\lambda + \ln\lambda \sum_{i=1}^n x_i - \sum_{i=1}^n \ln x_i,$$

令

$$\frac{\mathrm{d}\ln L}{\mathrm{d}\lambda} = -n + \frac{1}{\lambda}\sum_{i=1}^n x_i = 0,$$

由于 $\dfrac{\mathrm{d}^2\ln L}{\mathrm{d}\lambda^2}<0$，故似然函数在 $\bar{x}$ 处达到最大值，从而 λ 的最大似然估计值为

$$\hat{\lambda} = \bar{x} = \frac{1}{n}\sum_{i=1}^n x_i,$$

由于 $U=e^{\lambda}$ 具有单调反函数，故由最大似然函数估计的不变性知 $U=e^{\lambda}$ 的最大似然估计值为

$$\hat{U} = e^{\hat{\lambda}},$$

其中 $\hat{\lambda} = \bar{x} = \dfrac{1}{n}\sum_{i=1}^n x_i$.

§2　估计量的评选标准

对于同一参数，用不同方法来估计，结果可能是一样的，如第七章 §1 节中的例 1 和例 5，两点分布的参数 p 的矩估计量和最大似然估计量都是样本均值 $\bar{x}$；但结果也可能是不一样的，例如第七章 §1 节中的例 3 和例 7，参数 θ 的矩估计量为 $\hat{\theta} = \dfrac{\overline{X}}{1-\overline{X}}$，而参数 θ 的最大似然估计量为 $\hat{\theta} = -\dfrac{n}{\sum\limits_{i=1}^n \ln X_i}$．既然估计的结果可能不是唯一的，那么究竟孰优孰劣？这里首先就有一个标准的问题．我们总希望用一个最好的估计量来估计参数．注意到，由于样本是随机变量，所以作为样本函数的估计量也是随机变量，它的取值是随观察结果而定的，因此评价一个估计量的优劣不能仅从它一次具体观测值来衡定，而应从估计量本身，根据不同的要求，评价估计量的优劣．下面我们介绍几种常见的评价估计量优良的标准．

7.2.1　无偏性

设 X_1，X_2，$\cdots$，X_n 是总体 X 的一个样本，$\theta\in\Theta$ 是包含在总体 X 的分布中的待估参数，这里 Θ 是 θ 的范围．

定义 1　设估计量 $\hat{\theta}=\hat{\theta}(X_1$，$X_2$，$\cdots$，$X_n)$ 的数学期望 $E(\hat{\theta})$ 存在，若对于任意的 $\theta\in\Theta$，都有

$$E_{\theta}(\hat{\theta}) = \theta,$$

则称 $\hat{\theta}$ 是 θ 的无偏估计量．

估计量的无偏性是说对于某些样本值，由这一估计量得到的估计值相对于真值来说有些偏大，有些则偏小．反复将这一估计量使用多次，就"平均"来说其偏差为零．

例 1　证明：$\overline{X}$ 是总体期望值 $E(X)=\mu$ 的无偏估计．

证明　$E(\overline{X}) = E\left(\dfrac{1}{n}\sum_{i=1}^n X_i\right) = \dfrac{1}{n}\sum_{i=1}^n E(X_i) = \dfrac{1}{n}n\mu = \mu,$

故 $\overline{X}$ 是总体期望值 $E(X)=\mu$ 的无偏估计.

例 2　证明：$\hat{\sigma}^2 = S_n^2 = \dfrac{1}{n}\sum\limits_{i=1}^{n}(X_i-\overline{X})^2$ 不是总体方差 $D(X)=\sigma^2$的无偏估计量.

证明　$E(\overline{X})=E\left(\dfrac{1}{n}\sum\limits_{i=1}^{n}X_i\right)=\dfrac{1}{n}\sum\limits_{i=1}^{n}E(X_i)=\dfrac{1}{n}n\mu=\mu,$

$$D(\overline{X})=D\left(\dfrac{1}{n}\sum\limits_{i=1}^{n}X_i\right)=\dfrac{1}{n^2}\sum\limits_{i=1}^{n}D(X_i)=\dfrac{1}{n^2}n\sigma^2=\dfrac{\sigma^2}{n}.$$

$$E(\hat{\sigma}^2)=E\left[\dfrac{1}{n}\sum\limits_{i=1}^{n}(X_i-\overline{X})^2\right]=E\left[\dfrac{1}{n}\left(\sum\limits_{i=1}^{n}X_i{}^2-n\overline{X}^2\right)\right]$$

$$=\dfrac{1}{n}\sum\limits_{i=1}^{n}E(X_i{}^2)-E(\overline{X}^2)=\dfrac{1}{n}\sum\limits_{i=1}^{n}(\mu^2+\sigma^2)-\left(\mu^2+\dfrac{\sigma_2}{n}\right)$$

$$=\dfrac{1}{n}\cdot n\mu^2+\dfrac{1}{n}\cdot n\sigma^2-\mu^2-\dfrac{\sigma^2}{n}=\dfrac{n-1}{n}\sigma^2\neq\sigma^2.$$

因此 $\hat{\sigma}^2 = \dfrac{1}{n}\sum\limits_{i=1}^{n}(X_i-\overline{X})^2$ 不是总体方差 $D(X)=\sigma^2$的无偏估计量.

同理可证，样本的方差 S^2 是总体方差 $D(X)=\sigma^2$的无偏估计量. 因此，常用样本的方差 S^2 作为总体方差 σ^2的估计量而不用 $S_n^2 = \dfrac{1}{n}\sum\limits_{i=1}^{n}(X_i-\overline{X})^2$.

例 3　设总体 X 服从指数分布，概率密度为

$$f(x,\ \theta)=\begin{cases}\dfrac{1}{\theta}\mathrm{e}^{-\frac{x}{\theta}}, & x>0,\ \theta>0,\\[2mm] 0, & \text{其他},\end{cases}$$

其中 $\theta>0$ 为未知，$X_1,\ X_2,\ \cdots,\ X_n$是 X 的一样本，试证：$\overline{X}$ 和 $nZ=n[\min\{X_1,\ X_2,\ \cdots,\ X_n\}]$ 都是 θ 的无偏估计.

证明　因为

$$E(\overline{X})=E(X)=\theta,$$

所以 $\overline{X}$ 是 θ 的无偏估计.

而 $Z=\min\{X_1,\ X_2,\ \cdots,\ X_n\}$，其密度为

$$f_{\min}(x,\ \theta)=\begin{cases}\dfrac{n}{\theta}\mathrm{e}^{-\frac{nx}{\theta}}, & x>0,\\[2mm] 0, & \text{其他}.\end{cases}$$

则 Z 服从参数为 $\dfrac{\theta}{n}$ 的指数分布，$E(Z)=\dfrac{\theta}{n}\Rightarrow E(n\theta)=\theta$，即 nZ 是 θ 的无偏估计.

由此可见，一个未知参数可以有不同的无偏估计. 事实上，$X_1,\ X_2,\ \cdots,\ X_n$中的每一个均可作为 θ 的无偏估计.

7.2.2　有效性

无偏估计量只说明估计量的取值在真值周围摆动，但这个"周围"究竟有多大？我们自然希望摆动范围越小越好，即估计量的取值的集中程度要尽可能的高. 由于方差是随机变量取值与其数学期望的偏离程度，所以无偏估计以方差小者为好. 这就引出了估计量的有效性的概念.

定义 2　设 $\hat{\theta}_1=\hat{\theta}_1(X_1,\ X_2,\ \cdots,\ X_n)$，$\hat{\theta}_2=\hat{\theta}_2(X_1,\ X_2,\ \cdots,\ X_n)$是参数 θ 的无偏估计

量，若对于任意的 $\theta\in\Theta$，都有

$$D(\hat{\theta}_1)\leqslant D(\hat{\theta}_2),$$

且至少对于某一个 $\theta\in\Theta$，上式中的不等号成立，则称 $\hat{\theta}_1$ 较 $\hat{\theta}_2$ 有效.

例 4 设总体 X 服从指数分布，概率密度为

$$f(x,\theta)=\begin{cases}\dfrac{1}{\theta}\mathrm{e}^{-\frac{x}{\theta}}, & x>0,\ \theta>0,\\[2mm] 0, & \text{其他.}\end{cases}$$

其中 $\theta>0$ 为未知，$X_1,X_2,\cdots,X_n$ 是 X 的一样本，已知 $\overline{X}$ 和 $nZ=n[\min\{X_1,X_2,\cdots,X_n\}]$ 都是 θ 的无偏估计. 试证：当 $n>1$ 时，θ 的无偏估计 $\overline{X}$ 较 nZ 有效.

证明 因为 $D(X)=\theta^2$，所以 $D(\overline{X})=\dfrac{\theta^2}{n}$.

又 $D(Z)=\dfrac{\theta^2}{n^2}$，所以 $D(nZ)=\theta^2$.

当 $n>1$ 时，显然有 $D(\overline{X})<D(nZ)$，故 $\overline{X}$ 较 nZ 有效.

7.2.3 相合性

无偏性和有效性都是在样本容量固定的前提下提出的. 随着样本容量的增大，一个估计量的值是否稳定于待估参数的真值呢？这就对估计量提出了相合性的要求.

定义 3 设 $\hat{\theta}(X_1,X_2,\cdots,X_n)$ 为参数 θ 的估计量，若对于任意的 $\theta\in\Theta$，当 $n\to\infty$ 时，$\hat{\theta}$ 依概率收敛于 θ，则称 $\hat{\theta}$ 是 θ 的相合估计量. 也称 $\hat{\theta}$ 是 θ 的一致性估计量.

例 5 若总体 $X\sim N(\mu,\sigma^2)$，$X_1,X_2,\cdots,X_n$ 是来自总体 X 的容量为 n 的样本. 证明：μ 的估计量 $\hat{\mu}=\overline{X}$ 是 μ 的一致估计.

证明 $X_1,X_2,\cdots,X_n$ 是来自总体 X 的容量为 n 的样本，则 $E(X_i)=\mu$，$D(X_i)=\sigma^2$，$i=1,2,\cdots,n$，则由大数定律知，$\overline{X}$ 依概率收敛于 μ，即

$$\lim_{n\to\infty}P(|\overline{X}-\mu|<\varepsilon)=1.$$

也即未知参数 μ 的估计量 $\hat{\mu}=\overline{X}$ 是 μ 的一致估计量.

§3 区间估计

若只是对总体的某个未知参数 θ 的值进行统计推断，那么点估计是一种很有用的形式，即只要得到样本观测值 $(x_1,x_2,\cdots,x_n)$，点估计值 $\hat{\theta}(x_1,x_2,\cdots,x_n)$ 能给我们对 θ 的值有一个明确的数量概念. 但是 $\hat{\theta}(x_1,x_2,\cdots,x_n)$ 仅仅是 θ 的一个近似值，它并没有反映出这个近似值的误差范围，这对实际工作来说都是不方便的，而区间估计正好弥补了点估计的这个缺陷. 区间估计是指由两个取值于 Θ 的统计量 $\hat{\theta}_1,\hat{\theta}_2$ 组成一个区间，对于一个具体问题得到的样本值之后，便给出了一个具体的区间 $(\hat{\theta}_1,\hat{\theta}_2)$，使参数 θ 尽可能地落在该区间内.

事实上，由于 $\hat{\theta}_1$，$\hat{\theta}_2$ 是两个统计量，所以 $(\hat{\theta}_1, \hat{\theta}_2)$ 实际上是一个随机区间，它覆盖 θ 即 $\theta \in (\hat{\theta}_1, \hat{\theta}_2)$ 就是一个随机事件，而 $P\{\theta \in (\hat{\theta}_1, \hat{\theta}_2)\}$ 就反映了这个区间估计的可信程度；另一方面，区间长度 $\hat{\theta}_2 - \hat{\theta}_1$ 也是一个随机变量，$E(\hat{\theta}_2 - \hat{\theta}_1)$ 反映了区间估计的精确程度. 我们自然希望反映可信程度越大越好，反映精确程度的区间长度越小越好. 但在实际问题，二者常常不能兼顾. 为此，这里引入置信区间的概念，并给出在一定可信程度的前提下求置信区间的方法，使区间的平均长度最短.

定义 1　设总体 X 的分布函数 $F(x; \theta)$ 含有一个未知参数 θ，$\theta \in \Theta$，（Θ 是 θ 可能取值的范围），对于给定的 $\alpha (0 < \alpha < 1)$，若由来自总体 X 的样本 X_1，X_2，$\cdots$，X_n 确定的两个统计量 $\hat{\theta}_1(X_1, X_2, \cdots, X_n)$ 和 $\hat{\theta}_2(X_1, X_2, \cdots, X_n)(\hat{\theta}_1 < \hat{\theta}_2)$，对于任意的 $\theta \in \Theta$ 满足：

$$P\{\hat{\theta}_1 < \theta < \hat{\theta}_2\} \geqslant 1 - \alpha,$$

则称 $(\hat{\theta}_1, \hat{\theta}_2)$ 为 θ 的置信水平为 $1 - \alpha$ 的置信区间，$1 - \alpha$ 称为置信水平或置信度，$\hat{\theta}_1$ 称为双侧置信区间的置信下限，$\hat{\theta}_2$ 称为置信上限.

当 X 是连续型随机变量时，对于给定的 α，按要求 $P\{\hat{\theta}_1 < \theta < \hat{\theta}_2\} = 1 - \alpha$ 求出置信区间；而当 X 是离散型随机变量时，对于给定的 α，常常找不到区间 $(\hat{\theta}_1, \hat{\theta}_2)$ 使得 $P\{\hat{\theta}_1 < \theta < \hat{\theta}_2\}$ 恰为 $1 - \alpha$，此时我们去找区间 $(\hat{\theta}_1, \hat{\theta}_2)$，使 $P\{\hat{\theta}_1 < \theta < \hat{\theta}_2\}$ 至少为 $1 - \alpha$，且尽可能接近 $1 - \alpha$.

$P\{\hat{\theta}_1 < \theta < \hat{\theta}_2\} \geqslant 1 - \alpha$ 意义在于：若反复抽样多次，（各次得到的样本的容量相等，都是 n）每个样本值确定一个区间 $(\hat{\theta}_1, \hat{\theta}_2)$，每个这样的区间要么包含 θ 的真值，要么不包含 θ 的真值，据伯努利大数定律，在这样多的区间中，包含 θ 真值的约占 $1 - \alpha$，不包含 θ 真值的约仅占 α，比如，$\alpha = 0.005$，反复抽样 1 000 次，则得到的 1 000 个区间中不包含 θ 真值的区间仅为 5 个.

例 1　设总体 $X \sim N(\mu, \sigma^2)$，σ^2 为已知，μ 为未知，X_1，X_2，$\cdots$，X_n 是来自 X 的一个样本，求 μ 的置信水平为 $1 - \alpha$ 的置信区间.

解　已知 $\overline{X}$ 是 μ 的无偏估计，且有

$$U = \frac{\overline{X} - \mu}{\dfrac{\sigma}{\sqrt{n}}} \sim N(0, 1),$$

据标准正态分布的上 α 分位点的定义（如图 7-1 所示）

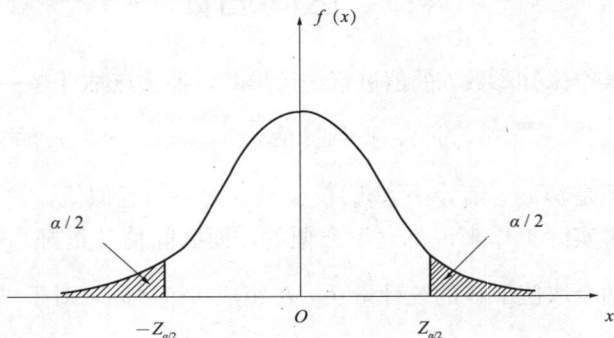

图 7-1

有
$$P\{\,|U|<z_{\frac{\alpha}{2}}\}=1-\alpha,$$

即
$$P\left\{\overline{X}-\frac{\sigma}{\sqrt{n}}z_{\frac{\alpha}{2}}<\mu<\overline{X}+\frac{\sigma}{\sqrt{n}}z_{\frac{\alpha}{2}}\right\}=1-\alpha,$$

所以 μ 的置信水平为 $1-\alpha$ 的置信区间为
$$\left(\overline{X}-\frac{\sigma}{\sqrt{n}}z_{\frac{\alpha}{2}},\ \overline{X}+\frac{\sigma}{\sqrt{n}}z_{\frac{\alpha}{2}}\right),$$

简写成
$$\left(\overline{X}\pm\frac{\sigma}{\sqrt{n}}z_{\frac{\alpha}{2}}\right).$$

其置信区间的长度为
$$2\times\frac{\sigma}{\sqrt{n}}z_{\frac{\alpha}{2}}.$$

比如，$\alpha=0.05$ 时，$1-\alpha=0.95$，查表得：$z_{\frac{\alpha}{2}}=z_{0.025}=1.96$，又若 $n=16$，$\sigma=1$，$\overline{x}=5.2$，则得到一个置信水平为 0.95 的置信区间为
$$\left(5.2\pm\frac{1}{\sqrt{16}}\times1.96\right),$$

即 $(4.71,\ 5.69)$.

注意：此时，该区间已不再是随机区间了，但仍称它为置信水平为 0.95 的置信区间，其含义是指："该区间包含 μ"这一陈述的可信程度为 95%. 而若写成 $P\{4.91\leqslant\mu\leqslant5.89\}=0.95$ 则是错误的，因为此时该区间要么包含 μ，要么不包含 μ.

置信水平为 $1-\alpha$ 的置信区间并不唯一.

对于给定的 $\alpha=0.05$，μ 的置信水平为 0.95 的置信区间为
$$\left(\overline{X}\pm\frac{\sigma}{\sqrt{n}}z_{0.025}\right),$$

置信区间的长度为
$$L_1=2\times\frac{\sigma}{\sqrt{n}}z_{0.025}=3.92\times\frac{\sigma}{\sqrt{n}}.$$

又有
$$P\left\{-z_{0.04}<\frac{\overline{X}-\mu}{\sigma/\sqrt{n}}<z_{0.01}\right\}=0.95,$$

即
$$P\left\{\overline{X}-\frac{\sigma}{\sqrt{n}}z_{0.01}<\mu<\overline{X}+\frac{\sigma}{\sqrt{n}}z_{0.04}\right\}=0.95.$$

故 $\left(\overline{X}-\frac{\sigma}{\sqrt{n}}z_{0.01},\ \overline{X}+\frac{\sigma}{\sqrt{n}}z_{0.04}\right)$ 也是 μ 的置信水平为 0.95 的置信区间.

其置信区间的长度为
$$L_2=\frac{\sigma}{\sqrt{n}}(z_{0.04}+z_{0.01})=4.08\times\frac{\sigma}{\sqrt{n}}>L_1,$$

置信区间短表示估计的精度高，故前一个区间较后一个区间为优.

说明：对于概率密度的图形是单峰且关于纵坐标轴对称的情况，易证取 a 和 b 关于原点对称时，能使置信区间长度最小，因此选用这样的区间.

求未知参数 θ 的置信区间的一般步骤如下：

(1)寻求一个样本 X_1，X_2，$\cdots$，X_n 的函数 $W(X_1$，X_2，$\cdots$，X_n；$\theta)$；它包含待估参数 θ，而不包含其他未知参数，并且 W 的分布已知，且不依赖于任何未知参数. 称具有这种性质的函数 W 为**枢轴量**.

(2)对于给定的置信水平 $1-\alpha$，定出两个常数 a，b，使
$$P\{a<W(X_1，X_2，\cdots，X_n；\theta)<b\}=1-\alpha.$$

从 $a<W(X_1$，X_2，$\cdots$，X_n；$\theta)<b$ 中得到不等式 $\hat{\theta}_1<\theta<\hat{\theta}_2$，其中：$\hat{\theta}_1=\hat{\theta}_1(X_1$，$X_2$，$\cdots$，$X_n)$，$\hat{\theta}_2=\hat{\theta}_2(X_1$，$X_2$，$\cdots$，$X_n)$都是统计量，则 $(\hat{\theta}_1$，$\hat{\theta}_2)$ 就是 θ 的一个置信水平为 $1-\alpha$ 的置信区间.

§4　正态总体的均值与方差的区间估计

下面就正态总体的期望和方差，给出其置信区间.

7.4.1　单个正态总体期望与方差的区间估计

设总体 $X\sim N(\mu$，$\sigma^2)$，X_1，X_2，$\cdots$，X_n 为来自 X 的一个样本，$\overline{X}$，S^2 分别是样本均值和样本方差. 已给定置信水平为 $1-\alpha$.

1. 均值 μ 的置信区间

(1)当 σ^2 已知时，由第七章 §3 例1 可得枢轴量为
$$U=\frac{\overline{X}-\mu}{\sigma/\sqrt{n}}\sim N(0，1)，$$

μ 的置信水平为 $1-\alpha$ 的置信区间为
$$\left(\overline{X}\pm\frac{\sigma}{\sqrt{n}}z_{\frac{\alpha}{2}}\right).$$

例1　设某种油漆的 9 个样品，其干燥时间(以 h 计)分别为
$$6.0，5.7，5.8，6.5，7.0，6.3，5.6，6.1，5.0，$$
设干燥时间服从 $N(\mu$，$\sigma^2)$，求当 $\sigma=0.6$ h 时 μ 的置信水平为 95% 的置信区间.

解　μ 的置信水平为 0.95 的置信区间为
$$\left(\overline{X}\pm\frac{\sigma}{\sqrt{n}}z_{0.025}\right)，$$

由 $n=9$，$\sigma=0.6$，$\alpha=0.05$，$z_{0.025}=1.96$，$\overline{X}=6$ 可得 μ 的置信水平为 0.95 的置信区间为
$$(5.608，6.392).$$

(2)当 σ^2 未知时，已知：S^2 是 σ^2 的无偏估计，据抽样分布，有枢轴量为
$$T=\frac{\overline{X}-\mu}{S/\sqrt{n}}\sim t(n-1).$$

由自由度为 $n-1$ 的 t 分布的分位点的定义（如图 $7-2$ 所示），有

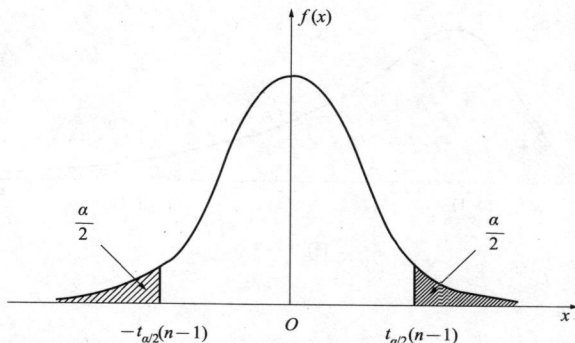

图 $7-2$

$$P\left\{-t_{\alpha/2}(n-1)<\frac{\overline{X}-\mu}{S/\sqrt{n}}<t_{\alpha/2}(n-1)\right\}=1-\alpha,$$

即

$$P\left\{\overline{X}-\frac{S}{\sqrt{n}}t_{\alpha/2}(n-1)<\mu<\overline{X}+\frac{S}{\sqrt{n}}t_{\alpha/2}(n-1)\right\}=1-\alpha.$$

所以 μ 的置信水平为 $1-\alpha$ 的置信区间为

$$\left(\overline{X}\pm\frac{S}{\sqrt{n}}t_{\alpha/2}(n-1)\right).$$

例 2 设 X_1，X_2，…，X_n 是来自正态总体 $N(\mu,\ \sigma^2)$ 的一个样本，已知 $n=40$，σ^2 未知，$\overline{X}=2.7$，$\sum\limits_{i=1}^{n}(X_i-\overline{X})=225$，求 μ 的置信水平为 95% 的置信区间.

解 σ 未知时，总体均值 μ 的置信水平为 0.95 的置信区间为

$$\left(\overline{X}\pm\frac{S}{\sqrt{n}}t_{\alpha/2}(n-1)\right),$$

$\overline{X}=2.7$，$n=40$，$1-\alpha=0.95$，$\alpha=0.05$，$t_{0.025}(40)=2.021\,1$，

$$S^2=\frac{1}{n-1}\sum_{i=1}^{n}(X_i-\overline{X})=\frac{225}{39},S=2.401\,9,$$

则

$$\overline{X}-t_{\alpha/2}\frac{S}{\sqrt{n}}=2.7-2.306\times\frac{0.158\,1}{\sqrt{9}}=4.878,$$

$$\overline{X}+t_{\alpha/2}\frac{S}{\sqrt{n}}=2.7+2.306\times\frac{0.158\,1}{\sqrt{9}}=5.122.$$

故所求总体均值 μ 的置信水平为 0.95 的置信区间为

$$(4.878,\ 5.122).$$

2. 方差 σ^2 的置信区间

这里只介绍 μ 未知的情形，如下.

有枢轴量

$$\chi^2=\frac{(n-1)S^2}{\sigma^2}\sim\chi^2(n-1),$$

据 $\chi^2(n-1)$ 分布的分位点的定义(如图 7-3 所示)

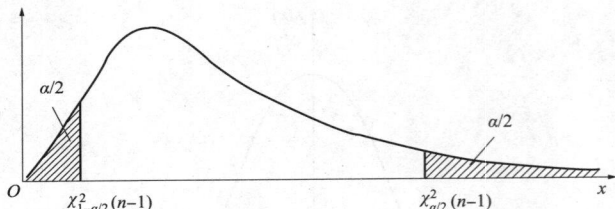

图 7-3

有

$$P\left\{\chi^2_{1-\alpha/2}(n-1)<\frac{(n-1)S^2}{\sigma^2}<\chi^2_{\alpha/2}(n-1)\right\}=1-\alpha,$$

即

$$P\left\{\frac{(n-1)S^2}{\chi^2_{\alpha/2}(n-1)}<\sigma^2<\frac{(n-1)S^2}{\chi^2_{1-\alpha/2}(n-1)}\right\}=1-\alpha,$$

可以得到 σ^2 的一个置信水平为 $1-\alpha$ 的置信区间为

$$\left(\frac{(n-1)S^2}{\chi^2_{\alpha/2}(n-1)},\ \frac{(n-1)S^2}{\chi^2_{1-\alpha/2}(n-1)}\right).$$

进一步还可以得到 σ 的置信水平为 $1-\alpha$ 的置信区间为

$$\left(\frac{\sqrt{n-1}S}{\sqrt{\chi^2_{\alpha/2}(n-1)}},\ \frac{\sqrt{n-1}S}{\sqrt{\chi^2_{1-\alpha/2}(n-1)}}\right).$$

注意:当分布不对称时,如 χ^2 分布和 F 分布,习惯上仍然取其对称的分位点,来确定置信区间,但所得区间不是最短的.

例 3　某厂生产一批金属材料,其抗弯强度服从正态分布,现从这批金属材料中抽取 11 个测试件,测得它们的抗弯强度分别为(单位:kg)

42.5,42.7,43.0,42.3,43.4,44.5,44.0,43.8,44.1,43.9,43.7,

求抗弯强度标准差 σ 的置信水平为 0.90 的置信区间.

解　μ 未知时,总体标准差 σ 的置信水平为 0.90 的置信区间为

$$\left(\frac{\sqrt{n-1}S}{\sqrt{\chi^2_{\alpha/2}(n-1)}},\ \frac{\sqrt{n-1}S}{\sqrt{\chi^2_{1-\alpha/2}(n-1)}}\right),$$

已知,$\alpha/2=0.05$,$1-\alpha/2=0.95$,$n-1=10$,查 χ^2 分布的临界值表得

$$\chi^2_{0.05}(10)=18.307,\ \chi^2_{0.975}(10)=3.94,\ S=0.7216,$$

于是得到标准差 σ 的置信水平为 0.95 的置信区间为

$$\left(\frac{\sqrt{10}\times0.7216}{\sqrt{18.307}},\ \frac{\sqrt{10}\times0.7216}{\sqrt{3.94}}\right)=(0.5333,\ 1.1496).$$

7.4.2　两个正态总体的情形

在实际中常遇到下面的问题:已知产品的某一质量指标服从正态分布,但由于原料、设备条件、操作人员不同,或工艺过程的改变等因素,引起总体均值、总体方差有所改变,我们需要知道这些变化有多大,这就需要考虑两个正态总体均值差或方差比的估计问题.

设已给定置信水平为 $1-\alpha$, 总体 $X \sim N(\mu_1, \sigma_1^2)$, 总体 $Y \sim N(\mu_2, \sigma_2^2)$. 且 X 与 Y 相互独立, $X_1, X_2, \cdots, X_{n_1}$ 来自 X 的一个样本, $Y_1, Y_2, \cdots, Y_{n_2}$ 为来自 Y 的一个样本, 且设 $\overline{X}, \overline{Y}, S_1^2, S_2^2$ 分别为总体 X 与 Y 的样本均值与样本方差.

1. 两个总体均值差 $\mu_1 - \mu_2$ 的置信区间

(1) 当 σ_1^2, σ_2^2 已知时, $\overline{X}, \overline{Y}$ 分别为 μ_1, μ_2 的无偏估计, 故 $\overline{X} - \overline{Y}$ 是 $\mu_1 - \mu_2$ 的无偏估计, 于是得枢轴量

$$U = \frac{(\overline{X} - \overline{Y}) - (\mu_1 - \mu_2)}{\sqrt{\dfrac{\sigma_1^2}{n_1} + \dfrac{\sigma_2^2}{n_2}}} \sim N(0, 1),$$

所以可以得到 $\mu_1 - \mu_2$ 的置信水平为 $1-\alpha$ 的置信区间为

$$\left(\overline{X} - \overline{Y} \pm z_{\frac{\alpha}{2}} \sqrt{\frac{\sigma_1^2}{n_1} + \frac{\sigma_2^2}{n_2}} \right).$$

(2) 当 $\sigma_1^2 = \sigma_2^2 = \sigma^2$, 且 σ^2 未知时, 若令

$$S_w^2 = \frac{(n_1 - 1)S_1^2 + (n_2 - 1)S_2^2}{n_1 + n_2 - 2},$$

由抽样分布可知有枢轴量

$$T = \frac{(\overline{X} - \overline{Y}) - (\mu_1 - \mu_2)}{\sqrt{\dfrac{1}{n_1} + \dfrac{1}{n_2}} \cdot S_w} \sim t(n_1 + n_2 - 2),$$

从而可得 $\mu_1 - \mu_2$ 的置信水平为 $1-\alpha$ 的置信区间为

$$\left(\overline{X} - \overline{Y} \pm t_{\alpha/2}(n_1 + n_2 - 2) S_w \sqrt{\frac{1}{n_1} + \frac{1}{n_2}} \right).$$

例 4 为提高某一化学生产过程的得率, 试图采用一种新的催化剂, 为慎重起见, 在试验工厂先进行试验. 设采用原来的催化剂进行了 $n_1 = 8$ 次试验, 得率的平均值 $\overline{x}_1 = 91.73$, 样本方差 $S_1^2 = 3.89$; 又采用新的催化剂进行了 $n_2 = 8$ 次试验, 得率的平均值 $\overline{x}_2 = 93.75$, 样本方差 $S_2^2 = 4.02$. 假设两总体都可认为近似地服从正态分布, 且方差相等, 求两总体均值差 $\mu_1 - \mu_2$ 置信水平为 95% 的置信区间.

解 由题设: 两总体的方差相等, 却未知, 故 $\mu_1 - \mu_2$ 的置信水平为 $1-\alpha$ 的置信区间为

$$\left(\overline{X} - \overline{Y} \pm t_{\alpha/2}(n_1 + n_2 - 2) S_w \sqrt{\frac{1}{n_1} + \frac{1}{n_2}} \right).$$

由于 $1-\alpha = 0.95$, $\dfrac{\alpha}{2} = 0.025$, $n_1 = 8$, $n_2 = 8$, $n_1 + n_2 - 2 = 14$, $t_{0.025}(14) = 2.1448$,

$$s_w^2 = \frac{7 \times 3.89 + 7 \times 4.02}{14}, \quad \text{所以 } s_w = \sqrt{s_w^2} = 1.9887.$$

故所求置信区间为

$$\left(\overline{x}_1 - \overline{x}_2 \pm S_w \times t_{0.025}(14) \sqrt{\frac{1}{8} + \frac{1}{8}} \right) = (-2.02 \pm 2.13),$$

即

$$(-4.15, 0.11).$$

在该题中所得下限小于 0, 则认为 μ_1 与 μ_2 没有显著的差别, 相反, 若下限大于 0, 在实际中, 我们认为 μ_1 比 μ_2 大.

2. 两个总体方差比 σ_1^2/σ_2^2 的置信区间(μ_1，μ_2均未知)

据抽样分布知有枢轴量：

$$F=\frac{\dfrac{S_1^2}{\sigma_1^2}}{\dfrac{S_2^2}{\sigma_2^2}}\sim F(n_1-1,\ n_2-1),$$

由 F 分布的分位点定义(如图 7-4 所示)，有

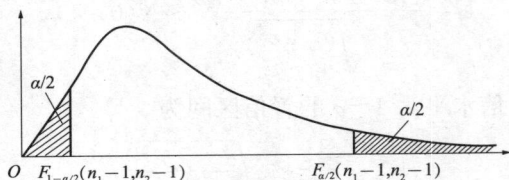

图 7-4

$$P\left\{F_{1-\alpha/2}(n_1-1,\ n_2-1)<\frac{\dfrac{S_1^2}{\sigma_1^2}}{\dfrac{S_2^2}{\sigma_2^2}}<F_{\alpha/2}(n_1-1,\ n_2-1)\right\}=1-\alpha.$$

可得$\dfrac{\sigma_1^2}{\sigma_2^2}$的置信水平为$1-\alpha$的置信区间为

$$\left(\frac{S_1^2}{S_2^2}\frac{1}{F_{\alpha/2}(n_1-1,\ n_2-1)},\ \frac{S_1^2}{S_2^2}\frac{1}{F_{1-\alpha/2}(n_1-1,\ n_2-1)}\right).$$

例 5 设 $X\sim N(\mu_1,\ \sigma_1^2)$，总体 $Y\sim N(\mu_2,\ \sigma_2^2)$，且 X，Y 相互独立，分别在 X，Y 中取容量为 16，31 的样本，算得 $S_1^2=5.15$，$S_2^2=6.18$，求 σ_1^2/σ_2^2 的置信水平为 95% 的置信区间.

解 $\dfrac{\sigma_1^2}{\sigma_2^2}$ 的置信水平为 $1-\alpha$ 的置信区间为

$$\left(\frac{S_1^2}{S_2^2}\frac{1}{F_{\alpha/2}(n_1-1,\ n_2-1)},\ \frac{S_1^2}{S_2^2}\frac{1}{F_{1-\alpha/2}(n_1-1,\ n_2-1)}\right).$$

已知 $S_1^2=5.15$，$S_2^2=6.18$，查 F 分布的临界值表得：

$$F_{0.025}(15,\ 30)=2.31,\ F_{0.975}(15,\ 30)=\frac{1}{F_{0.025}(30,\ 15)}=\frac{1}{2.64}=0.378\ 8,$$

于是得$\dfrac{\sigma_1^2}{\sigma_2^2}$的置信水平为 95% 的置信区间为

$$(0.36,\ 2.2),$$

由于$\dfrac{\sigma_1^2}{\sigma_2^2}$的置信区间包含 1，在实际中我们就认为 σ_1^2，σ_2^2 两者没有显著差别.

小　结

参数估计问题分为点估计和区间估计.

点估计的问题就是适当地选择一个统计量作为参数的估计. 常用的求点估计的方法有矩估计法和最大似然估计法. 矩估计法的基本思想是用样本矩估计总体矩. 矩估计法直观又简单，但由于样本矩的表达式与总体的分布无关，没有充分利用总体分布对参数提供的信息，

所以矩估计法主要适用于样本容量充分大时，且涉及的总体矩在一阶或二阶的情形．最大似然估计法的基本思想是在有了试验观察结果 x_1，x_2，$\cdots$，x_n 后，所取得参数 θ 的估计量能使似然函数 L 达到最大值．因此，求最大似然估计可归结为求似然函数的最大值问题．最大似然估计法依赖于总体 X 的分布，还具有最大似然不变性．

针对同一参数的不同估计量，本章介绍几种常见的评价估计量优良的标准：无偏性、有效性、相合性．

为了克服点估计不能反映估计的精度的缺陷，我们引入了区间估计，区间估计是指由两个取值于 Θ 的统计量 $\hat{\theta}_1$，$\hat{\theta}_2$ 组成一个区间，对于一个具体问题得到的样本值之后，便给出了一个具体的区间 $(\hat{\theta}_1，\hat{\theta}_2)$，使参数 θ 尽可能地落在该区间内．同时，给出在一定可信程度的前提下求置信区间的方法，其具体的步骤如下．

(1)寻求一个样本 X_1，X_2，$\cdots$，X_n 的函数 $W(X_1，X_2，\cdots，X_n；\theta)$；它包含待估参数 θ，而不包含其他未知参数，并且 W 的分布已知，且不依赖于任何未知参数．称具有这种性质的函数 W 为枢轴量．

(2)对于给定的置信水平 $1-\alpha$，定出两个常数 a，b，使
$$P\{a<W(X_1，X_2，\cdots，X_n；\theta)<b\}=1-\alpha.$$

从 $a<W(X_1，X_2，\cdots，X_n；\theta)<b$ 中得到不等式 $\hat{\theta}_1<\theta<\hat{\theta}_2$，其中：$\hat{\theta}_1=\hat{\theta}_1(X_1，X_2，\cdots,X_n)$，$\hat{\theta}_2=\hat{\theta}_2(X_1，X_2，\cdots，X_n)$ 都是统计量，则 $(\hat{\theta}_1，\hat{\theta}_2)$ 就是 θ 的一个置信水平为 $1-\alpha$ 的置信区间．

根据该方法在置信水平为 $1-\alpha$ 的情况下可以确定单个正态总体均值 μ 和方差 σ^2 的置信区间，两个正态总体均值差 $\mu_1-\mu_2$ 和方差比 σ_1^2/σ_2^2 的置信区间．

习题七

1. 设某种电子元件的寿命 $X\sim N(\mu，\sigma^2)$，其中 μ，σ^2 未知，现随机抽取 5 个产品，测得寿命分别为 1 500，1 450，1 453，1 502，1 650，试求 μ 及 σ^2 的矩估计值．
2. 设总体 X 在 $[a，b]$ 上服从均匀分布，a，b 未知，X_1，X_2，$\cdots$，X_n 是来自总体 X 的样本，求 a，b 的矩估计量．
3. 设总体 X 的概率分布为

X	1	2	3
p_k	θ^2	$2\theta(1-\theta)$	$(1-\theta)^2$

其中 θ 为未知参数．现抽得一个样本 $x_1=1$，$x_2=2$，$x_3=1$，求 θ 的矩估计值和最大似然估计值．
4. 设总体 X 在 $[0，\theta]$ 上服从均匀分布，θ 未知，X_1，X_2，$\cdots$，X_n 是来自总体 X 的样本，求 θ 的最大似然估计量．
5. 总体 X 的概率密度为
$$f(x)=\begin{cases}\theta x^{\theta-1}，& 0<x<1,\\ 0，& \text{其他}.\end{cases}$$

其中，$\theta>0$ 未知，X_1，X_2，$\cdots$，X_n 是 X 的一个样本，求 $U=e^\theta$ 最大似然估计量．

6. 设分别自总体 $N(\mu_1, \sigma^2)$ 和 $N(\mu_2, \sigma^2)$ 中抽取容量 n_1，n_2 的两独立样本，其样本方差分别为 S_1^2，S_2^2. 试证：对于任意常数 a，$b(a+b=1)$，$Z=aS_1^2+bS_2^2$ 都是 σ^2 的无偏估计.

7. 设 $\hat\theta$ 是参数 θ 的无偏估计，且 $D(\hat\theta)>0$，试证 $\hat\theta^2$ 不是 θ^2 的无偏估计.

8. 设 x_1，x_2，$\cdots$，x_n 是总体的一个样本，试证

(1) $\hat\mu_1=\dfrac{1}{2}x_1+\dfrac{1}{3}x_2+\dfrac{1}{6}x_n$；

(2) $\hat\mu_2=\dfrac{1}{3}x_1+\dfrac{1}{3}x_7+\dfrac{1}{3}x_{13}$；

(3) $\hat\mu_3=\dfrac{1}{3}x_1+\dfrac{1}{4}x_2+\dfrac{5}{12}x_3$.

都是总体均值 μ 的无偏估计，并比较有效性.

9. 设某工件的长度 $X\sim N(\mu, 16)$，今抽 9 件测量其长度，得数据（单位：mm）：

142，138，150，165，156，148，132，135，160，

求 μ 的置信水平为 0.95 的置信区间.

10. 设来自正态分布总体 $X\sim N(\mu, \sigma^2)$ 的样本值为

5.1，5.1，4.8，5.0，4.7，5.0，5.2，5.1，5.0，

试就 σ 未知的情况求总体均值 μ 的置信水平为 0.95 的置信区间.

11. 今随机抽查洗衣粉 12 袋，重量（单位：g）分别为

1 001，1 004，1 003，1 000，997，999，1 004，1 000，996，1 002，998，999.

(1) 已知 $\sigma^2=8$，求 μ 的置信区间（设置信水平为 0.95）；

(2) σ^2 未知，求 μ 的置信区间（设置信水平为 0.95）.

12. 从一批钢丝中任取 10 根测试判断折断力，其测试值的样本标准差 $s=8.7$，设铜丝的折断力服从正态分布，求方差 σ^2 的置信水平为 0.95 的置信区间.

13. 随机地取某种炮弹 9 发作试验，测得炮口速度的样本标准差 $s=11(\text{m/s})$，设炮口速度 $X\sim N(\mu, \sigma^2)$，求 μ 未知时这种炮弹的炮口速度的标准差 σ 的置信水平为 95% 的置信区间.

14. 为比较 I，II 两种型号步枪子弹的枪口速度，随机地取 I 型子弹 10 发，得到枪口平均速度为 $\overline{x_1}=500(\text{m/s})$，标准差 $s_1=1.10(\text{m/s})$，取 II 型子弹 20 发，得到枪口平均速度为 $\overline{x_2}=496$ (m/s)，标准差 $s_2=1.20(\text{m/s})$，假设两总体都可认为近似地服从正态分布，且由生产过程可认为它们的方差相等，求两总体均值差 $\mu_1-\mu_2$ 的置信水平为 0.95 的置信区间.

15. 某厂利用两条自动化流水线灌装番茄酱，分别以两条流水线上抽取样本 X_1，X_2，$\cdots$，X_{13} 及 Y_1，Y_2，$\cdots$，Y_{16}，算出 $S_1^2=2.4$，$S_2^2=4.7$，假设这两条流水线上灌装的番茄酱的重量都服从正态分布，且相互独立，其均值分别为 μ_1，μ_2，未知，求 σ_1^2/σ_2^2 的置信水平为 95% 的置信区间.

16. 甲、乙两台机床加工同一种零件，在机床甲加工的零件中抽取 9 个样品，在机床乙加工的零件中抽取 6 个样品，并分别测得它们的长度（单位：mm），由所给数据算得 $s_1^2=0.245$，$S_2^2=0.357$，假定测量值都服从正态分布，方差分别为 σ_1^2，σ_2^2. 试求在置信水平 0.98 下这两台机床加工精度之比 $\dfrac{\sigma_1}{\sigma_2}$ 的置信区间.

第八章 假设检验

统计推断包括两个基本问题：参数估计和假设检验．参数估计在第七章已经阐述，本章讨论假设检验．在总体分布函数未知或虽知其分布类型但含有未知参数的时候，为推断总体的某些未知特性，提出某些关于总体的假设．例如提出总体服从正态分布的假设或对于正态总体提出其数学期望等于某一常数 μ_0 的假设等．我们要根据样本所提供的信息以及运用适当的统计量，对提出的假设做出接受或拒绝的决策，假设检验就是做出这一决策的过程．假设检验有参数假设检验及非参数假设检验两大类．本章先介绍假设检验的基本概念，然后介绍正态总体参数的假设检验问题，最后介绍非参数假设检验问题中的分布拟合检验．

§1 假设检验的基本概念

8.1.1 假设检验的基本思想

为了阐述假设检验的基本思想，先看一个例子．

例 1 某化学日用品有限责任公司用包装机包装洗衣粉，洗衣粉包装机的装包量（单位：g）是一个随机变量，它服从正态分布．当机器正常工作时，其均值为 500 g，标准差为 2 g．某日开工后，为检验包装机工作是否正常，随机地在它所包装的洗衣粉中任取 9 袋，称得其重量为

$$505，499，502，506，498，498，497，510，503，$$

试问这天包装机工作是否正常？

解 题目提出的问题是"该天包装机工作是否正常"，不是包装机包装出来的洗衣粉每袋都是 500 g 才算正常．因为受随机误差的影响，每袋装包量是一个随机变量，设其为 X，μ，σ 分别表示装包量 X 的均值和标准差．由实践知道，X 服从正态分布．由于标准差由机器精度决定，一般比较稳定，可以认为 $\sigma=2$．故 $X \sim N(\mu, 2^2)$（单位：g），这里 μ 未知．机器工作是否正常就是要根据上述样本值来判断 $\mu=500$ 还是 $\mu \neq 500$．为此，我们提出两个相互对立的假设

$$H_0 : \mu = \mu_0 = 500，\quad H_1 : \mu \neq \mu_0.$$

然后，给出一个合理的法则，根据这一法则，利用已知样本值做出决策是接受假设 H_0（即拒绝假设 H_1），还是拒绝 H_0（即接受假设 H_1）．如果做出的决策是接受假设 H_0，则认为 $\mu = \mu_0 = 500$，即认为机器工作正常；否则，则 $\mu \neq \mu_0 = 500$，认为机器不正常．

由于要检验的假设涉及总体的数学期望 μ，由前面学过的参数估计的知识知，样本均值 $\overline{X}$ 是总体数学期望 μ 的性质优良的无偏估计量．所以很自然地想到用 $\overline{X}$ 这个统计量来进行判断．如果 $H_0 : \mu = \mu_0 = 500$ 为真，虽然由于随机因素的影响，$\overline{X}$ 与 500 之间的差异是不可避免的，但它们之间的差异 $|\overline{X} - 500|$ 不应太大，若 $|\overline{X} - 500|$ 过分大，就怀疑假设 H_0 的正确

性而拒绝 H_0，认为该天包装机工作不正常．若 $|\overline{X}-500|$ 不太大，符合我们的预期，就没有理由怀疑 H_0 的正确性，故认为该天包装机工作正常．考虑到当 $H_0: \mu=\mu_0=500$ 为真时，$\dfrac{\overline{X}-\mu_0}{\sigma/\sqrt{n}} \sim N(0,1)$，而衡量 $|\overline{X}-\mu_0|$ 的大小可归结为衡量 $\dfrac{|\overline{X}-\mu_0|}{\sigma/\sqrt{n}}$ 的大小．所以应寻找一个适当的常数 k，使当 $\dfrac{|\overline{X}-\mu_0|}{\sigma/\sqrt{n}} \geqslant k$ 时就拒绝 H_0，认为包装机工作不正常；当 $\dfrac{|\overline{X}-\mu_0|}{\sigma/\sqrt{n}} < k$ 时就接受 H_0，认为包装机工作正常．

这样，问题就转化为怎样确定这个常数 k，这就需要给出确定常数 k 的原则．注意到 $\left\{\dfrac{|\overline{X}-\mu_0|}{\sigma/\sqrt{n}} \geqslant k\right\}$ 是一个随机事件，我们的做法是：确定那样的常数 k，使当原假设 $H_0: \mu=\mu_0=500$ 为真时，$\left\{\dfrac{|\overline{X}-\mu_0|}{\sigma/\sqrt{n}} \geqslant k\right\}$ 是一个小概率事件．而根据实际推断原理（也叫小概率原理），概率很小的事件在一次试验中几乎是不可能发生的．这样，如果在一次观察中居然真的出现了满足 $\dfrac{|\overline{x}-\mu_0|}{\sigma/\sqrt{n}} \geqslant k$ 的观察值 $\overline{x}$，我们就有理由怀疑假设 H_0 的正确性，因而拒绝 H_0；相反，若观察值满足 $\dfrac{|\overline{x}-\mu_0|}{\sigma/\sqrt{n}} < k$，则表明假设 H_0 与实际情况没有矛盾，此时没有理由拒绝 H_0，因而接受 H_0．

若令这个小概率事件的概率为 α，即 $P\left\{\dfrac{|\overline{X}-\mu_0|}{\sigma/\sqrt{n}} \geqslant k\right\}=\alpha$，因为当原假设 H_0 为真时，$\dfrac{\overline{X}-\mu_0}{\sigma/\sqrt{n}} \sim N(0,1)$，由标准正态分布上 α 分位点的定义得（如图 8-1 所示）

$$k=z_{\frac{\alpha}{2}},$$

若 $Z=\dfrac{\overline{X}-\mu_0}{\sigma/\sqrt{n}}$ 的观察值满足

$$|z|=\frac{|\overline{x}-\mu_0|}{\sigma/\sqrt{n}} \geqslant k=z_{\frac{\alpha}{2}},$$

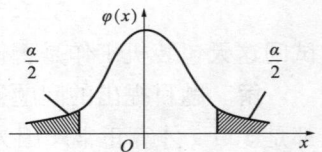

图 8-1

则拒绝 H_0，而若

$$|z|=\frac{|\overline{x}-\mu_0|}{\sigma/\sqrt{n}} < k=z_{\frac{\alpha}{2}},$$

则接受 H_0．

如果取 $\alpha=0.05$，则由标准正态分布表可以查到 $k=z_{\frac{\alpha}{2}}=z_{0.025}=1.96$，又已知 $n=9$，$\sigma=2$，$\overline{x}=502$，即有

$$\frac{|\overline{x}-\mu_0|}{\sigma/\sqrt{n}}=\frac{|502-500|}{2/\sqrt{9}}=3>1.96,$$

于是拒绝 H_0，认为该天包装机工作不正常．

通过这个例子可总结出假设检验的基本思想如下：

为了检验一个假设 H_0（上例中为 $H_0: \mu=500$）是否正确，首先假定该假设 H_0 正确，在此假定下构造一个已知其分布的统计量（上例中为 $Z=\dfrac{\overline{X}-\mu_0}{\sigma/\sqrt{n}}$），并由此构造一个在 H_0 为真

的条件下的小概率事件 A（上例中为 $A=\left\{\dfrac{|\overline{X}-\mu_0|}{\sigma/\sqrt{n}}\geqslant z_{\frac{\alpha}{2}}\right\}$），然后根据样本值对假设 H_0 作出
接受或拒绝的判断．如果样本值导致了不合理的现象的发生，就应拒绝假设 H_0，否则应接受假设 H_0．假设检验的基本思想实质上是带有某种概率性质的反证法．

　　假设检验中所谓"不合理"，并非逻辑中的绝对矛盾，而是基于人们在实践中广泛采用的原则，即"小概率事件在一次试验中是几乎不发生的"．但概率小到什么程度才能算作"小概率事件"呢？显然，"小概率事件"的概率越小，否定原假设 H_0 就越有说服力．常记这个概率值为 $\alpha(0<\alpha<1)$，称为检验的**显著性水平**．对不同的问题，检验的显著性水平 α 不一定相同，但一般应取为较小的值，如 0.1，0.05 或 0.01 等．

8.1.2　假设检验的两类错误

　　当假设 H_0 正确时，小概率事件也有可能发生，此时会拒绝假设 H_0，因而犯了**"弃真"**的错误，称此错误为**第 I 类错误**．犯第 I 类错误的概率恰好就是"小概率事件"发生的概率 α，即
$$P\{拒绝\ H_0\mid H_0\ 为真\}=\alpha.$$
反之，若假设 H_0 不正确，但一次抽样检验结果未发生不合理结果，这时接受 H_0，因而犯了**"取伪"**的错误，称此错误为**第 II 类错误**．记 β 为犯第 II 类错误的概率，即
$$P\{接受\ H_0\mid H_0\ 不真\}=\beta.$$
理论上，自然希望犯这两类错误的概率都很小．当样本容量 n 固定时，α，β 不能同时都小，即 α 变小时，β 就变大；而 β 变小时，α 就变大．只有当样本容量 n 增大时，才有可能使两者均变小．在实际应用中，一般原则是：控制犯第 I 类错误的概率，即给定 α，然后通过增大样本容量 n 来减小 β．

　　对犯第 I 类错误的概率加以控制，适当考虑犯第 II 类错误的概率的大小，这种检验称之为**显著性检验**．

8.1.3　假设检验问题的一般提法

　　在假设检验问题中，把要检验的假设 H_0 称为**原假设**（零假设或基本假设），把原假设 H_0 的对立面称为**备择假设**或对立假设，记为 H_1．

　　例如例 1 中的假设检验问题可简记为
$$H_0：\mu=\mu_0,\ H_1：\mu\neq\mu_0(\mu_0=500),\qquad(8-1-1)$$
形如式（8-1-1）的备择假设 H_1，表示 μ 可能大于 μ_0，也可能小于 μ_0，称为**双侧（边）备择假设**．形如式（8-1-1）的假设检验称为**双侧（边）假设检验**．

　　在实际问题中，有时还需要检验下列形式的假设：
$$H_0：\mu\leqslant\mu_0,\ H_1：\mu>\mu_0,\qquad(8-1-2)$$
$$H_0：\mu\geqslant\mu_0,\ H_1：\mu<\mu_0.\qquad(8-1-3)$$
形如式（8-1-2）的假设检验称为**右侧（边）检验**；形如式（8-1-3）的假设检验称为**左侧（边）检验**．

右侧(边)检验和左侧(边)检验统称为**单侧(边)检验**.

为检验提出的假设，通常需构造一个已知其分布的统计量，$\left[\text{如例 1 中的 } Z=\dfrac{\overline{X}-\mu_0}{\sigma/\sqrt{n}}\right]$，叫**检验统计量**，并构造一个在原假设 H_0 为真的条件下一个小概率事件(例 1 中是 $\left\{\dfrac{|\overline{X}-\mu_0|}{\sigma/\sqrt{n}}\geqslant z_{\frac{\alpha}{2}}\right\}$)，取总体的一个样本，根据该样本提供的信息来判断假设是否成立. 当检验统计量取某个区域 W 中的值时，我们拒绝原假设 H_0，则称区域 W 为拒绝域，W 的补集 $\overline{W}$ 称为**接受域**，拒绝域与接受域的边界点称为**临界点**. 例 1 中拒绝域是 $|z|\geqslant z_{\frac{\alpha}{2}}$，接受域为 $|z|<z_{\frac{\alpha}{2}}$，$z=-z_{\frac{\alpha}{2}}$，$z=z_{\frac{\alpha}{2}}$ 为临界点.

8.1.4　检验结果的理解

就假设检验的结果来说，拒绝原假设的理由是充分的，而接受原假设则是比较牵强的. 因为我们对于犯第Ⅰ类错误的概率做了控制(检验的水平 α 很小). 这就使得在原假设为真时，错误地拒绝原假设的可能性很小(犯这种错误的概率小于或等于 α). 从而我们在拒绝原假设时就有着很大的把握. 而且，很明显 α 越小，这种把握就越大，拒绝原假设的理由就越充分. 相反，我们接受原假设是因为小概率事件没发生，没出现与小概率事件相违背的现象，所以接受了原假设，严格来说是"因为没有理由拒绝原假设，所以才接受原假设"，这就使得在原假设是假时，错误地接受原假设的可能性也许不小，因此接受原假设是比较牵强的. 由以上讨论可见，在假设检验问题中原假设与备择假设的地位不是对等的.

假设检验中对犯第Ⅰ类错误的概率加以控制，体现了"保护原假设"的原则. 由于原假设 H_0 是"受保护的"，所以在做假设检验工作时应把有把握的、不能轻易被否定的命题作为原假设，而把没有把握的、不能轻易肯定的命题作为备择假设. 例如，某建材厂一直生产材料 A. 据称最近试制了新材料 B 要代替 A. 材料 A 经过长期使用被证明其性能是好的，不能轻易被淘汰，否则后果比较严重或造成浪费. 除非有充分的证据证明材料 B 明显地优于材料 A，这样才能用材料 B 代替材料 A，否则宁可继续使用 A 而不使用 B. 所以应把"材料 B 的性能不优于材料 A"作为原假设，而把"材料 B 的性能优于材料 A"作为备择假设. 由于拒绝原假设的理由是充分的，而接受原假设则是比较牵强的. 所以，我们往往把需要充分理由拒绝的作为原假设. 如例 1 中拒绝 $\mu=500$ 意味着生产不正常，从而要停产检修，产品也不能出厂，工厂作此决定当然要持慎重态度，除非有充分把握，理由很足，否则一般不轻易做出停产检修的决定，因此把 $\mu=500$ 作为原假设，而 $\mu\neq500$ 作为备择假设.

8.1.5　假设检验的一般步骤

(1)根据实际问题的要求，充分考虑和利用已知的背景知识，提出原假设 H_0 及备择假设 H_1；

(2)给定显著性水平 α 以及样本容量 n；

(3)确定检验统计量 Z，并在原假设 H_0 成立的前提下导出 Z 的概率分布，要求 Z 的分布不依赖于任何未知参数；

(4)确定拒绝域，即依据直观分析先确定拒绝域的形式，然后根据给定的显著性水平 α 和 Z 的分布，由

$$P\{拒绝\ H_0\mid H_0\ 为真\}=\alpha$$

确定拒绝域的临界值，从而确定拒绝域.

（5）作一次具体的抽样，根据得到的样本值和所得的拒绝域，对假设 H_0 做出拒绝或接受的判断.

例 2　某厂生产尼龙绳，用 X 表示尼龙绳的最大承受力（单位：kg），由经验判断 $X\sim N(\mu,\ \sigma^2)$，其中 $\mu=570$，$\sigma^2=8^2$. 今换了一批材料，从性能上看估计其尼龙绳的最大承受力的方差 σ^2 不会有什么变化（即仍有 $\sigma^2=8^2$），但不知其最大承受力的均值 μ 和原先有无差别. 现抽得样本，测得其最大承受力为

$$578,\ 572,\ 570,\ 568,\ 572,\ 570,\ 570,\ 572,\ 596,\ 584,$$

取 $\alpha=0.05$，试检验尼龙绳的最大承受力均值有无变化？

解　（1）依题意建立假设 H_0：$\mu=\mu_0=570$，H_1：$\mu\neq570$.

（2）选择检验统计量 $Z=\dfrac{\overline{X}-\mu_0}{\sigma/\sqrt{n}}\sim N(0,\ 1)$.

（3）对于给定的显著性水平 α，确定 k，使 $P\{|Z|\geqslant k\}=\alpha$，查附表 2 得 $k=z_{\frac{\alpha}{2}}=z_{0.025}=1.96$，从而拒绝域为 $|z|\geqslant1.96$.

（4）由于 $\overline{x}=\dfrac{1}{10}\displaystyle\sum_{i=1}^{10}x_i=575.20$，$\sigma^2=64$，所以

$$|z|=\left|\frac{\overline{x}-\mu_0}{\sigma/\sqrt{n}}\right|=2.06>1.96,$$

故应拒绝 H_0，即认为最大承受力的均值发生了变化.

鉴于正态总体是统计应用中最为常见的总体，在以下各节中，我们将分别讨论正态总体均值与方差的参数假设检验.

§2　正态总体均值的假设检验

8.2.1　单个正态总体均值的假设检验

当检验关于总体均值 μ（数学期望）的假设时，该总体中的另一个参数，即方差 σ^2 是否已知，会影响到对于检验统计量的选择，故下面分两种情形进行讨论.

1. *方差 σ^2 已知情形*

设总体 $X\sim N(\mu,\ \sigma^2)$，方差 σ^2 已知，X_1，X_2，$\cdots$，X_n 是取自总体 X 的一个样本，$\overline{X}$ 为样本均值.

检验假设

$$H_0：\mu=\mu_0,\ H_1：\mu\neq\mu_0,$$

其中 μ_0 为已知常数.

当 H_0 为真时，

$$Z=\frac{\overline{X}-\mu_0}{\sigma/\sqrt{n}}\sim N(0,\ 1),$$

故选取 Z 作为检验统计量，记其观察值为 z. 相应的检验法称为 **Z 检验法**.

由本章 §1 的讨论知，对于给定的显著性水平 α，其拒绝域为

$$|z| = \left| \frac{\overline{x} - \mu_0}{\sigma/\sqrt{n}} \right| \geqslant z_{\frac{\alpha}{2}}. \tag{8-2-1}$$

即

$$W = (-\infty, -z_{\frac{\alpha}{2}}] \bigcup [z_{\frac{\alpha}{2}}, \infty).$$

根据一次抽样后得到的样本值 x_1，x_2，$\cdots$，x_n，计算出 Z 的观察值 z，若 $|z| \geqslant z_{\frac{\alpha}{2}}$，则拒绝原假设 H_0，即认为总体均值与 μ_0 有显著差异；若 $|z| < z_{\frac{\alpha}{2}}$，则接受原假设 H_0，即认为总体均值与 μ_0 无显著差异.

类似地，对单侧检验有如下结论：

(1)右侧检验：检验假设

$$H_0: \mu \leqslant \mu_0, \quad H_1: \mu > \mu_0,$$

其中 μ_0 为已知常数. 可得拒绝域为

$$z = \frac{\overline{x} - \mu_0}{\sigma/\sqrt{n}} \geqslant z_\alpha. \tag{8-2-2}$$

(2)左侧检验：检验假设

$$H_0: \mu \geqslant \mu_0, \quad H_1: \mu < \mu_0,$$

其中，μ_0 为已知常数. 可得拒绝域为

$$z = \frac{\overline{x} - \mu_0}{\sigma/\sqrt{n}} \leqslant -z_\alpha. \tag{8-2-3}$$

例1 已知某炼铁厂的铁水含碳量服从正态分布 $N(4.40, 0.05^2)$，某日测得 5 炉铁水的含碳量如下：

$$4.34, \ 4.40, \ 4.42, \ 4.30, \ 4.35.$$

若标准差不变，该日铁水含碳量的均值是否显著降低($\alpha = 0.05$).

解 (1)上述问题归纳为下述假设检验问题

$$H_0: \mu \geqslant 4.40, \quad H_1: \mu < 4.40.$$

(2)因为标准差不变，可认为方差已知 $\sigma = 0.05$，选取检验统计量为

$$Z = \frac{\overline{X} - \mu}{\sigma/\sqrt{n}} \sim N(0, 1).$$

(3)利用左侧检验法来检验，对于显著水平 $\alpha = 0.05$，查附表 2 得 $z_\alpha = 1.645$，从而拒绝域为 $z \leqslant -1.645$.

(4)把 $\mu_0 = 4.40$，$\sigma = 0.05$，$n = 5$ 及已计算出的 $\overline{x} = 4.362$，代入得

$$z = \frac{\overline{x} - \mu}{\sigma/\sqrt{n}} = \frac{4.362 - 4.40}{0.05} \cdot \sqrt{5} = -1.699.$$

由于 $z = -1.699 < z_\alpha = -1.645$，因而拒绝原假设 H_0，接受备择假设 H_1，即认为该日铁水含碳量的均值显著降低了.

2. 方差 σ^2 未知情形

设总体 $X \sim N(\mu, \sigma^2)$，方差 σ^2 未知，X_1，X_2，$\cdots$，X_n 是取自 X 的一个样本，$\overline{X}$ 与 S^2 分别为样本均值与样本方差.

检验假设

$$H_0 : \mu = \mu_0, \quad H_1 : \mu \neq \mu_0,$$

其中 μ_0 为已知常数.

由于 σ^2 未知，现在我们不能用 $Z = \dfrac{\overline{X} - \mu_0}{\sigma/\sqrt{n}}$ 为检验统计量. 注意到 S^2 是 σ^2 的无偏估计量，我们用 S 来代替 σ，采用 $T = \dfrac{\overline{X} - \mu_0}{S/\sqrt{n}}$ 作为检验统计量，记其观察值为 t. 相应的检验法称为 t 检验法.

由于 $\overline{X}$ 是 μ 的无偏估计量，S^2 是 σ^2 的无偏估计量，当 H_0 成立时，$|t|$ 不应太大，当 H_1 成立时，$|t|$ 有偏大的趋势，故拒绝域形式为

$$|t| = \left| \frac{\overline{x} - \mu_0}{s/\sqrt{n}} \right| \geq k \quad (k \text{ 待定}).$$

当 H_0 为真时，

$$T = \frac{\overline{X} - \mu_0}{S/\sqrt{n}} \sim t(n-1),$$

对于给定的显著性水平 α，查附表 4 得 $k = t_{\alpha/2}(n-1)$，使

$$P\{|T| \geq t_{\alpha/2}(n-1)\} = \alpha,$$

由此即得拒绝域为

$$|t| = \left| \frac{\overline{x} - \mu_0}{s/\sqrt{n}} \right| \geq t_{\alpha/2}(n-1), \tag{8-2-4}$$

即

$$W = (-\infty, \ -t_{\frac{\alpha}{2}}(n-1)] \cup [t_{\frac{\alpha}{2}}(n-1), \ \infty).$$

根据一次抽样后得到的样本值 $x_1, x_2, \cdots, x_n$，计算出 T 的观察值 t，若 $|t| \geq t_{\alpha/2}(n-1)$，则拒绝原假设 H_0，即认为总体均值与 μ_0 有显著差异；若 $|t| < t_{\alpha/2}(n-1)$，则接受原假设 H_0，即认为总体均值与 μ_0 无显著差异.

类似地，对单侧检验有如下结论.

(1)右侧检验：检验假设

$$H_0 : \mu \leq \mu_0, \quad H_1 : \mu > \mu_0,$$

其中 μ_0 为已知常数. 可得拒绝域为

$$t = \frac{\overline{x} - \mu_0}{s/\sqrt{n}} \geq t_{\alpha}(n-1) \tag{8-2-5}$$

(2)左侧检验：检验假设

$$H_0 : \mu \geq \mu_0, \quad H_1 : \mu < \mu_0,$$

其中 μ_0 为已知常数. 可得拒绝域为

$$t = \frac{\overline{x} - \mu_0}{s/\sqrt{n}} \leq -t_{\alpha}(n-1). \tag{8-2-6}$$

例 2　设某次考试考生成绩服从正态分布，从中随机抽出 36 位考生的成绩，算得平均成绩为 66.5 分，标准差为 15 分. 问是否可以认为这次考试全体考生的平均成绩为 70 分？（取显著性水平 $\alpha = 0.05$）

解　(1)设该次考试的考生成绩为 X，依题意 $X \sim N(\mu, \sigma^2)$，

建立假设 H_0：$\mu=70$，H_1：$\mu\neq70$.

(2)因方差未知，选择检验统计量 $T=\dfrac{\overline{X}-\mu}{S/\sqrt{n}}\sim t(n-1)$.

(3)对于给定的显著性水平 α，查附表 4 得 $k=t_{\alpha/2}=t_{0.025}(35)=2.030\ 1$，由式（8-2-4）知其拒绝域为 $|t|\geqslant2.030\ 1$.

(4)由于 $\overline{x}=66.5$，$s=15$，代入得

$$|t|=\left|\dfrac{\overline{x}-70}{s/\sqrt{n}}\right|=1.4<2.030\ 1,$$

故应接受 H_0，即认为这次考试全体考生的平均成绩是 70 分.

例 3　一公司声称某种类型的电池的平均寿命至少为 21.5 h. 有一实验室检验了该公司制造的 6 套电池，得到如下的寿命小时数：

$$19,\ 18,\ 22,\ 20,\ 16,\ 25,$$

试问：这些结果是否表明，这种类型的电池的寿命低于该公司所声称的寿命？（假设这种类型电池的寿命服从正态分布，显著性水平 $\alpha=0.05$）.

解　上述问题可归纳为下述假设检验问题

$$H_0：\mu\geqslant21.5,\ H_1：\mu<21.5.$$

因方差 σ^2 未知，可取检验统计量

$$T=\dfrac{\overline{X}-\mu_0}{S/\sqrt{n}}\sim t(n-1).$$

利用 t 检验法的左侧检验法来解. 本例中 $\mu_0=21.5$，$n=6$，对于给定的显著性水平 $\alpha=0.05$，查附表 4 得

$$t_{\alpha}(n-1)=t_{0.05}(5)=2.015.$$

由式（8-2-6）知其拒绝域为 $t\leqslant-2.015$. 再据测得的 6 个寿命小时数算得：$\overline{x}=20$，$s^2=10$.

由此计算

$$t=\dfrac{\overline{x}-\mu_0}{s/\sqrt{n}}=\dfrac{20-21.5}{\sqrt{10}}\sqrt{6}=-1.162.$$

因为 $t=-1.162>-2.015=-t_{0.05}(5)$，所以不能否定原假设 H_0，从而认为这种类型电池的寿命并不比公司声称的寿命短.

8.2.2　两个正态总体均值差的假设检验

前面讨论单个正态总体均值的假设检验，基于同样的思想，现在将考虑两个正态总体均值差的假设检验. 即两个总体的均值是否相等. 设 $X\sim N(\mu_1,\ \sigma_1^2)$，$Y\sim N(\mu_2,\ \sigma_2^2)$，$X_1$，$X_2$，$\cdots$，$X_{n_1}$ 为取自总体 $N(\mu_1,\ \sigma_1^2)$ 的一个样本，Y_1，Y_2，$\cdots$，Y_{n_2} 为取自总体 $N(\mu_2,\ \sigma_2^2)$ 的一个样本，并且两个样本相互独立，记 $\overline{X}$ 与 $\overline{Y}$ 分别为样本 X_1，X_2，$\cdots$，X_{n_1} 与 Y_1，Y_2，$\cdots$，Y_{n_2} 的样本均值，S_1^2 与 S_2^2 分别为 X_1，X_2，$\cdots$，X_{n_1} 与 Y_1，Y_2，$\cdots$，Y_{n_2} 的样本方差.

1. 方差 σ_1^2，σ_2^2 已知的情形

检验假设

$$H_0：\mu_1-\mu_2=\delta,\ H_1：\mu_1-\mu_2\neq\delta,$$

其中 δ 为已知常数.

因当 H_0 为真时,

$$Z=\frac{\overline{X}-\overline{Y}-\delta}{\sqrt{\sigma_1^2/n_1+\sigma_2^2/n_2}}\sim N(0,\ 1),$$

故选取 Z 作为检验统计量, 记其观察值为 z. 称相应的检验法为 z **检验法**.

由于 $\overline{X}$ 与 $\overline{Y}$ 分别是 μ_1 与 μ_2 的无偏估计量, 当 H_0 成立时, $|z|$ 不应太大, 当 H_1 成立时, $|z|$ 有偏大的趋势, 故拒绝域形式为

$$|z|=\frac{|\overline{x}-\overline{y}-\delta|}{\sqrt{\sigma_1^2/n_1+\sigma_2^2/n_2}}\geqslant k\quad(k\ \text{待定}).$$

对于给定的显著性水平 α, 查标准正态分布表得 $k=z_{\frac{\alpha}{2}}$, 使

$$P\{|Z|\geqslant z_{\frac{\alpha}{2}}\}=\alpha,$$

由此即得拒绝域为

$$|z|=\frac{|\overline{x}-\overline{y}-\delta|}{\sqrt{\sigma_1^2/n_1+\sigma_2^2/n_2}}\geqslant z_{\frac{\alpha}{2}},\qquad(8-2-7)$$

根据一次抽样后得到的样本值 x_1, x_2, $\cdots$, x_{n_1} 和 y_1, y_2, $\cdots$, y_{n_2} 计算出 Z 的观察值 z, 若 $|z|\geqslant z_{\frac{\alpha}{2}}$, 则拒绝原假设 H_0, 当 $\delta=0$ 时即认为总体均值 μ_1 与 μ_2 有显著差异; 若 $|z|<z_{\frac{\alpha}{2}}$, 则接受原假设 H_0, 当 $\sigma=0$ 时即认为总体均值 μ_1 与 μ_2 无显著差异.

类似地, 对单侧检验有如下结论.

(1)右侧检验: 检验假设

$$H_0:\mu_1-\mu_2\leqslant\delta,\ H_1:\mu_1-\mu_2>\delta,$$

其中 δ 为已知常数. 得拒绝域为

$$z=\frac{\overline{x}-\overline{y}-\delta}{\sqrt{\sigma_1^2/n_1+\sigma_2^2/n_2}}\geqslant z_\alpha.\qquad(8-2-8)$$

(2)左侧检验: 检验假设

$$H_0:\mu_1-\mu_2\geqslant\delta,\ H_1:\mu_1-\mu_2<\delta,$$

其中 δ 为已知常数. 得拒绝域为

$$z=\frac{\overline{x}-\overline{y}-\delta}{\sqrt{\sigma_1^2/n_1+\sigma_2^2/n_2}}\leqslant-z_\alpha.\qquad(8-2-9)$$

例 4　设甲、乙两厂生产同样的电子元件, 其寿命(单位: h)X, Y 分别服从正态分布 $N(\mu_1,\sigma_1^2)$, $N(\mu_2,\sigma_2^2)$, 已知它们寿命的标准差分别为 84 h 和 96 h. 现从两厂生产的电子元件中各取 60 只, 测得平均寿命甲厂为 1 295 h, 乙厂为 1 230 h, 问能否认为两厂生产的电子元件寿命无显著差异($\alpha=0.05$)?

解　(1)建立假设 $H_0:\mu_1=\mu_2$, $H_1:\mu_1\neq\mu_2$.

(2)选择检验统计量 $Z=\dfrac{\overline{X}-\overline{Y}}{\sqrt{\dfrac{\sigma_1^2}{n_1}+\dfrac{\sigma_2^2}{n_2}}}\sim N(0,\ 1)$.

(3)对于给定的显著性水平 α, 查标准正态分布表 $k=z_{\frac{\alpha}{2}}=z_{0.025}=1.96$, 由式(8-2-7)知其拒绝域为 $|z|\geqslant1.96$.

(4)由于 $\overline{x}=1\ 295$, $\overline{y}=1\ 230$, $\sigma_1=84$, $\sigma_2=96$, 所以

$$|z| = \frac{|\bar{x}-\bar{y}|}{\sqrt{\frac{\sigma_1^2}{n_1}+\frac{\sigma_2^2}{n_2}}} = 3.94 > 1.96,$$

故应拒绝 H_0，即认为两厂生产的电子元件的寿命有显著差异.

2. 方差 σ_1^2，σ_2^2 未知，但 $\sigma_1^2 = \sigma_2^2 = \sigma^2$ 的情形

检验假设

$$H_0 : \mu_1 - \mu_2 = \delta, \quad H_1 : \mu_1 - \mu_2 \neq \delta,$$

其中 δ 为已知常数.

由第六章§2定理2知，当 H_0 为真时，

$$T = \frac{\bar{X}-\bar{Y}-\delta}{S_w\sqrt{1/n_1+1/n_2}} \sim t(n_1+n_2-2),$$

其中 $S_w{}^2 = \frac{(n_1-1)S_1^2+(n_2-1)S_2^2}{n_1+n_2-2}$，$S_w = \sqrt{S_w{}^2}$.

故选取 T 作为检验统计量，记其观察值为 t. 相应的检验法称为 **t 检验法**.

由于 $S_w{}^2$ 也是 σ^2 的无偏估计量，当 H_0 成立时，$|t|$ 不应太大，当 H_1 成立时，$|t|$ 有偏大的趋势，故拒绝域形式为

$$|t| = \left|\frac{\bar{x}-\bar{y}-\delta}{s_w\sqrt{1/n_1+1/n_2}}\right| \geqslant k \quad (k\ 待定).$$

对于给定的显著性水平 α，查附表4得 $k = t_{\alpha/2}(n_1+n_2-2)$，使

$$P\{|T| \geqslant t_{\alpha/2}(n_1+n_2-2)\} = \alpha,$$

由此即得拒绝域为

$$|t| = \left|\frac{\bar{x}-\bar{y}-\delta}{s_w\sqrt{1/n_1+1/n_2}}\right| \geqslant t_{\alpha/2}(n_1+n_2-2), \tag{8-2-10}$$

根据一次抽样后得到的样本值 x_1，x_2，…，x_{n_1} 和 y_1，y_2，…，y_{n_2} 计算出 T 的观察值 t，若 $|t| \geqslant t_{\alpha/2}(n_1+n_2-2)$，则拒绝原假设 H_0，否则接受原假设 H_0.

类似地，对单侧检验有如下结论.

(1) 右侧检验：检验假设

$$H_0 : \mu_1 - \mu_2 \leqslant \delta, \quad H_1 : \mu_1 - \mu_2 > \delta,$$

其中 δ 为已知常数. 得拒绝域为

$$t = \frac{\bar{x}-\bar{y}-\delta}{s_w\sqrt{1/n_1+1/n_2}} \geqslant t_\alpha(n_1+n_2-2). \tag{8-2-11}$$

(2) 左侧检验：检验假设

$$H_0 : \mu_1 - \mu_2 \geqslant \delta, \quad H_1 : \mu_1 - \mu_2 < \delta,$$

其中 δ 为已知常数. 得拒绝域为

$$t = \frac{\bar{x}-\bar{y}-\delta}{s_w\sqrt{1/n_1+1/n_2}} \leqslant -t_\alpha(n_1+n_2-2). \tag{8-2-12}$$

例5 某地某年高考后随机抽得15名男生、12名女生的物理考试成绩如下：

男生：49, 48, 47, 53, 51, 43, 39, 57, 56, 46, 42, 44, 55, 44, 40;

女生：46, 40, 47, 51, 43, 36, 43, 38, 48, 54, 48, 34.

从这27名学生的成绩能说明这个地区男女生的物理考试成绩不相上下吗（显著性水平 $\alpha =$

0.05)？

解 把男生和女生物理考试的成绩 X 和 Y 分别近似地看作服从正态分布的随机变量，且它们的方差相等，即 $X \sim N(\mu_1, \sigma^2)$ 与 $Y \sim N(\mu_2, \sigma^2)$，则本例可归结为双侧检验问题，假设为

$$H_0: \mu_1 = \mu_2, \quad H_1: \mu_1 \neq \mu_2.$$

由题设，有 $n_1 = 15$，$n_2 = 12$，从而 $n = n_1 + n_2 = 27$. 再根据例中数据算出 $\bar{x} = 47.6$，$\bar{y} = 44$；

$$(n_1 - 1)s_1^2 = \sum_{i=1}^{15}(x_i - \bar{x})^2 = 469.6, (n_2 - 1)s_2^2 = \sum_{i=1}^{12}(y_i - \bar{y})^2 = 412.$$

$$s_w = \sqrt{\frac{(n_1-1)s_1^2 + (n_2-1)S_2^2}{n_1 + n_2 - 2}} = \sqrt{\frac{1}{25} \times (469.6 + 412)} = 5.94.$$

由此便可计算出
$$t = \frac{\bar{x} - \bar{y}}{s_w\sqrt{1/n_1 + 1/n_2}} = \frac{47.6 - 44}{5.94\sqrt{1/15 + 1/12}} = 1.565.$$

取显著性水平 $\alpha = 0.05$，查附表 4 得，$t_{\alpha/2}(n-2) = t_{0.025}(25) = 2.060$.
因为 $|t| = 1.565 < 2.060 = t_{0.025}(25)$，从而没有充分理由否认原假设 H_0，即认为这一地区男女生的物理考试成绩不相上下.

8.2.3 基于成对数据的检验（t 检验）

在 8.2.2 中讨论的用于两个正态总体均值差的检验中，我们是假设来自这两个正态总体的样本是相互独立的. 但是，在实际中，情况不总是这样. 有时为了比较两种产品、两种仪器或两种方法等的差异，我们常在相同的条件下作对比试验，得到一批成对的观察值. 然后分析观察值做出推断. 这种方法常称为**逐对比较法**，下面通过例子说明这种方法.

例6 有两台光谱仪 I_x，I_y，用来测量材料中某种金属的含量. 为鉴定它们的测量结果有无显著差异，制备了9件试块（它们的成分、金属含量、均匀性等各不相同），现在分别用这两台机器对每一试块测量一次，得到9对观察值，见表 8—1

表 8—1 %

x	0.20	0.30	0.40	0.50	0.60	0.70	0.80	0.90	1.00
y	0.10	0.21	0.52	0.32	0.78	0.59	0.68	0.77	0.89
$d = x - y$	0.10	0.09	-0.12	0.18	-0.18	0.11	0.12	0.13	0.11

问能否认为这两台仪器的测量结果有显著的差异（$\alpha = 0.01$）？

解 本题中的数据是成对的，即对同一试块测出一对数据，我们看到一对与另一对之间的差异是由各种因素，如材料成分、金属含量、均匀性等因素引起的. 由于各试块的特性有广泛的差异，就不能将光谱仪 I_x 对9个试块的测量结果（即表 8—1 中第一行）看成是同分布随机变量的观察值，因而表中第一行不能看成是一个样本值，同样也不能将表 8—1 中第二行看成一个样本值. 再者，对于每一对数据而言，它们是同一试块用不同仪器 I_x，I_y 测得的结果，因此，它们不是两个独立的随机变量的观察值. 因此不能用表 8—2 中第 4 栏的检验法做检验. 而同一对中两个数据的差异则可看成仅由这两台仪器性能的差异所引起的，这样，局限于各对中两个数据来比较就能排除种种其他因素，而只考虑单独由仪器的性能所产

生的影响. 从而能比较这两台仪器的测量结果是否有显著的差异. 表 8－1 中第三行表示各对数据的差 $d_i=x_i-y_i$, 由于 d_1, d_2, $\cdots$, d_n 是由同一因素所引起的, 可以认为它们服从同一分布, 若两台机器的性能一样, 则各对数据的差异 d_1, d_2, $\cdots$, d_n 属随机误差, 随机误差可以认为服从正态分布, 其均值为零. 设 d_1, d_2, $\cdots$, d_n 来自正态总体 $N(\mu_D, \sigma^2)$, 这里 μ_D, σ^2 均为未知. 要检验假设

$$H_0: \mu_D=0, \quad H_1: \mu_D\neq0.$$

设 d_1, d_2, $\cdots$, d_n 的样本均值为 $\bar{d}$, 样本方差为 s^2, 按表 8－2 中第二栏中关于单个正态分布均值的 t 检验, 知拒绝域为

$$|t|=\left|\frac{\bar{d}-0}{s/\sqrt{n}}\right|\geqslant t_{\alpha/2}(n-1),$$

由 $n=9$, $t_{\alpha/2}(8)=t_{0.005}(8)=3.355$, $\bar{d}=0.06$, $s=0.1227$, 可知 $|t|=1.467<3.355$, 所以接受 H_0, 认为这两台仪器的测量结果无显著的差异.

§3　正态总体方差的假设检验

现在来讨论有关正态总体方差的假设检验问题, 分单个总体和两个总体的情况来讨论.

8.3.1　单个正态总体方差的假设检验

设 $X\sim N(\mu, \sigma^2)$, X_1, X_2, $\cdots$, X_n 是取自总体 X 的一个样本, $\bar{X}$ 与 S^2 分别为样本均值与样本方差, 由于 μ 已知可当未知来处理, 故这里仅讨论 μ 未知时的情形.

检验假设

$$H_0: \sigma^2=\sigma_0^2, \quad H_1: \sigma^2\neq\sigma_0^2,$$

其中 σ_0 为已知常数.

由第六章 §2 定理 1 知, 当 H_0 为真时,

$$\chi^2=\frac{n-1}{\sigma_0^2}S^2\sim\chi^2(n-1),$$

故选取 χ^2 作为检验统计量. 相应的检验法称为 χ^2 **检验法**.

由于 S^2 是 σ^2 的无偏估计量, 当 H_0 成立时, S^2 应在 σ_0^2 附近, 当 H_1 成立时, χ^2 有偏小或偏大的趋势, 故拒绝域形式为

$$\chi^2=\frac{n-1}{\sigma_0^2}s^2\leqslant k_1 \text{ 或 } \chi^2=\frac{n-1}{\sigma_0^2}s^2\geqslant k_2 \quad (k_1, k_2 \text{ 待定}).$$

对于给定的显著性水平 α, 此处 k_1, k_2 的值由下式确定:

$$P\{\text{当 } H_0 \text{ 为真时拒绝 } H_0\}=P\left\{\left(\frac{(n-1)S^2}{\sigma_0^2}\leqslant k_1\right)\cup\left(\frac{(n-1)S^2}{\sigma_0^2}\geqslant k_2\right)\right\}=\alpha.$$

为计算方便, 习惯上取

$$P\left\{\frac{(n-1)S^2}{\sigma_0^2}\leqslant k_1\right\}=\frac{\alpha}{2}, \quad P\left\{\frac{(n-1)S^2}{\sigma_0^2}\geqslant k_2\right\}=\frac{\alpha}{2},$$

查附表 5 得

$$k_1=\chi_{1-\alpha/2}^2(n-1), \quad k_2=\chi_{\alpha/2}^2(n-1),$$

由此即得拒绝域为

$$\chi^2 = \frac{n-1}{\sigma_0^2} s^2 \leqslant \chi^2_{1-\alpha/2}(n-1) \text{ 或 } \chi^2 = \frac{n-1}{\sigma_0^2} s^2 \geqslant \chi^2_{\alpha/2}(n-1). \qquad (8-3-1)$$

即 $$W = (0, \ \chi^2_{1-\alpha/2}(n-1)] \bigcup [\chi^2_{\alpha/2}(n-1), \ \infty).$$

根据一次抽样后得到的样本值 $x_1, x_2, \cdots, x_n$，计算出 χ^2 的观察值，若 $\chi^2 \leqslant \chi^2_{1-\alpha/2}(n-1)$ 或 $\chi^2 \geqslant \chi^2_{\alpha/2}(n-1)$，则拒绝原假设 H_0，若 $\chi^2_{1-\alpha/2}(n-1) < \chi^2 < \chi^2_{\alpha/2}(n-1)$，则接受假设 H_0.

类似地，对单侧检验有如下结论：

(1)右侧检验：检验假设

$$H_0: \sigma^2 \leqslant \sigma_0^2, \ H_1: \sigma^2 > \sigma_0^2,$$

其中 σ_0 为已知常数. 可得拒绝域为

$$\chi^2 = \frac{n-1}{\sigma_0^2} s^2 \geqslant \chi^2_{\alpha}(n-1). \qquad (8-3-2)$$

(2)左侧检验：检验假设

$$H_0: \sigma^2 \geqslant \sigma_0^2, \ H_1: \sigma^2 < \sigma_0^2,$$

其中 σ_0 为已知常数，可得拒绝域为

$$\chi^2 = \frac{n-1}{\sigma_0^2} s^2 \leqslant \chi^2_{1-\alpha}(n-1). \qquad (8-3-3)$$

例 1 某厂生产的某种型号的电池，其寿命（以小时计）长期以来服从方差 $\sigma^2 = 5\,000$ 的正态分布，现有一批这种电池，从它的生产情况来看，寿命的波动性有所改变. 现随机取 26 只电池，测出其寿命的样本方差 $s^2 = 9\,200$. 问根据这一数据能否推断这批电池的寿命的波动性较以往的有显著的变化（取 $\alpha = 0.02$）？

解 本题要求在水平 $\alpha = 0.02$ 下检验假设

$$H_0: \sigma^2 = 5\,000, \ H_1: \sigma^2 \neq 5\,000.$$

现在 $n = 26$，查附表 5 得 $\chi^2_{\alpha/2}(n-1) = \chi^2_{0.01}(25) = 44.31$，$\chi^2_{1-\alpha/2}(n-1) = \chi^2_{0.99}(25) = 11.52$，根据 χ^2 检验法，拒绝域为

$$W = (0, \ 11.52] \bigcup [44.31, \ \infty).$$

代入 $\sigma_0^2 = 5\,000$，样本方差 $s^2 = 9\,200$，得

$$\chi^2 = \frac{n-1}{\sigma_0^2} s^2 = 46 > 44.31,$$

故拒绝 H_0，认为这批电池寿命的波动性较以往有显著的变化.

例 2 某工厂生产金属丝，产品指标为折断力（单位：kg）. 折断力的方差被用作工厂生产精度的表征，方差越小，表明精度越高. 以往工厂一直把该方差保持在 64 与 64 以下. 最近从一批产品中抽取 10 根做折断力试验，测得的结果如下

$$578, 572, 570, 568, 572, 570, 572, 596, 584, 570.$$

由上述样本值算得

$$\overline{x} = 575.2, \ s^2 = 75.74.$$

为此，厂方怀疑金属丝折断力的方差是否变大了. 如确实增大了，表明生产精度不如以前，就需对生产流程作一番检查，以发现生产环节中存在的问题. 现取 $\alpha = 0.05$ 做检验.

解 为确认上述疑虑是否为真，假定金属丝折断力服从正态分布，并作下述假设检验

$$H_0: \sigma^2 \leqslant 64, \ H_1: \sigma^2 > 64.$$

上述假设检验问题可利用 χ^2 检验法的右侧检验法来检验，就本例而言，相应于

$$\sigma_0^2 = 64, \quad n = 10, \quad s^2 = 75.74.$$

对于给定的显著性水平 $\alpha = 0.05$，查附表 5 知，

$$\chi_\alpha^2(n-1) = \chi_{0.05}^2(9) = 16.92.$$

从而有

$$\chi^2 = \frac{n-1}{\sigma_0^2}s^2 = \frac{9 \times 75.74}{64} = 10.65 < 16.92 = \chi_{0.05}^2,$$

故不能拒绝原假设 H_0，从而认为样本方差的偏大是偶然因素，生产流程正常，故不需再作进一步的检查.

8.3.2 两个正态总体方差相等的假设检验

设 $X_1, X_2, \cdots, X_{n_1}$ 为取自正态总体 $N(\mu_1, \sigma_1^2)$ 的一个样本，$Y_1, Y_2, \cdots, Y_{n_2}$ 为取自正态总体 $N(\mu_2, \sigma_2^2)$ 的一个样本，且两个样本相互独立，记 $\overline{X}$ 与 $\overline{Y}$ 分别为相应的样本均值，S_1^2 与 S_2^2 分别为相应的样本方差，仅讨论 μ_1 和 μ_2 未知时的情形.

检验假设

$$H_0: \sigma_1^2 = \sigma_2^2, \quad H_1: \sigma_1^2 \neq \sigma_2^2.$$

由第六章 §2 定理 2 知，当 H_0 为真时，

$$F = S_1^2/S_2^2 \sim F(n_1-1, n_2-1),$$

故选取 F 作为检验统计量. 相应的检验法称为 **F 检验法**.

由于 S_1^2 与 S_2^2 分别是 σ_1^2 与 σ_2^2 的无偏估计量，当 H_0 成立时，F 的取值应集中在 1 的附近，当 H_1 成立时，F 的取值有偏小或偏大的趋势，故拒绝域形式为

$$F \leqslant k_1 \text{ 或 } F \geqslant k_2 \quad (k_1, k_2 \text{ 待定}).$$

对于给定的显著性水平 α，查 F 分布表得

$$k_1 = F_{1-\alpha/2}(n_1-1, n_2-1), \quad k_2 = F_{\alpha/2}(n_1-1, n_2-1),$$

使

$$P\{F \leqslant F_{1-\alpha/2}(n_1-1, n_2-1)\} = \frac{\alpha}{2}, \quad P\{F \geqslant F_{\alpha/2}(n_1-1, n_2-1)\} = \frac{\alpha}{2},$$

由此即得拒绝域为

$$F \leqslant F_{1-\alpha/2}(n_1-1, n_2-1) \text{ 或 } F \geqslant F_{\alpha/2}(n_1-1, n_2-1). \tag{8-3-4}$$

根据一次抽样后得到的样本值 $x_1, x_2, \cdots, x_{n_1}$ 和 $y_1, y_2, \cdots, y_{n_2}$ 计算出 F 的观察值，若式 (8-3-4) 成立，则拒绝原假设 H_0，否则接受原假设 H_0.

类似地，对单侧检验有如下结论：

(1) 右侧检验：检验假设

$$H_0: \sigma_1^2 \leqslant \sigma_2^2, \quad H_1: \sigma_1^2 > \sigma_2^2,$$

得拒绝域为

$$F \geqslant F_\alpha(n_1-1, n_2-1). \tag{8-3-5}$$

(2) 左侧检验：检验假设

$$H_0: \sigma_1^2 \geqslant \sigma_2^2, \quad H_1: \sigma_1^2 < \sigma_2^2,$$

得拒绝域为

$$F \leqslant F_{1-\alpha}(n_1-1, n_2-1). \tag{8-3-6}$$

例 3 两台车床加工同种零件，分别从两台车床加工的零件中抽取 6 个和 9 个，测量其

直径(单位：cm)，并计算得到 $s_1^2=0.345$，$s_2^2=0.375$. 假定零件直径服从正态分布，试比较两台车床加工精度有无显著差异($\alpha=0.10$)?

解 设两总体 X 和 Y 分别服从正态分布 $N(\mu_1, \sigma_1^2)$ 和 $N(\mu_2, \sigma_2^2)$，μ_1，μ_2，σ_1^2，σ_2^2 未知.

(1)依题意建立假设 $H_0: \sigma_1^2=\sigma_2^2$，$H_1: \sigma_1^2\neq\sigma_2^2$.

(2)选检验统计量 $F=s_1^2/s_2^2$，当 H_0 为真时，$F\sim F(n_1-1, n_2-1)$.

(3)对于给定的显著性水平 α，查 F 分布表得

$$k_1=F_{1-\alpha/2}(n_1-1, n_2-1)=F_{0.95}(5, 8)=\frac{1}{F_{0.05}(8, 5)}=0.207,$$

$$k_2=F_{\alpha/2}(n_1-1, n_2-1)=F_{0.05}(5, 8)=3.69,$$

由式(8-3-4)知，其拒绝域为 $F\leqslant0.207$ 或 $F\geqslant3.69$.

(4)由于 $s_1^2=0.345$，$s_2^2=0.375$，所以 $F=s_1^2/s_2^2=0.92$. 而 $0.207<0.92<3.69$，故应接受 H_0，即认为两车床加工精度无显著差异.

8.3.3 正态总体均值、方差检验法小结

正态总体均值、方差的检验表(显著性水平为 α)见表 8-2.

表 8-2

序号	原假设 H_0	检验统计量	备择假设 H_1	拒绝域
1	$\mu=\mu_0$ $\mu\leqslant\mu_0$ $\mu\geqslant\mu_0$ (σ^2 已知)	$Z=\dfrac{\overline{X}-\mu_0}{\sigma/\sqrt{n}}$	$\mu\neq\mu_0$ $\mu>\mu_0$ $\mu<\mu_0$	$\|z\|\geqslant z_{\frac{\alpha}{2}}$ $z\geqslant z_\alpha$ $z\leqslant -z_\alpha$
2	$\mu=\mu_0$ $\mu\leqslant\mu_0$ $\mu\geqslant\mu_0$ (σ^2 未知)	$T=\dfrac{\overline{X}-\mu_0}{S/\sqrt{n}}$	$\mu\neq\mu_0$ $\mu>\mu_0$ $\mu<\mu_0$	$\|t\|\geqslant t_{\alpha/2}(n-1)$ $t\geqslant t_\alpha(n-1)$ $t\leqslant -t_\alpha(n-1)$
3	$\mu_1-\mu_2=\delta$ $\mu_1-\mu_2\leqslant\delta$ $\mu_1-\mu_2\geqslant\delta$ (σ_1^2, σ_2^2 已知)	$Z=\dfrac{\overline{X}-\overline{Y}-\delta}{\sqrt{\sigma_1^2/n_1+\sigma_2^2/n_2}}$	$\mu_1-\mu_2\neq\delta$ $\mu_1-\mu_2>\delta$ $\mu_1-\mu_2<\delta$	$\|z\|\geqslant z_{\frac{\alpha}{2}}$ $z\geqslant z_\alpha$ $z\leqslant -z_\alpha$
4	$\mu_1-\mu_2=\delta$ $\mu_1-\mu_2\leqslant\delta$ $\mu_1-\mu_2\geqslant\delta$ ($\sigma_1^2=\sigma_2^2=\sigma^2$ 未知)	$T=\dfrac{\overline{X}-\overline{Y}-\delta}{S_w\sqrt{1/n_1+1/n_2}}$ $S_w^2=\dfrac{(n_1-1)S_1^2+(n_2-1)S_2^2}{n_1+n_2-2}$	$\mu_1-\mu_2\neq\delta$ $\mu_1-\mu_2>\delta$ $\mu_1-\mu_2<\delta$	$\|t\|\geqslant t_{\alpha/2}(n_1+n_2-2)$ $t\geqslant t_\alpha(n_1+n_2-2)$ $t\leqslant -t_\alpha(n_1+n_2-2)$
5	$\sigma^2=\sigma_0^2$ $\sigma^2\leqslant\sigma_0^2$ $\sigma^2\geqslant\sigma_0^2$ (μ 未知)	$\chi^2=\dfrac{n-1}{\sigma_0^2}S^2$	$\sigma^2\neq\sigma_0^2$ $\sigma^2>\sigma_0^2$ $\sigma^2<\sigma_0^2$	$\chi^2\leqslant\chi_{1-\alpha/2}^2(n-1)$ 或 $\chi^2\geqslant\chi_{\alpha/2}^2(n-1)$ $\chi^2\geqslant\chi_\alpha^2(n-1)$ $\chi^2\leqslant\chi_{1-\alpha}^2(n-1)$

序号	原假设 H_0	检验统计量	备择假设 H_1	拒绝域
6	$\sigma_1^2=\sigma_2^2$ $\sigma_1^2\leqslant\sigma_2^2$ $\sigma_1^2\geqslant\sigma_2^2$ （μ_1，μ_2 未知）	$F=\dfrac{S_1^2}{S_2^2}$	$\sigma_1^2\neq\sigma_2^2$ $\sigma_1^2>\sigma_2^2$ $\sigma_1^2<\sigma_2^2$	$F\geqslant F_{\alpha/2}(n_1-1,\,n_2-1)$ 或 $F\leqslant F_{1-\alpha/2}(n_1-1,\,n_2-1)$ $F\geqslant F_{\alpha}(n_1-1,\,n_2-1)$ $F\leqslant F_{1-\alpha}(n_1-1,\,n_2-1)$
7	$\mu_D=0$ $\mu_D\leqslant0$ $\mu_D\geqslant0$ （成对数据）	$T=\dfrac{\overline{D}}{S_D/\sqrt{n}}$	$\mu_D\neq0$ $\mu_D>0$ $\mu_D<0$	$\mid t\mid\geqslant t_{\alpha/2}(n-1)$ $t\geqslant t_{\alpha}(n-1)$ $t\leqslant-t_{\alpha}(n-1)$

§4　分布拟合检验

本章前三节所介绍的各种检验，都是在总体分布类型已知的情况下，对其中的未知参数进行检验，这类统计检验统称为**参数检验**. 在实际问题中，有时我们并不能确切预知总体服从何种分布，这时就需要根据来自总体的样本对总体的分布进行推断，以判断总体服从何种分布. 这类统计检验称为**分布拟合检验**，它是**非参数检验**的一种. 解决这类问题的工具之一是英国统计学家 K·皮尔逊在 1900 年提出的 χ^2 **检验法**，不少人把此项工作视为近代统计学的开端.

8.4.1　χ^2 检验法的基本思想

χ^2 检验法是在总体 X 的分布未知时，根据来自总体的样本，对总体分布的假设

　　　　H_0：总体 X 的分布函数为 $F(x)$，

　　　　H_1：总体 X 的分布函数不是 $F(x)$（这里备择假设 H_1 可以不必写出）

进行检验的一种检验方法. 一般地，我们是先根据样本值用直方图和经验分布函数，推断出总体可能服从的分布，据此提出原假设，然后根据样本的经验分布和所假设的理论分布之间的吻合程度来决定是否接受或拒绝原假设.

8.4.2　χ^2 检验法的基本原理和步骤

（1）提出原假设：

　　　　H_0：总体 X 的分布函数为 $F(x)$.　　　　　　　　　（8-4-1）

如果总体分布为离散型，则检验假设具体为

　　　　H_0：总体 X 的分布律为 $P\{X=x_i\}=p_i$，$i=1,\,2,\,\cdots$.

如果总体分布为连续型，则检验假设具体为

　　　　H_0：总体 X 的概率密度为 $f(x)$.

（2）将总体 X 的取值范围分成 k 个互不相交的小区间，记为 A_1，A_2，$\cdots$，A_k，如可取为

$$(a_0, a_1], (a_1, a_2], \cdots, (a_{k-2}, a_{k-1}], (a_{k-1}, a_k),$$

其中 a_0 可取 $-\infty$，a_k 可取 ∞；区间的划分视具体情况而定，使每个小区间所含样本值个数不小于 5，而区间个数 k 不要太大也不要太小.

（3）把落入第 i 个小区间 A_i 的样本值的个数记作 f_i，称为组频数，所有组频数之和 $f_1 + f_2 + \cdots + f_k$ 等于样本容量 n.

（4）根据所假设的总体理论分布，可算出总体 X 的值落入第 i 个小区间 A_i 的概率 p_i，于是 np_i 就是落入第 i 个小区间 A_i 的样本值的理论频数.

（5）当 H_0 为真时，n 次试验中样本值落入第 i 个小区间 A_i 的频率 f_i/n 与概率 p_i 应很接近，当 H_0 不真时，则 f_i/n 与 p_i 相差较大. 基于这种思想，皮尔逊引进如下检验统计量

$$\chi^2 = \sum_{i=1}^{k} \frac{(f_i - np_i)^2}{np_i}, \tag{8-4-2}$$

并证明了下列结论.

定理 当 n 充分大（$n \geqslant 50$）时，若原假设 H_0 为真，则式（8-4-2）所表示的统计量 χ^2 近似服从 $\chi^2(k-1)$ 分布.

根据该定理，当 H_0 为真时，式（8-4-2）中的统计量 χ^2 取值不应太大，太大就应拒绝 H_0. 对给定的显著性水平 α，确定 l 值，使

$$P\{\chi^2 \geqslant l\} = \alpha,$$

查 χ^2 分布表得，$l = \chi_\alpha^2(k-1)$，所以拒绝域为

$$\chi^2 \geqslant \chi_\alpha^2(k-1). \tag{8-4-3}$$

若由所给的样本值 x_1，x_2，$\cdots$，x_n 算得统计量 χ^2 的观察值落入拒绝域，则拒绝原假设 H_0，否则就认为差异不显著而接受原假设 H_0.

在上述对总体分布的假设检验中，分布函数 $F(x)$ 是完全已知的，不含未知参数. 如果 $F(x)$ 中还含有未知参数，即分布函数为 $F(x; \theta_1, \theta_2, \cdots, \theta_r)$，其中 θ_1，θ_2，$\cdots$，θ_r 为未知参数. X_1，X_2，$\cdots$，X_n 是取自总体 X 的样本，要用此样本来检验假设

$$H_0：总体 X 的分布函数为 F(x; \theta_1, \theta_2, \cdots, \theta_r),$$

此类情况可按如下步骤进行检验：

（1）利用样本 X_1，X_2，$\cdots$，X_n，求出 θ_1，θ_2，$\cdots$，θ_r 的最大似然估计 $\hat{\theta}_1$，$\hat{\theta}_2$，$\cdots$，$\hat{\theta}_r$；

（2）在 $F(x; \theta_1, \theta_2, \cdots, \theta_r)$ 中用 $\hat{\theta}_i$ 代替 $\theta_i(i=1, 2, \cdots, r)$，则 $F(x; \theta_1, \theta_2, \cdots, \theta_r)$ 就变成完全已知的分布函数 $F(x; \hat{\theta}_1, \hat{\theta}_2, \cdots, \hat{\theta}_r)$；

（3）利用 $F(x; \hat{\theta}_1, \hat{\theta}_2, \cdots, \hat{\theta}_r)$ 计算 p_i 的估计值 $\hat{p}_i(i=1, 2, \cdots, k)$；

（4）计算检验统计量

$$\chi^2 = \sum_{i=1}^{k} (f_i - n\hat{p}_i)^2 / n\hat{p}_i, \tag{8-4-4}$$

当 n 充分大时，统计量 χ^2 近似服从 $\chi^2(k-r-1)$ 分布；

（5）对给定的显著性水平 α，得拒绝域

$$\chi^2 = \sum_{i=1}^{k} (f_i - n\hat{p}_i)^2 / n\hat{p}_i \geqslant \chi_\alpha^2(k-r-1). \tag{8-4-5}$$

注 在使用皮尔逊 χ^2 检验法时，要求 $n \geqslant 50$，以及每个理论频数 $np_i \geqslant 5(i=1, 2, \cdots,$

k)，否则应适当地合并相邻的小区间，使 np_i 满足要求.

例 1 将一颗骰子掷 120 次，所得数据为

点数 i	1	2	3	4	5	6
出现次数 f_i	23	26	21	20	15	15

问这颗骰子是否均匀对称(取 $\alpha = 0.05$)?

解 若这颗骰子是均匀的、对称的，则 1～6 点中每点出现的可能性相同，都为 $\frac{1}{6}$. 如果用 A_i 表示第 i 点出现($i = 1, 2, \cdots, 6$)，则待检假设为

$$H_0 : P(A_i) = 1/6, \quad i = 1, 2, \cdots, 6.$$

在 H_0 成立的条件下，理论概率 $p_i = p(A_i) = 1/6$，由 $n = 120$ 得 $np_i = 20$. 计算结果见表 8—3.

表 8—3

i	f_i	p_i	np_i	$(f_i - np_i)^2/(np_i)$
1	23	1/6	20	9/20
2	26	1/6	20	36/20
3	21	1/6	20	1/20
4	20	1/6	20	0
5	15	1/6	20	25/20
6	15	1/6	20	25/20
合计	120			4.8

因为分布不含未知参数，又 $k = 6$，$\alpha = 0.05$，查附表 5 得 $\chi_\alpha^2(k-1) = \chi_{0.05}^2(5) = 11.07$.

由表 8—3 知 $\chi^2 = \sum\limits_{i=1}^{6} \dfrac{(f_i - np_i)^2}{np_i} = 4.8 < 11.07$，故接受 H_0，认为这颗骰子是均匀对称的.

例 2 1500—1931 年的 432 年间，某国每年爆发严重地质灾害的次数可以看作一个随机变量，据统计，这 432 年间共爆发了 299 次严重地质灾害，具体数据见表 8—4.

表 8—4

严重地质次数 X	发生 X 次严重地质灾害的年数
0	223
1	142
2	48
3	15
4	4

根据所学知识和经验知，每年爆发严重地质灾害的次数 X 近似服从泊松分布. 根据上述数据判断每年爆发严重地质灾害的次数 X 是否服从泊松分布.

解 依题意提出原假设：

H_0：X 服从参数为 λ 的泊松分布，即

$$P\{X=i\}=\frac{\lambda^i e^{-\lambda}}{i!}, \quad i=0,1,2,\cdots.$$

因总体分布中含有 1 个未知参数 λ，所以先估计参数 λ. 由最大似然估计法得参数 λ 的最大似然估计值为 $\hat{\lambda}=\bar{x}=0.69$. 按参数为 0.69 的泊松分布，计算事件 $\{X=i\}$ 的概率 p_i 的估计值是 $\hat{p}_i=e^{-0.69}0.69^i/i!$，$i=0,1,2,3,4$.

根据题中所给数表，将有关计算结果列于表 8－5.

表 8－5

严重地质灾害次数 x	实测频数 f_i	$\hat{p}_i$	$n\hat{p}_i$		$(f_i-n\hat{p}_i)^2/n\hat{p}_i$
0	223	0.502	216.86		0.174
1	142	0.346	149.47		0.373
2	48	0.119	51.41		0.226
3	15	0.027	11.66	13.82	1.942
4	4	0.005	2.16		
合计					2.715

将 $n\hat{p}_i<5$ 的组予以合并，即将每年发生 3 次及 4 次严重地质灾害的组归并为一组. 因 H_0 所假设的理论分布中有一个未知参数，故自由度为 $4-1-1=2$.

按 $\alpha=0.05$，自由度为 2 查 χ^2 分布表得 $\chi^2_{0.05}(2)=5.99$.

因统计量 χ^2 的观察值 $\chi^2=2.715<5.99$，未落入拒绝域. 故认为每年发生严重地质灾害的次数 X 服从参数为 0.69 的泊松分布.

例 3 为检验棉纱的拉力强度(单位：kg)X 是否服从正态分布，从一批棉纱中随机抽取 300 条进行拉力试验，结果列在表 8－6 中.

表 8－6

i	x	f_i	i	x	f_i
1	0.5～0.64	1	8	1.48～1.62	53
2	0.64～0.78	2	9	1.62～1.76	25
3	0.78～0.92	9	10	1.76～1.90	19
4	0.92～1.06	25	11	1.90～2.04	16
5	1.06～1.20	37	12	2.04～2.18	3
6	1.20～1.34	53	13	2.18～2.38	1
7	1.34～1.48	56			

我们的问题是检验假设

$$H_0 : X \sim N(\mu, \sigma^2) \quad (\alpha = 0.01).$$

解　可按以下四步来检验：

(1)将观察值 x_i 分成13组：$(a_0, a_1], (a_1, a_2], \cdots, (a_{11}, a_{12}], (a_{12}, a_{13})$，

这里 $a_0 = -\infty$，$a_1 = 0.64$，$a_2 = 0.78$，$\cdots$，$a_{12} = 2.18$，$a_{13} = \infty$，但是这样分组后，前两组和最后两组的 $n\hat{p}_i$ 比较小，故把它们合并成为一个组(见分组数据表8—7).

(2)计算每个区间上的理论频数. 这里 $F(x)$ 就是正态分布 $N(\mu, \sigma^2)$ 的分布函数，含有两个未知数 μ 和 σ^2，分别用它们的极大似然估计量 $\hat{\mu} = \overline{X}$ 和 $\hat{\sigma}^2 = \frac{1}{n}\sum_{i=1}^{n}(X_i - \overline{X})^2$ 来代替. 关于 $\overline{x}$ 的计算作如下说明：因拉力数据表中的每个区间都很狭窄，我们可认为每个区间内 x_i 都取这个区间的中点，然后将每个区间的中点值乘以该区间的样本数，将这些值相加再除以总样本数就得具体样本均值 $\overline{x}$，计算得到：$\hat{\mu} = 1.41$，$\hat{\sigma}^2 = 0.30^2$. 对于服从 $N(1.41, 0.30^2)$ 的随机变量 Y，计算它在上面第 i 个区间上的概率 $\hat{p}_i$.

(3)计算 $x_1, x_2, \cdots, x_{300}$ 中落在每个区间的实际频数 f_i，如分组表8—7中所列.

(4)计算统计量值：$\chi^2 = \sum_{k=1}^{10} \frac{(f_i - n\hat{p}_i)^2}{n\hat{p}_i} = 9.784$，因为 $k=10$，$r=2$，故 χ^2 的自由度为 $10-2-1=7$，查附表5得 $\chi^2_{0.01}(7) = 18.48 > \chi^2 = 9.784$，故接受原假设，即认为棉纱拉力强度服从正态分布.

表 8—7

区间序号	区间	f_i	$\hat{p}_i$	$n\hat{p}_i$	$f_i - n\hat{p}_i$
1	$\leqslant 0.78$ 或 > 2.04	7	0.035 7	10.71	-3.71
2	$0.78 \sim 0.92$	9	0.033 3	9.99	-0.99
3	$0.92 \sim 1.06$	25	0.070 5	21.15	3.85
4	$1.06 \sim 1.20$	37	0.120 3	36.09	0.91
5	$1.20 \sim 1.34$	53	0.165 8	49.74	3.26
6	$1.34 \sim 1.48$	56	0.184 5	55.35	0.65
7	$1.48 \sim 1.62$	53	0.165 8	49.74	3.26
8	$1.62 \sim 1.76$	25	0.120 3	36.09	-11.09
9	$1.76 \sim 1.90$	19	0.070 5	21.15	-2.15
10	$1.90 \sim 2.04$	16	0.033 3	9.99	6.01

小　　结

统计推断就是由样本来推断总体，它的一类重要基本问题就是假设检验. 有关总体分布的未知参数或未知分布形式的种种论断叫统计假设，人们要根据样本所提供的信息对所考虑

的假设做出接受或拒绝的决策. 假设检验就是做出这一决策的过程. 假设检验有参数假设检验及非参数假设检验两大类. 参数假设检验是针对总体分布函数中的未知参数提出的假设进行检验,非参数假设检验中有针对总体分布函数形式或类型的假设进行检验. 本章先介绍假设检验的基本概念,然后介绍正态总体参数的假设检验问题,最后介绍非参数假设检验问题中的分布拟合检验.

假设检验的基本方法是"概率反证法",其基本思想是先提出个原假设 H_0 及与其对立的备择假设 H_1,然后在假设条件下构造一个小概率事件,通过样本观察值计算小概率事件是否发生,如果在一次实验中小概率事件发生了,这与我们熟知的原理相违背,为此我们就拒绝原假设 H_0,认为原假设不成立,进而接受备择假设 H_1,这里所说的原理就是小概率原理. 由于作出判断原假设 H_0 是否为真的依据是一个样本,而由样本的随机性,当 H_0 为真时,检验统计量的观察值也会落入拒绝域,致使我们做出拒绝 H_0 的错误决策;而当 H_0 为不真时,检验统计量的观察值也会未落入拒绝域,致使我们做出接受 H_0 的错误决策. 所以假设检验有两类错误:弃真错误和取伪错误,具体见表 8—8.

表 8—8

假设检验的两类错误		
真实情况 (未知)	所作决策	
	接受 H_0	拒绝 H_0
H_0 为真	正确	犯第 I 类错误(弃真错误)
H_0 不真	犯第 II 类错误(取伪错误)	正确

我们使用"接受假设"或"拒绝假设"这样的术语. 接受一个假设并不意味着确信它是真的,它只意味着采取某种行动;拒绝一个假设也不意味着它是假的,这也仅仅是做出采取另一种不同的行动. 不论哪种情况,都存在做出错误选择的可能性.

当样本容量 n 固定时,减少犯第 I 类错误的概率,就会增大犯第 II 类错误的概率,反之亦然. 我们的做法是控制犯第 I 类错误的概率,使

$$P\{当 H_0 为真时拒绝 H_0\} \leqslant \alpha,$$

其中 $0 < \alpha < 1$ 是给定的小的正数. α 称为检验的显著性水平. 这种只对犯第 I 类错误的概率加以控制而不考虑犯第 II 类错误的概率的检验称为显著性检验.

在进行显著性检验时. 犯第 I 类错误的概率是由我们控制的. α 取得小. 则概率 $P\{当 H_0 为真时拒绝 H_0\}$ 就小,这保证了当 H_0 为真时错误地拒绝 H_0 的可能性很小,这意味着 H_0 是受到保护的,也表明 H_0,H_1 的地位不是对等的. 于是,在一对对立假设中,选哪一个作为 H_0 需要小心. 例如,考虑某种药品是否为真,这里可能犯两种错误:①将假药误作为真药,则冒着伤害病人的健康甚至生命的风险;②将真药误作为假药,则冒着造成经济损失的风险. 显然,犯错误①比犯错误②的后果严重,因此,我们选取"H_0:药品为假,H_1 药品为真"即是使犯第 I 类错误"当药品为假时错判药品为真"的概率 $\leqslant \alpha$. 就是说,选择 H_0,H_1 使两类错误中后果严重的错误成为第 I 类错误. 这是选择 H_0,H_1 的一个原则.

如果在两类错误中,没有一类错误的后果严重更需要避免时,常常取 H_0 为维持现状,即 H_0 取为"无效益""无改进""无价值"等等. 例如,取

H_0：新技术未提高效益，H_1：新技术提高效益.

实际上，我们感兴趣的是 H_1"提高效益"．但对采用新技术应持慎重态度．选取 H_0 为新技术未提高效益，一旦 H_0 被拒绝了，表示有较强的理由去采用新技术.

注意，拒绝域的形式是由 H_1 确定的.

正态总体参数的假设检验问题是本章的重点．对正态总体的期望、方差的假设检验本章按单个正态总体和两个正态总体分类详细进行阐述，它们是本章的核心，有了第一节的基础，这些内容也较易理解，其各种假设的拒绝域、所用的检验统计量详见表 8—2.

本章最后介绍了分布拟合检验，它是众多非参数假设检验的一种，主要用于对总体分布类型进行推断，它所用的检验统计量是皮尔逊统计量

$$\chi^2 = \sum_{i=1}^{k} \frac{(f_i - np_i)^2}{np_i},$$

其基本思想及方法与参数假设检验相同.

习题八

1. 某切割机正常工作时，切割出的金属棒的长度服从正态分布 $N(100, 1.2^2)$，从该切割机切割出的一批金属棒中抽取 15 根，测得它们的长度(mm)如下：

    99，101，96，103，100，98，102，95，97，104，101，99，102，97，100，

   (1)若已知总体方差不变，检验该切割机工作是否正常，即总体均值是否等于 100 mm(取显著性水平 $\alpha = 0.05$)；

   (2)若不能确定总体方差是否变化，检验总体均值是否等于 100 mm．(取 $\alpha = 0.05$)

2. 下面列出的是某工厂随机选取的 20 只部件的装配时间(min)：

    9.8，10.4，10.6，9.6，9.7，9.9，10.9，11.1，9.6，10.2，

    10.3，9.6，9.9，11.2，10.6，9.8，10.5，10.1，10.5，9.7，

   设装配时间的总体服从正态分布 $X \sim N(\mu, \sigma^2)$，μ，σ^2 均未知．是否可以认为装配时间的均值显著大于 $10(\alpha = 0.05)$？

3. 一工厂生产一种灯管，已知灯管的寿命(单位：h)X 服从正态分布 $N(\mu, 40\,000)$，根据以往的生产经验，知道灯管的平均寿命不会超过 1 500 h．为了提高灯管的平均寿命，工厂采用了新的工艺．为了弄清楚新工艺是否真的能提高灯管的平均寿命，他们测试了采用新工艺生产的 25 只灯管的寿命，其平均值是 1 575 h．尽管样本的平均值大于 1 500 h，试问：可否由此判定这恰是新工艺的效应，而非偶然的原因使得抽出的这 25 只灯管的平均寿命较长呢？($\alpha = 0.05$,)

4. 水泥厂用自动包装机包装水泥，每袋额定重量是 50kg，某日开工后随机抽查了 9 袋，称得重量如下：

    49.6，49.3，50.1，50.0，49.2，49.9，49.8，51.0，50.2，

   设每袋重量服从正态分布，问包装机工作是否正常($\alpha = 0.05$)？

5. 某种产品的寿命 X(以小时计)服从正态分布 $N(\mu, \sigma^2)$，μ，σ^2 均未知．现测得 16 只产品的寿命如下：

 159，280，101，212，224，379，179，264，222，362，168，250，149，260，485，170，

   问是否有理由认为该产品的平均寿命大于 225 h($\alpha = 0.05$.)？

6. 某混凝土构件的抗压指标服从正态分布 $N(\mu, \sigma^2)$. 从这一批混凝土构件中抽取 8 个,测得该项抗压指标的数据如下:

$$68, 43, 70, 65, 55, 56, 60, 72,$$

试检验假设 $H_0 : \sigma^2 \leqslant 49$, $H_1 : \sigma^2 > 49$;(取 $\alpha = 0.05$)

7. 某谷物有 A,B 两种种子可选择. 选取 8 块不同的土地,每块分为面积相同的两部分,分别种植种子 A 和种子 B,其产量(单位:kg)见表 8—9.

表 8—9

种子	1	2	3	4	5	6	7	8
$A(x_i)$	25.2	21.8	24.3	23.7	26.1	22.5	28.0	27.4
$B(y_i)$	26.0	22.2	23.8	24.6	25.7	24.3	27.8	29.1

设 $d_i = x_i - y_i (i = 1, 2, \cdots, 8)$ 来自正态总体. 试检验使用 A,B 两种种子时该种谷物产量有无显著差异($\alpha = 0.01$)?

8. 甲、乙两台机床生产同一型号的滚珠,从这台机床生产的滚珠中分别抽取若干个样品,测得滚珠的直径(mm)见表 8—10.

表 8—10

甲机床	15.0	14.7	15.2	15.4	14.8	15.1	15.2	15.0	
乙机床	15.2	15.0	14.8	15.2	15.0	15.0	14.8	15.1	14.9

设这两台机床生产的滚珠的直径都服从正态分布,检验它们是否服从相同的正态分布?(取 $\alpha = 0.05$)

9. 在 20 世纪 70 年代后期人们发现,酿造啤酒时,在麦芽干燥过程中形成致癌物质亚硝基二甲胺(NDMA). 到了 80 年代初期开发了一种新的麦芽干燥过程,下面给出在新老两种过程中形成的 NDMA 含量(以 10 亿份中的份数计),见表 8—11.

表 8—11

老过程	6	4	5	5	6	5	5	6	4	6	7	4
新过程	2	1	2	2	1	0	3	2	1	0	1	3

设两样本分别来自正态总体,且两总体的方差相等,两样本独立. 新、老过程的总体的均值分别记为 μ_1,μ_2,试检验假设 $H_0 : \mu_1 - \mu_2 = 2$;$H_1 : \mu_1 - \mu_2 > 2$(取 $\alpha = 0.05$).

10. 为了提高振动板的硬度,热处理车间选择两种淬火温度 T_1 及 T_2 进行试验,测得振动板的硬度数据见表 8—12.

表 8—12

T_1	85.6	85.9	85.7	85.8	85.7	86.0	85.5	85.4
T_2	86.2	85.7	86.5	85.7	85.8	86.3	86.0	85.8

设两种淬火温度下振动板的硬度都服从正态分布,检验:
(1)两种淬火温度下振动板硬度的方差是否有显著差异;(取 $\alpha = 0.05$)

(2)淬火温度对振动板的硬度是否有显著影响. （取 $\alpha=0.05$）

11. 甲、乙两厂生产同一种电阻，现从甲乙两厂的产品中分别随机抽取 12 个和 10 个样品，测得它们的电阻值后，计算出样本方差分别为 $s_1^2=1.40$，$s_2^2=4.38$. 假设电阻值服从正态分布，在显著性水平 $\alpha=0.10$ 下，我们是否可以认为两厂生产的电阻值的方差相等.

12. 一农场 10 年前在一鱼塘里按比例 20∶15∶40∶25 投放了四种鱼：鲑鱼，鲈鱼，竹夹鱼和鲇鱼的鱼苗. 现在在鱼塘里获得一样本，见表 8—13.

表 8—13

序号	1	2	3	4	合计
种类	鲑鱼	鲈鱼	竹夹鱼	鲇鱼	—
数量/条	132	100	200	168	600

试取 $\alpha=0.05$ 检验各类鱼数量的比例较 10 年前是否有显著改变？

13. 在数 $\pi\approx3.14159\cdots$ 的前 800 位小数中，数字 0，1，2，$\cdots$，9 出现的频数记录见表 8—14.

表 8—14

数字 x_i	0	1	2	3	4	5	6	7	8	9
频数 n_i	74	92	83	79	80	73	77	75	76	91

检验这些数字服从等概率分布的假设. （取 $\alpha=0.05$）

14. 在一次实验中，每隔一定时间时观察一次由某种铀所放射的到达计数器上的 α 粒子数 X，共观察了 100 次，得结果见表 8—15.

表 8—15

i	0	1	2	3	4	5	6	7	8	9	10	11	$\geqslant12$
f_i	1	5	16	17	26	11	9	9	2	1	2	1	0
A_i	A_0	A_1	A_2	A_3	A_4	A_5	A_6	A_7	A_8	A_9	A_{10}	A_{11}	A_{12}

其中 f_i 是观察到有 i 个 α 粒子的次数. 从理论上考虑知 X 应服从泊松分布

$$P\{X=i\}=\frac{\lambda^i e^{-\lambda}}{i!},\ i=0,1,2,\cdots.$$

试在水平 0.05 下检验假设 H_0：总体 X 服从泊松分布：$P\{X=i\}=\frac{\lambda^i e^{-\lambda}}{i!}$，$i=0,1,2,\cdots$.

习 题 答 案

习题一

1. (1)$S=\{HHH,\ HHT,\ HTH,\ THH,\ HTT,\ THT,\ TTH,\ TTT\}$，其中 H 表示击中，T 表示不中；

   (2)$S=\{2,\ 3,\ 4,\ \cdots,\ 10\}$；

   (3)$S=\{(i,\ j)\,|\,1\leqslant i\leqslant j\leqslant 5\}$；

   (4)$S=\{(x,\ y)\,|\,x^2+y^2<1\}$；

   (5)$S=\{x\,|\,0<x<+\infty\}$.

2. (1)$A\overline{B}\,\overline{C}$；

   (2)$A\overline{B}\,\overline{C}\cup \overline{A}B\,\overline{C}\cup \overline{A}\,\overline{B}C$；

   (3)$AB\overline{C}\cup A\overline{B}C\cup \overline{A}BC$；

   (4)$A\cup B\cup C$；

   (5)$AB\cup BC\cup CA$；

   (6)$\overline{AB\cup BC\cup CA}$或$\overline{A}\,\overline{B}\cup \overline{B}\,\overline{C}\cup \overline{C}\,\overline{A}$；

   (7)$\overline{A}\,\overline{B}\,\overline{C}$ 或$\overline{A}\cup \overline{B}\cup \overline{C}$；

   (8)ABC；

   (9)$\overline{A}\,\overline{B}\,\overline{C}$.

3. (1)0.2；

   (2)0.3；

   (3)0.7；

   (4)0.3.

4. A_0，A_1，A_2，A_3，C 两两互不相容，B 与 C 互不相容，B 与 C 互逆.

5. (1)0.512；

   (2)0.467.

6. (1)$\dfrac{9}{14}$；

   (2)$\dfrac{3}{28}$；

   (3)$\dfrac{4}{7}$.

7. (1)$\dfrac{n!}{N^n}$；

   (2)$\dfrac{C_N^n n!}{N^n}$；

$(3) \dfrac{C_n^m (N-1)^{n-m}}{N^n}.$

8. $(1)\dfrac{1}{12};$

　　$(2)0.5;$

　　$(3)0.5;$

　　$(4)0.5.$

9. $(1)\dfrac{P_{10}^7}{10^7};$

　　$(2)\dfrac{8^7}{10^7};$

　　$(3)\dfrac{C_7^2 9^5}{10^7};$

　　$(4)1-\dfrac{C_7^1 9^6+9^7}{10^7};$

　　$(5)\dfrac{6^7-5^7}{10^7}.$

10. $\alpha=0.6.$

11. $(1)\dfrac{2}{15};\quad (2)\dfrac{13}{15}.$

12. $(1)\dfrac{4}{15};$

　　　$(2)\dfrac{13}{15}.$

13. $\dfrac{1}{6}.$

14. $0.496.$

15. $(1)0.83;\quad (2)0.988.$

16. $(1)0.034;\quad (2)$最可能是由丙地生产.

17. $(1)0.5;\quad (2)$这只高性能电池来自 2 车间的可能性最大.

18. $0.94;\ 0.85.$

19. $0.923.$

20. 由于含有有害气体的概率为 $3.24\% > 3\%$，所以还需要加空气处理设备.

21. $\dfrac{5}{9},\ \dfrac{16}{63},\ \dfrac{16}{35}.$

22. $\dfrac{1}{3}.$

24. $\dfrac{196}{197}.$

25. $\dfrac{\alpha}{1-(1-\alpha)(1-\beta)},\ \dfrac{\beta(1-\alpha)}{1-(1-\alpha)(1-\beta)}.$

26. $0.160\,1.$

27. $\dfrac{4}{13}.$

28. $\dfrac{m}{m+n\cdot 2^r}.$

29. (1)$\dfrac{3}{2}p-\dfrac{1}{2}p^2.$

 (2)$\dfrac{2p}{p+1}.$

30. 0.

32. 6.

33. 火车，概率为$\dfrac{1}{2}$.

34. (1)$r^n(2-r^n)$；(2)$r^n(2-r)^n.$

35. $3r^2-r^3-2r^4+r^5.$

习题二

1. $a=\dfrac{2}{3}$, $b=\dfrac{1}{3}.$

2. C.

3. $\dfrac{21}{25}.$

4. $P\{x=k\}=0.4\times0.6^{k-1}$, $k=1$, 2, ….

5. $P\{x=k\}=\dfrac{1}{3}\times\left(\dfrac{2}{3}\right)^k$, $k=0$, 1, 2, $P\{x=3\}=\left(\dfrac{2}{3}\right)^3$ $F(x)=\begin{cases}0, & x<0,\\ \dfrac{1}{3}, & 0\leqslant x<1,\\ \dfrac{5}{9}, & 1\leqslant x<2,\\ \dfrac{19}{27}, & 2\leqslant x<3,\\ 1, & x\geqslant3.\end{cases}$

6.

X	-1	1	4
p_k	0.3	0.5	0.2

7. (1)$\dfrac{12}{23}$；(2)$\dfrac{12}{17}.$

8. $\dfrac{2}{3}.$

9. $\dfrac{4}{15}e^{-2}.$

10. (1)0.293 6；(2)0.796 9.

11. 0.004 7.

12. A

13. (1)$A=0$，$B=0.5$，$C=2$；(2)$f(x)=\begin{cases} x, & 0\leqslant x<1, \\ 2-x, & 1\leqslant x<2, \\ 0, & \text{其他}; \end{cases}$ (3)0.5.

14. (1)$A=0.5$，(2)$F(x)=P\{X\leqslant x\}=\begin{cases} 0, & x<-\dfrac{\pi}{2}, \\ 0.5(\sin x+1), & -\dfrac{\pi}{2}\leqslant x<\dfrac{\pi}{2}, \\ 1, & x\geqslant\dfrac{\pi}{2}. \end{cases}$

15. 0.625.

16 (1)0.532 8，0.697 7；(2)$C=3$；(3)$d\leqslant 0.436$.

17. (1)70，14.81；(2)0.984.

18. e^{-2}，$(1+4e^{-2})(1-e^{-2})^4$.

19.

Y	-1	1	7
p_k	0.1	0.5	0.4

20. A.

21. (1)$f_Y(y)=\begin{cases} \dfrac{1}{6}, & -2<y<4, \\ 0, & \text{其他}; \end{cases}$ (2)$f_Y(y)=\begin{cases} \dfrac{1}{2y}, & e^{-1}<y<e, \\ 0, & \text{其他}. \end{cases}$

22. (1)$B=2$；(2)0.75；

(3)$F(x)=\begin{cases} 0, & x<0, \\ \dfrac{1}{2}x^2, & 0\leqslant x<1, \\ -\dfrac{x^2}{2}+2x-1, & 1\leqslant x<2, \\ 1, & x\geqslant 2; \end{cases}$ (4)$f_Y(y)=\begin{cases} 3(1-y)^2[1-(1-y)^3], & 1-\sqrt[3]{2}\leqslant y\leqslant 0, \\ 3(1-y)^5, & 0<y\leqslant 1, \\ 0, & \text{其他}. \end{cases}$

24.

Y	-1	1	2	3
p_k	0.2	0.5	0.5	0.3

25. $F_Y(y)=\begin{cases} 0, & y\leqslant 0, \\ y, & 0<y<1, \\ 1, & y\geqslant 1, \end{cases}$ $f_Y(y)=\begin{cases} 1, & 0<y<1, \\ 0, & \text{其他}. \end{cases}$

26. 后一方案优于前一方案.

习题三

1.

X＼Y	0	1	2
0	0	0	$\frac{1}{35}$
1	0	$\frac{6}{35}$	$\frac{6}{35}$
2	$\frac{3}{35}$	$\frac{12}{35}$	$\frac{3}{35}$
3	$\frac{2}{35}$	$\frac{2}{35}$	0

2.

X＼Y	1	2	3
1	$\frac{1}{3}$	0	0
2	$\frac{1}{6}$	$\frac{1}{6}$	0
3	$\frac{1}{9}$	$\frac{1}{9}$	$\frac{1}{9}$

3.

U＼V	1	2
1	$\frac{4}{9}$	0
2	$\frac{4}{9}$	$\frac{1}{9}$

4.

X＼Y	1	2
1	0	$\frac{1}{3}$
2	$\frac{1}{3}$	$\frac{1}{3}$

$$F(x, y)=\begin{cases} 0, & x<1 \text{ 或 } y<1, \\ 0, & 1\leqslant x<2, 1\leqslant y<2, \\ \frac{1}{3}, & 1\leqslant x<2, y\geqslant2, \\ \frac{1}{3}, & x\geqslant2, 1\leqslant y<2, \\ 1, & x>2, y>2. \end{cases}$$

5. (1)$C=12$；(2)$(1-e^{-3})(1-e^{-8})$；(3)$F(x, y)=\begin{cases} (1-e^{-3x})(1-e^{-4y}), & x>0, y>0, \\ 0, & \text{其他}. \end{cases}$

6. (1)$\dfrac{5}{6}$；(2)$\dfrac{17}{24}$；(3)$\dfrac{65}{72}$.

7. (1)$f(x,\ y)=\begin{cases}\dfrac{1}{2}\mathrm{e}^{-\frac{x}{2}}, & 0<x<1,\ y>0,\\[2mm] 0, & \text{其他;}\end{cases}$

　(2)$1-\sqrt{2\pi}\,[\varPhi(1)-\varPhi(0)]=0.144\,5$.

8. $P\{X=m\}=pq^{m-1}$ $(m=1,\ 2,\ \cdots)$；$P\{Y=n\}=(n-1)p^{2}q^{n-2}$ $(n=2,\ 3,\ \cdots)$.

9. $f_X(x)=\begin{cases}1+x, & -1\leqslant x\leqslant 0,\\ 1-x, & 0<x\leqslant 1,\\ 0, & \text{其他.}\end{cases}$ $f_Y(y)=\begin{cases}1+y, & -1\leqslant y\leqslant 0,\\ 1-y, & 0<y\leqslant 1,\\ 0, & \text{其他.}\end{cases}$

10. $a=0.2$, $b=0.3$.

11. $f_X(x)=\begin{cases}2.4x^{2}(2-x), & 0\leqslant x\leqslant 1,\\ 0, & \text{其他.}\end{cases}$ $f_Y(y)=\begin{cases}2.4y(3-4y+y^{2}), & 0\leqslant y\leqslant 1,\\ 0, & \text{其他.}\end{cases}$

　不是相互独立的.

12. (1)$k=\dfrac{3}{2}$；(2)$f_X(x)=\begin{cases}3x^{2}, & 0\leqslant x\leqslant 1,\\ 0, & \text{其他;}\end{cases}$ $f_Y(y)=\begin{cases}\dfrac{3(1-y^{2})}{4}, & -1\leqslant y\leqslant 1,\\[2mm] 0, & \text{其他;}\end{cases}$

　(3)不是相互独立的.

13. $Y\sim\pi(\lambda p)$.

14. (1)当 $y>0$ 时，$f_{X|Y}(x|y)=\begin{cases}\lambda\mathrm{e}^{-\lambda x}, & x>0,\\ 0, & x\leqslant 0;\end{cases}$

　(2)

Z	0	1
P_k	$\dfrac{\mu}{\lambda+\mu}$	$\dfrac{\lambda}{\lambda+\mu}$

$$F_Z(z)=\begin{cases}0, & z<0,\\[1mm] \dfrac{\mu}{\lambda+\mu}, & 0\leqslant z<1,\\[1mm] 1, & z\geqslant 1.\end{cases}$$

16. $f_1(x)=\begin{cases}\dfrac{x^{3}\mathrm{e}^{-x}}{3!}, & x>0,\\[2mm] 0, & x\leqslant 0;\end{cases}$ $f_2(x)=\begin{cases}\dfrac{x^{5}\mathrm{e}^{-x}}{5!}, & x>0,\\[2mm] 0, & x\leqslant 0.\end{cases}$

17. $f_Z(z)=\begin{cases}2z-z^{2}, & 0<z<1,\\ (2-z)^{2}, & 1\leqslant z<2,\\ 0, & \text{其他.}\end{cases}$

18. $f_Z(z)=\begin{cases}\dfrac{1}{2}z^{2}\mathrm{e}^{-z}, & z>0,\\[2mm] 0, & z\leqslant 0.\end{cases}$

19. $f_U(u)=\begin{cases}\displaystyle\sum_{i=1}^{n}\lambda_i\exp\Big(-u\sum_{i=1}^{n}\lambda_i\Big), & u>0,\\[2mm] 0, & u\leqslant 0.\end{cases}$

20. 0. 072 0；0. 632 1.

习题四

1. $\frac{21}{8}$，$\frac{61}{8}$，$\frac{177}{8}$.

2. $\frac{9}{10}$，$\frac{49}{100}$.

3. 1. 055 6.

4. $E(X)$不存在.

5. $\frac{1}{3}$，$\frac{1}{10}$.

6. 10 年.

7. 1，$\frac{5}{3}$.

8. (1)2，0；(2)5；(3)$-\frac{1}{15}$.

9. 4，$\frac{1}{3}$.

10. 45V.

11. $E(Y_1)=\frac{1}{(n+1)}$，$E(Y_2)=\frac{n}{(n+1)}$.

12. $\frac{5}{3}$.

13. $M\left[1-\left(\frac{M-1}{M}\right)^n\right]$.

14. $\frac{1}{8}$.

15. (1)$c=8$；(2)$\frac{4}{5}$，$\frac{8}{15}$，$\frac{2}{75}$，$\frac{11}{225}$；(3)$\frac{4}{225}$，$\frac{2\sqrt{66}}{33}$.

16. 11，51.

17. $\frac{8}{9}$.

18. $\frac{1}{12}$.

19. $(\sigma_1^2+\sigma_2^2)\left(1-\frac{2}{\pi}\right)$.

20. (1)$\frac{a^2-b^2}{a^2+b^2}$；(2)$a^2=b^2$.

习题五

2. 0. 875 9.

3. (1)$P\{X=k\}=\binom{100}{k}\times 0.2^k\times 0.8^{100-k}$，$k=0$，1，2，…；

(2)$\Phi(2.5)+\Phi(1.5)-1=0.927\ 0$.

4. 1.25×10^4 只.

5. $0.929\ 7$.

6. $0.115\ 1$.

7. $0.742\ 2$.

8. 0.01.

9. $0.841\ 4$.

10. 至少要安装 62 个水龙头，才能以 95% 的概率保证使用需要.

习题六

1. $0.829\ 3$.

2. $0.045\ 6$.

3. $\dfrac{1}{3}$.

4. $\sqrt{\dfrac{3}{2}}$.

5. 16.

6. $0.674\ 4$.

7. $F(10,\ 15)$.

习题七

1. $\hat{\mu}=1\ 151$；$\hat{\sigma}^2=6\ 652$.

2. $\hat{a}=\overline{X}-\sqrt{\dfrac{3}{n}\sum\limits_{i=1}^{n}(X_i-\overline{X})^2}$，$\hat{b}=\overline{X}+\sqrt{\dfrac{3}{n}\sum\limits_{i=1}^{n}(X_i-\overline{X})^2}$.

3. $\hat{\theta}=\dfrac{5}{6}$，$\hat{\theta}=\dfrac{5}{6}$.

4. $\hat{\theta}=\max\{X_1,\ X_2,\ \cdots,\ X_n\}$.

5. $\hat{U}=e^{\hat{\theta}}$，其中 $\hat{\theta}=-\dfrac{n}{\sum\limits_{i=1}^{n}\ln X_i}$.

8. $\hat{\mu}_2$ 比较有效.

9. $(144.720,\ 149.946)$.

10. $(1.932,\ 3.468)$.

11. $(1)(998.65,\ 1\ 001.85)$；$(2)(998.58,\ 1\ 001.92)$.

12. $(35.81,\ 252.30)$.

13. $(7.4,\ 21.1)$.

14. $(3.07,\ 4.93)$.

15. $(0.172\ 5,\ 1.623\ 7)$.

16. $(0.258,\ 2.133)$.

习题八

1. (1)可以认为总体均值等于 100 mm；(2)可以认为总体均值等于 100 mm.

2. 可以认为显著大于 10.

3. 拒绝原假设 H_0，接受备择假设 H_1，即认为新工艺事实上提高了灯管的平均寿命.

4. 可以接受 H_0，即认为包装机工作正常.

5. 接受 H_0.

6. 可以接受 H_0.

7. 谷物产量无显著差异.

8. 可以认为两台机床生产的滚珠的直径服从相同的正态分布.

9. 拒绝 H_0.

10. (1)可以认为两种淬火温度下振动板硬度的方差无显著差异；
    (2)可以认为淬火温度对振动板的硬度有显著影响.

11. $F=0.32<0.34$，故拒绝原假设，认为两厂生产的电阻值的方差不同.

12. 拒绝 H_0，认为各鱼类数量之比较 10 年前有显著改变.

13. 可以认为这些数字服从等概率分布.

14. 接受 H_0，即认为样本来自泊松(Poisson)分布总体.

附　表

附表1　几种常用的概率分布表

分布	参数	分布律或概率密度	数学期望	方差
0—1 分布	$0<p<1$	$P\{X=k\}=p^k(1-p)^{1-k}$, $k=0$, 1	p	$p(1-p)$
二项分布	$n\geqslant 1$ $0<p<1$	$P\{X=k\}=\binom{n}{k}p^k(1-p)^{n-k}$ $k=0$, 1, $\cdots$, n	np	$np(1-p)$
负二项分布 （巴斯卡分布）	$r\geqslant 1$ $0<p<1$	$P\{X=k\}=\binom{k-1}{r-1}p^r(1-p)^{k-r}$ $k=r$, $r+1$, $\cdots$	$\dfrac{r}{p}$	$\dfrac{r(1-p)}{p^2}$
几何分布	$0<p<1$	$P\{X=k\}=(1-p)^{k-1}p$, $k=1$, 2, $\cdots$	$\dfrac{1}{p}$	$\dfrac{1-p}{p^2}$
超几何分布	N,M,n $(M\leqslant N)$ $(n\leqslant N)$	$P\{X=k\}=\dfrac{\binom{M}{k}\binom{N-M}{n-k}}{\binom{N}{n}}$ k 为整数， $\max\{0,\ n-N+M\}\leqslant k\leqslant\min\{n,\ M\}$	$\dfrac{nM}{N}$	$\dfrac{nM}{N}\left(1-\dfrac{M}{N}\right)\left(\dfrac{N-n}{N-1}\right)$
泊松分布	$\lambda>0$	$P\{X=k\}=\dfrac{\lambda^k e^{-\lambda}}{k!}$, $k=0$, 1, 2, $\cdots$	λ	λ
均匀分布	$a<b$	$f(x)=\begin{cases}\dfrac{1}{b-a}, & a<x<b,\\[2mm] 0, & \text{其他}\end{cases}$	$\dfrac{1}{2}(a+b)$	$\dfrac{(b-a)^2}{12}$
正态分布	μ $\sigma>0$	$f(x)=\dfrac{1}{\sqrt{2\pi}\sigma}e^{-\frac{(x-\mu)^2}{2\sigma^2}}$	μ	σ^2
Γ 分布	$\alpha>0$ $\beta>0$	$f(x)=\begin{cases}\dfrac{1}{\beta^\alpha\Gamma(\alpha)}x^{\alpha-1}e^{-\frac{x}{\beta}}, & x>0,\\[2mm] 0, & \text{其他}\end{cases}$	$\alpha\beta$	$\alpha\beta^2$
指数分布 （负指数分布）	$\theta>0$	$f(x)=\begin{cases}\dfrac{1}{\theta}e^{-\frac{x}{\theta}}, & x>0,\\[2mm] 0, & \text{其他}\end{cases}$	θ	θ^2

分布	参数	分布律或概率密度	数学期望	方差
χ^2分布	$n \geqslant 1$	$f(x)=\begin{cases}\dfrac{1}{2^{\frac{n}{2}}\Gamma\left(\dfrac{n}{2}\right)}x^{\frac{n}{2}-1}\mathrm{e}^{-\frac{x}{2}}, & x>0, \\ 0, & \text{其他}\end{cases}$	n	$2n$
韦布尔分布	$\eta>0$ $\beta>0$	$f(x)=\begin{cases}\dfrac{\beta}{\eta}\left(\dfrac{x}{\eta}\right)^{\beta-1}\mathrm{e}^{-\left(\frac{x}{\eta}\right)^{\beta}}, & x>0, \\ 0, & \text{其他}\end{cases}$	$\eta\Gamma\left(\dfrac{1}{\beta}+1\right)$	$\eta^2\left\{\Gamma\left(\dfrac{2}{\beta}+1\right)-\left[\Gamma\left(\dfrac{1}{\beta}+1\right)\right]^2\right\}$
瑞利分布	$\sigma>0$	$f(x)=\begin{cases}\dfrac{x}{\sigma^2}\mathrm{e}^{-x^2/(2\sigma^2)}, & x>0, \\ 0, & \text{其他}\end{cases}$	$\sqrt{\dfrac{\pi}{2}}\sigma$	$\dfrac{4-\pi}{2}\sigma^2$
β分布	$\alpha>0$ $\beta>0$	$f(x)=\begin{cases}\dfrac{\Gamma(\alpha+\beta)}{\Gamma(\alpha)\Gamma(\beta)}x^{\alpha-1}(1-x)^{\beta-1}, & 0<x<1, \\ 0, & \text{其他}\end{cases}$	$\dfrac{\alpha}{\alpha+\beta}$	$\dfrac{\alpha\beta}{(\alpha+\beta)^2(\alpha+\beta+1)}$
对数正态分布	μ $\sigma>0$	$f(x)=\begin{cases}\dfrac{1}{\sqrt{2\pi}\sigma x}\mathrm{e}^{-(\ln x-\mu)^2/(2\sigma^2)}, & x>0, \\ 0, & \text{其他}\end{cases}$	$\mathrm{e}^{\mu+\frac{\sigma^2}{2}}$	$\mathrm{e}^{2\mu+\sigma^2}(\mathrm{e}^{\sigma^2}-1)$
柯西分布	a $\lambda>0$	$f(x)=\dfrac{1}{\pi}\dfrac{1}{\lambda^2+(x-a)^2}, \quad -\infty<x<\infty$	不存在	不存在
t分布	$n \geqslant 1$	$f(x)=\dfrac{\Gamma\left(\dfrac{n+1}{2}\right)}{\sqrt{n\pi}\Gamma\left(\dfrac{n}{2}\right)}\left(1+\dfrac{x^2}{n}\right)^{-\frac{n+1}{2}},$ $-\infty<x<\infty$	$0(n>1)$	$\dfrac{n}{n-2}(n>2)$
F分布	n_1, n_2	$f(x)=$ $\begin{cases}\dfrac{\Gamma\left(\dfrac{n_1+n_2}{2}\right)\left(\dfrac{n_1}{n_2}\right)^{\frac{n_1}{2}}x^{\frac{n_1}{2}-1}}{\Gamma\left(\dfrac{n_1}{2}\right)\Gamma\left(\dfrac{n_2}{2}\right)\left[1+\left(\dfrac{n_1 x}{n_2}\right)\right]^{\frac{n_1+n_2}{2}}}, & x>0, \\ 0, & \text{其他}\end{cases}$	$\dfrac{n_2}{n_2-2}$ $(n_2>2)$	$\dfrac{2n_2^2(n_1+n_2-2)}{n_1(n_2-2)^2(n_2-4)}$ $(n_2>4)$

附表 2　标准正态分布表

$$\Phi(x) = \int_{-\infty}^{x} \frac{1}{\sqrt{2\pi}} e^{-u^2/2} \mathrm{d}u = P\{X \leqslant x\}$$

x	0.00	0.01	0.02	0.03	0.04	0.05	0.06	0.07	0.08	0.09
0.0	0.500 0	0.504 0	0.508 0	0.512 0	0.516 0	0.519 9	0.523 9	0.527 9	0.531 9	0.535 9
0.1	0.539 8	0.543 8	0.547 8	0.551 7	0.555 7	0.559 6	0.563 6	0.567 5	0.571 4	0.575 3
0.2	0.579 3	0.583 2	0.587 1	0.591 0	0.594 8	0.598 7	0.602 6	0.606 4	0.610 3	0.614 1
0.3	0.617 9	0.621 7	0.625 5	0.629 3	0.633 1	0.636 8	0.640 6	0.644 3	0.648 0	0.651 7
0.4	0.655 4	0.659 1	0.662 8	0.666 4	0.670 0	0.673 6	0.677 2	0.680 8	0.684 4	0.687 9
0.5	0.691 5	0.695 0	0.698 5	0.701 9	0.705 4	0.708 8	0.712 3	0.715 7	0.719 0	0.722 4
0.6	0.725 7	0.729 1	0.732 4	0.735 7	0.738 9	0.742 2	0.745 4	0.748 6	0.751 7	0.754 9
0.7	0.758 0	0.761 1	0.764 2	0.767 3	0.770 3	0.773 4	0.776 4	0.779 4	0.782 3	0.785 2
0.8	0.788 1	0.791 0	0.793 9	0.796 7	0.799 5	0.802 3	0.805 1	0.807 8	0.810 6	0.813 3
0.9	0.815 9	0.818 6	0.821 2	0.823 8	0.826 4	0.828 9	0.831 5	0.834 0	0.836 5	0.838 9
1.0	0.841 3	0.843 8	0.846 1	0.848 5	0.850 8	0.853 1	0.855 4	0.857 7	0.859 9	0.862 1
1.1	0.864 3	0.866 5	0.868 6	0.870 8	0.872 9	0.874 9	0.877 0	0.879 0	0.881 0	0.883 0
1.2	0.884 9	0.886 9	0.888 8	0.890 7	0.892 5	0.894 4	0.896 2	0.898 0	0.899 7	0.901 5
1.3	0.903 2	0.904 9	0.906 6	0.908 2	0.909 9	0.911 5	0.913 1	0.914 7	0.916 2	0.917 7
1.4	0.919 2	0.920 7	0.922 2	0.923 6	0.925 1	0.926 5	0.927 8	0.929 2	0.930 6	0.931 9
1.5	0.933 2	0.934 5	0.935 7	0.937 0	0.938 2	0.939 4	0.940 6	0.941 8	0.943 0	0.944 1
1.6	0.945 2	0.946 3	0.947 4	0.948 4	0.949 5	0.950 5	0.951 5	0.952 5	0.953 5	0.954 5
1.7	0.955 4	0.956 4	0.957 3	0.958 2	0.959 1	0.959 9	0.960 8	0.961 6	0.962 5	0.963 3
1.8	0.964 1	0.964 8	0.965 6	0.966 4	0.967 1	0.967 8	0.968 6	0.969 3	0.970 0	0.970 6
1.9	0.971 3	0.971 9	0.972 6	0.973 2	0.973 8	0.974 4	0.975 0	0.975 6	0.976 2	0.976 7
2.0	0.977 2	0.977 8	0.978 3	0.978 8	0.979 3	0.979 8	0.980 3	0.980 8	0.981 2	0.981 7
2.1	0.982 1	0.982 6	0.983 0	0.983 4	0.983 8	0.984 2	0.984 6	0.985 0	0.985 4	0.985 7
2.2	0.986 1	0.986 4	0.986 8	0.987 1	0.987 4	0.987 8	0.988 1	0.988 4	0.988 7	0.989 0
2.3	0.989 3	0.989 6	0.989 8	0.990 1	0.990 4	0.990 6	0.990 9	0.991 1	0.991 3	0.991 6
2.4	0.991 8	0.992 0	0.992 2	0.992 5	0.992 7	0.992 9	0.993 1	0.993 2	0.993 4	0.993 6
2.5	0.993 8	0.994 0	0.994 1	0.994 3	0.994 5	0.994 6	0.994 8	0.994 9	0.995 1	0.995 2
2.6	0.995 3	0.995 5	0.995 6	0.995 7	0.995 9	0.996 0	0.996 1	0.996 2	0.996 3	0.996 4
2.7	0.996 5	0.996 6	0.996 7	0.996 8	0.996 9	0.997 0	0.997 1	0.997 2	0.997 3	0.997 4
2.8	0.997 4	0.997 5	0.997 6	0.997 7	0.997 7	0.997 8	0.997 9	0.997 9	0.998 0	0.998 1
2.9	0.998 1	0.998 2	0.998 2	0.998 3	0.998 4	0.998 4	0.998 5	0.998 5	0.998 6	0.998 6
3.0	0.998 7	0.998 7	0.998 7	0.998 8	0.998 8	0.998 9	0.998 9	0.998 9	0.999 0	0.999 0
3.1	0.999 0	0.999 1	0.999 1	0.999 1	0.999 2	0.999 2	0.999 2	0.999 2	0.999 3	0.999 3
3.2	0.999 3	0.999 3	0.999 4	0.999 4	0.999 4	0.999 4	0.999 4	0.999 5	0.999 5	0.999 5
3.3	0.999 5	0.999 5	0.999 5	0.999 6	0.999 6	0.999 6	0.999 6	0.999 6	0.999 6	0.999 7
3.4	0.999 7	0.999 7	0.999 7	0.999 7	0.999 7	0.999 7	0.999 7	0.999 7	0.999 7	0.999 8

附表3 泊松分布表

$$P\{X \leqslant x\} = \sum_{k=0}^{x} \frac{\lambda^k e^{-\lambda}}{k!}$$

x	λ								
	0.1	0.2	0.3	0.4	0.5	0.6	0.7	0.8	0.9
0	0.904 8	0.818 7	0.740 8	0.673 0	0.606 5	0.548 8	0.496 6	0.449 3	0.406 6
1	0.995 3	0.982 5	0.963 1	0.938 4	0.909 8	0.878 1	0.844 2	0.808 8	0.772 5
2	0.999 8	0.998 9	0.996 4	0.992 1	0.985 6	0.976 9	0.965 9	0.952 6	0.937 1
3	1.000 0	0.999 9	0.999 7	0.999 2	0.998 2	0.996 6	0.994 2	0.990 9	0.986 5
4		1.000 0	1.000 0	0.999 9	0.999 8	0.999 6	0.999 2	0.998 6	0.997 7
5				1.000 0	1.000 0	1.000 0	0.999 9	0.999 8	0.999 7
6							1.000 0	1.000 0	1.000 0

x	λ								
	1.0	1.5	2.0	2.5	3.0	3.5	4.0	4.5	5.0
0	0.367 9	0.223 1	0.135 3	0.082 1	0.049 8	0.030 2	0.018 3	0.011 1	0.006 7
1	0.735 8	0.557 8	0.406 0	0.287 3	0.199 1	0.135 9	0.091 6	0.061 1	0.040 4
2	0.919 7	0.808 8	0.676 7	0.543 8	0.423 2	0.320 8	0.238 1	0.173 6	0.124 7
3	0.981 0	0.934 4	0.857 1	0.757 6	0.647 2	0.536 6	0.433 5	0.342 3	0.265 0
4	0.996 3	0.981 4	0.947 3	0.891 2	0.815 3	0.725 4	0.628 8	0.532 1	0.440 5
5	0.999 4	0.995 5	0.983 4	0.958 0	0.916 1	0.857 6	0.785 1	0.702 9	0.616 0
6	0.999 9	0.999 1	0.995 5	0.985 8	0.966 5	0.934 7	0.889 3	0.831 1	0.762 2
7	1.000 0	0.999 8	0.998 9	0.995 8	0.988 1	0.973 3	0.948 9	0.913 4	0.866 6
8		1.000 0	0.999 8	0.998 9	0.996 2	0.990 1	0.978 6	0.959 7	0.931 9
9			1.000 0	0.999 7	0.998 9	0.996 7	0.991 9	0.982 9	0.968 2
10				0.999 9	0.999 7	0.999 0	0.997 2	0.993 3	0.986 3
11				1.000 0	0.999 9	0.999 7	0.999 1	0.997 6	0.994 5
12					1.000 0	0.999 9	0.999 7	0.999 2	0.998 0

x	λ								
	5.5	6.0	6.5	7.0	7.5	8.0	8.5	9.0	9.5
0	0.004 1	0.002 5	0.001 5	0.000 9	0.000 6	0.000 3	0.000 2	0.000 1	0.000 1
1	0.026 6	0.017 4	0.011 3	0.007 3	0.004 7	0.003 0	0.001 9	0.001 2	0.000 8
2	0.088 4	0.062 0	0.043 0	0.029 6	0.020 3	0.013 8	0.009 3	0.006 2	0.004 2
3	0.201 7	0.151 2	0.111 8	0.081 8	0.059 1	0.042 4	0.030 1	0.021 2	0.014 9

x	λ								
	5.5	6.0	6.5	7.0	7.5	8.0	8.5	9.0	9.5
4	0.357 5	0.285 1	0.223 7	0.173 0	0.132 1	0.099 6	0.074 4	0.055 0	0.040 3
5	0.528 9	0.445 7	0.369 0	0.300 7	0.241 4	0.191 2	0.149 6	0.115 7	0.088 5
6	0.686 0	0.606 3	0.526 5	0.449 7	0.378 2	0.313 4	0.256 2	0.206 8	0.164 9
7	0.809 5	0.744 0	0.672 8	0.598 7	0.524 6	0.453 0	0.385 6	0.323 9	0.268 7
8	0.894 4	0.847 2	0.791 6	0.729 1	0.662 0	0.592 5	0.523 1	0.455 7	0.391 8
9	0.946 2	0.916 1	0.877 4	0.830 5	0.776 4	0.716 6	0.653 0	0.587 4	0.521 8
10	0.974 7	0.957 4	0.933 2	0.901 5	0.862 2	0.815 9	0.763 4	0.706 0	0.645 3
11	0.989 0	0.979 9	0.966 1	0.946 6	0.920 8	0.888 1	0.848 7	0.803 0	0.752 0
12	0.995 5	0.991 2	0.984 0	0.973 0	0.957 3	0.936 2	0.909 1	0.875 8	0.836 4
13	0.998 3	0.996 4	0.992 9	0.987 2	0.978 4	0.965 8	0.948 6	0.926 1	0.898 1
14	0.999 4	0.998 6	0.997 0	0.994 3	0.989 7	0.982 7	0.972 6	0.958 5	0.940 0
15	0.999 8	0.999 5	0.998 8	0.997 6	0.995 4	0.991 8	0.986 2	0.978 0	0.966 5
16	0.999 9	0.999 8	0.999 6	0.999 0	0.998 0	0.996 3	0.993 4	0.988 9	0.982 3
17	1.000 0	0.999 9	0.999 8	0.999 6	0.999 2	0.998 4	0.997 0	0.994 7	0.991 1
18		1.000 0	0.999 9	0.999 9	0.999 7	0.999 4	0.998 7	0.997 6	0.995 7
19			1.000 0	1.000 0	0.999 9	0.999 7	0.999 5	0.998 9	0.998 0
20					1.000 0	0.999 9	0.999 8	0.999 6	0.999 1

x	λ								
	10.0	11.0	12.0	13.0	14.0	15.0	16.0	17.0	18.0
0	0.000 0	0.000 0	0.000 0						
1	0.000 5	0.000 2	0.000 1	0.000 0	0.000 0				
2	0.002 8	0.001 2	0.000 5	0.000 2	0.000 1	0.000 0	0.000 0		
3	0.010 3	0.004 9	0.002 3	0.001 0	0.000 5	0.000 2	0.000 1	0.000 0	0.000 0
4	0.029 3	0.015 1	0.007 6	0.003 7	0.001 8	0.000 9	0.000 4	0.000 2	0.000 1
5	0.067 1	0.037 5	0.020 3	0.010 7	0.005 5	0.002 8	0.001 4	0.000 7	0.000 3
6	0.130 1	0.078 6	0.045 8	0.025 9	0.014 2	0.007 6	0.004 0	0.002 1	0.001 0
7	0.220 2	0.143 2	0.089 5	0.054 0	0.031 6	0.018 0	0.010 0	0.005 4	0.002 9
8	0.332 8	0.232 0	0.155 0	0.099 8	0.062 1	0.037 4	0.022 0	0.012 6	0.007 1
9	0.457 9	0.340 5	0.242 4	0.165 8	0.109 4	0.069 9	0.043 3	0.026 1	0.015 4
10	0.583 0	0.459 9	0.347 2	0.251 7	0.175 7	0.118 5	0.077 4	0.049 1	0.030 4
11	0.696 8	0.579 3	0.461 6	0.353 2	0.260 0	0.184 8	0.127 0	0.084 7	0.054 9

x	λ								
	10.0	11.0	12.0	13.0	14.0	15.0	16.0	17.0	18.0
12	0.791 6	0.688 7	0.576 0	0.463 1	0.358 5	0.267 6	0.193 1	0.135 0	0.091 7
13	0.864 5	0.781 3	0.681 5	0.573 0	0.464 4	0.363 2	0.274 5	0.200 9	0.142 6
14	0.916 5	0.854 0	0.772 0	0.675 1	0.570 4	0.465 7	0.367 5	0.280 8	0.208 1
15	0.951 3	0.907 4	0.844 4	0.763 6	0.669 4	0.568 1	0.466 7	0.171 5	0.286 7
16	0.973 0	0.944 1	0.898 7	0.835 5	0.755 9	0.664 1	0.566 0	0.467 7	0.375 0
17	0.985 7	0.967 8	0.937 0	0.890 5	0.827 2	0.748 9	0.659 3	0.564 0	0.468 6
18	0.992 8	0.982 3	0.962 6	0.930 2	0.882 6	0.819 5	0.742 3	0.655 0	0.562 2
19	0.996 5	0.990 7	0.978 7	0.957 3	0.923 5	0.875 2	0.812 2	0.736 3	0.650 9
20	0.998 4	0.995 3	0.988 4	0.975 0	0.952 1	0.917 0	0.868 2	0.805 5	0.730 7
21	0.999 3	0.997 7	0.993 9	0.985 9	0.971 2	0.946 9	0.910 8	0.861 5	0.799 1
22	0.999 7	0.999 0	0.997 0	0.992 4	0.983 3	0.967 2	0.941 8	0.904 7	0.855 1
23	0.999 9	0.999 5	0.998 5	0.996 0	0.990 7	0.980 5	0.963 3	0.936 7	0.898 9
24	1.000 0	0.999 8	0.999 3	0.998 0	0.995 0	0.988 8	0.977 7	0.959 4	0.931 7
25		0.999 9	0.999 7	0.999 0	0.997 4	0.993 8	0.986 9	0.974 8	0.955 4
26		1.000 0	0.999 9	0.999 5	0.998 7	0.996 7	0.992 5	0.984 8	0.971 8
27			0.999 9	0.999 8	0.999 4	0.998 3	0.995 9	0.991 2	0.982 7
28			1.000 0	0.999 9	0.999 7	0.999 1	0.997 8	0.995 0	0.989 7
29				1.000 0	0.999 9	0.999 6	0.998 9	0.997 3	0.994 1
30					0.999 9	0.999 8	0.999 4	0.998 6	0.996 7
31					1.000 0	0.999 9	0.999 7	0.999 3	0.998 2
32						1.000 0	0.999 9	0.999 6	0.999 0
33							0.999 9	0.999 8	0.999 5
34							1.000 0	0.999 9	0.999 8
35								1.000 0	0.999 9
36									0.999 9
37									1.000 0

附表 4　t 分布表

$P\{t(n) > t_\alpha(n)\} = \alpha$

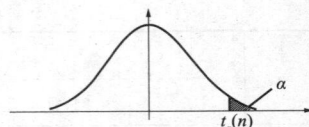

n ＼ α	0.25	0.10	0.05	0.025	0.01	0.005
1	1.000 0	3.078 77	6.313 8	12.706 2	31.820 7	63.657 4
2	0.816 5	1.885 6	2.920 0	4.302 7	6.964 6	9.924 8
3	0.764 9	1.637 7	2.353 4	3.182 4	4.540 7	5.840 9
4	0.740 7	1.533 2	2.131 8	2.776 4	3.746 9	4.604 1
5	0.726 7	1.475 9	2.015 0	2.570 6	3.364 9	4.032 2
6	0.717 6	1.439 8	1.943 2	2.446 9	3.142 7	3.707 4
7	0.711 1	1.414 9	1.894 6	2.364 6	2.998 0	3.499 5
8	0.706 4	1.396 8	1.859 5	2.306 0	2.896 5	3.355 4
9	0.702 7	1.383 0	1.833 1	2.262 2	2.821 4	3.249 8
10	0.699 8	1.372 2	1.812 5	2.228 1	2.763 8	3.169 3
11	0.697 4	1.363 4	1.795 9	2.201 0	2.718 1	3.105 8
12	0.695 5	1.356 2	1.782 3	2.178 8	2.681 0	3.054 5
13	0.693 8	1.350 2	1.770 9	2.160 4	2.650 3	3.012 3
14	0.692 4	1.345 0	1.761 3	2.144 8	2.624 5	2.976 8
15	0.691 2	1.340 6	1.753 1	2.131 5	2.602 5	2.946 7
16	0.690 1	1.336 8	1.745 9	2.119 9	2.583 5	2.920 8
17	0.689 2	1.333 4	1.739 6	2.109 8	2.566 9	2.898 2
18	0.688 4	1.330 4	1.734 1	2.100 9	2.552 4	2.878 4
19	0.687 6	1.327 7	1.729 1	2.093 0	2.539 5	2.860 9
20	0.687 0	1.325 3	1.724 7	2.086 0	2.528 0	2.845 3
21	0.686 4	1.323 2	1.720 7	2.079 6	2.517 7	2.831 4
22	0.685 8	1.321 2	1.717 1	2.073 9	2.508 3	2.818 8
23	0.685 3	1.319 5	1.713 9	2.068 7	2.499 9	2.807 3
24	0.684 8	1.317 8	1.710 9	2.063 9	2.492 2	2.796 9
25	0.684 4	1.316 3	1.708 1	2.059 5	2.485 1	2.787 4
26	0.684 0	1.315 0	1.705 8	2.055 5	2.478 6	2.778 7
27	0.683 7	1.313 7	1.703 3	2.051 8	2.472 7	2.770 7
28	0.683 4	1.312 5	1.701 1	2.048 4	2.467 1	2.763 3
29	0.683 0	1.311 4	1.699 1	2.045 2	2.462 0	2.756 4
30	0.682 8	1.310 4	1.697 3	2.042 3	2.457 3	2.750 0
31	0.682 5	1.309 5	1.695 5	2.039 5	2.452 8	2.744 0
32	0.682 2	1.308 6	1.693 9	2.036 9	2.448 7	2.738 5
33	0.682 0	1.307 7	1.692 4	2.034 5	2.444 8	2.733 3
34	0.681 8	1.307 0	1.690 9	2.032 2	2.441 1	2.728 4
35	0.681 6	1.306 2	1.689 6	2.030 1	2.437 7	2.723 8
36	0.681 4	1.305 5	1.688 3	2.028 1	2.434 5	2.719 5
37	0.681 2	1.304 9	1.687 1	2.026 2	2.431 4	2.715 4
38	0.681 0	1.304 2	1.686 0	2.024 4	2.428 6	2.711 6
39	0.680 8	1.303 6	1.684 9	2.022 7	2.425 8	2.707 9
40	0.680 7	1.303 1	1.683 9	2.021 1	2.423 3	2.704 5
41	0.680 5	1.302 5	1.682 9	2.019 5	2.420 8	2.701 2
42	0.680 4	1.302 0	1.682 0	2.018 1	2.418 5	2.698 1
43	0.680 2	1.301 6	1.681 1	2.016 7	2.416 3	2.695 1
44	0.680 1	1.301 1	1.680 2	2.015 4	2.414 1	2.692 3
45	0.680 0	1.300 6	1.679 4	2.014 1	2.412 1	2.680 6

附表 5　χ^2 分布表

$$P\{\chi^2(n) > \chi_\alpha^2(n)\} = \alpha$$

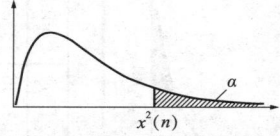

n \ α	0.995	0.99	0.975	0.95	0.9	0.75	0.25	0.1	0.05	0.025	0.01	0.005
1	—	—	0.001	0.004	0.016	0.102	1.323	2.706	3.841	5.024	6.635	7.879
2	0.010	0.020	0.051	0.103	0.211	0.575	2.773	4.605	5.991	7.378	9.210	10.597
3	0.072	0.115	0.216	0.352	0.584	1.213	4.108	6.251	7.815	9.348	11.345	12.838
4	0.207	0.297	0.484	0.711	1.064	1.923	5.385	7.779	9.488	11.143	13.277	14.860
5	0.412	0.554	0.831	1.145	1.610	2.695	6.626	9.236	11.071	12.833	15.086	16.750
6	0.676	0.872	1.237	1.635	2.204	3.455	7.841	10.645	12.592	14.449	16.812	18.548
7	0.989	1.239	1.690	2.167	2.833	4.255	9.037	12.017	14.067	16.013	18.475	20.278
8	1.344	1.646	2.180	2.733	3.490	5.071	10.219	13.362	15.507	17.535	20.090	21.955
9	1.735	2.088	2.700	3.325	4.168	5.899	11.389	14.684	16.919	19.023	21.666	23.589
10	2.156	2.558	3.247	3.940	4.865	6.737	12.549	15.987	18.307	20.483	23.209	25.188
11	2.603	3.053	3.816	4.575	5.578	7.584	13.701	17.275	19.675	21.920	24.725	26.757
12	3.074	3.571	4.404	5.226	6.304	8.438	14.845	18.549	21.026	23.337	26.217	28.299
13	3.565	4.107	5.009	5.892	7.042	9.299	15.984	19.812	22.362	24.736	27.688	29.819
14	4.075	4.660	5.629	6.571	7.790	10.165	17.117	21.064	23.685	26.119	29.141	31.319
15	4.601	5.229	6.262	7.261	8.547	11.037	18.245	22.307	24.996	27.488	30.578	32.801
16	5.142	5.812	6.908	7.962	9.312	11.912	19.369	23.542	26.296	28.845	32.000	34.267
17	5.697	6.408	7.564	8.672	10.085	12.792	20.489	24.769	27.587	30.191	33.409	35.718
18	6.265	7.015	8.231	9.390	10.865	13.675	21.605	25.989	28.869	31.526	34.805	37.156
19	6.844	7.633	8.907	10.117	11.651	14.562	22.718	27.204	30.144	32.852	36.191	38.582
20	7.434	8.260	9.591	10.851	12.443	15.452	23.828	28.412	31.410	34.170	37.566	39.997
21	8.034	8.897	10.283	11.591	13.240	16.344	24.935	29.615	32.671	35.479	38.932	41.401
22	8.643	9.542	10.982	12.338	14.042	17.240	26.039	30.813	33.924	36.781	40.289	42.796
23	9.260	10.196	11.689	13.091	14.848	18.137	27.141	32.007	35.172	38.076	41.638	44.181
24	9.886	10.856	12.401	13.848	15.659	19.037	28.241	33.196	36.415	39.364	42.980	45.559
25	10.520	11.524	13.120	14.611	16.473	19.939	29.339	34.382	37.652	40.646	44.314	46.928
26	11.160	12.298	13.844	15.379	17.292	20.843	30.435	35.563	38.885	41.923	45.642	48.290
27	11.808	12.879	14.573	16.151	18.114	21.749	31.528	36.741	40.113	43.194	46.963	49.645
28	12.461	13.565	15.308	16.928	18.939	22.657	32.620	37.916	41.337	44.461	48.278	50.993
29	13.121	14.257	16.047	17.708	19.768	23.567	33.711	39.087	42.557	45.722	49.588	52.336
30	13.787	14.954	16.791	18.493	20.599	24.478	34.800	40.256	43.773	46.979	50.892	53.672
31	14.458	15.655	17.539	19.281	21.434	25.390	35.887	41.422	44.985	48.232	52.191	55.003
32	15.134	16.362	18.291	20.072	22.271	26.304	36.973	42.585	46.194	49.480	53.486	56.328
33	15.815	17.074	19.047	20.807	23.110	27.219	38.053	43.745	47.400	50.725	54.776	57.648
34	16.501	17.789	19.806	21.664	23.952	28.136	39.141	44.903	48.602	51.966	56.061	58.964
35	17.192	18.509	20.569	22.465	24.797	29.054	40.223	46.059	49.802	53.203	57.342	60.275
36	17.887	19.233	21.336	23.269	25.613	29.973	41.304	47.212	50.998	54.437	58.619	61.581
37	18.586	19.960	22.106	24.075	26.492	30.893	42.383	48.363	52.192	55.668	59.892	62.883
38	19.289	20.691	22.878	24.884	27.343	31.815	43.462	49.513	53.384	56.896	61.162	64.181
39	19.996	21.436	23.654	25.695	28.196	32.737	44.539	50.660	54.572	58.120	62.428	65.476
40	20.707	22.164	24.433	26.509	29.051	33.660	45.616	51.805	55.758	59.342	63.691	66.766
41	21.421	22.906	25.215	27.326	29.907	34.585	46.692	52.949	53.942	60.561	64.950	68.053
42	22.138	23.650	25.999	28.144	30.765	35.510	47.766	54.090	58.124	61.777	66.206	69.336
43	22.859	24.398	26.785	28.965	31.625	36.430	48.840	55.230	59.304	62.990	67.459	70.606
44	23.584	25.143	27.575	29.787	32.487	37.363	49.913	56.369	60.481	64.201	68.710	71.893
45	24.311	25.901	28.366	30.612	33.350	38.291	50.985	57.505	61.656	65.410	69.957	73.166

附表 6　F 分布表

$$P\{F(n_1,n_2)>F_\alpha(n_1,n_2)\}=\alpha$$

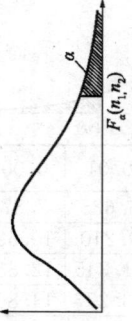

$\alpha=0.10$

n_2 \ n_1	1	2	3	4	5	6	7	8	9	10	12	15	20	24	30	40	60	120	∞
1	39.86	49.50	53.59	55.33	57.24	58.20	58.91	59.44	59.86	60.19	60.71	61.22	61.74	62.06	62.26	62.53	62.79	63.06	63.33
2	8.53	9.00	9.16	9.24	9.29	9.33	9.35	9.37	9.38	9.39	9.41	9.42	9.44	9.45	9.46	9.47	9.47	9.48	9.49
3	5.54	5.46	5.39	5.34	5.31	5.28	5.27	5.25	5.24	5.23	5.22	5.20	5.18	5.18	5.17	5.16	5.15	5.14	5.13
4	4.54	4.32	4.19	4.11	4.05	4.01	3.98	3.95	3.94	3.92	3.90	3.87	3.84	3.83	3.82	3.80	3.79	3.78	3.76
5	4.06	3.78	3.62	3.52	3.45	3.40	3.37	3.34	3.32	3.30	3.27	3.24	3.21	3.19	3.17	3.16	3.14	3.12	3.10
6	3.78	3.46	3.29	3.18	3.11	3.05	3.01	2.98	2.96	2.94	2.90	2.87	2.84	2.82	2.80	2.78	2.76	2.74	2.72
7	3.59	3.26	3.07	2.96	2.88	2.83	2.78	2.75	2.72	2.70	2.67	2.63	2.59	2.58	2.56	2.54	2.51	2.49	2.47
8	3.46	3.11	2.92	2.81	2.73	2.67	2.62	2.59	2.56	2.54	2.50	2.46	2.42	2.40	2.38	2.36	2.34	2.32	2.29
9	3.36	3.01	2.81	2.69	2.61	2.55	2.51	2.47	2.44	2.42	2.38	2.34	2.30	2.28	2.25	2.23	2.21	2.18	2.16
10	3.29	2.92	2.73	2.61	2.52	2.46	2.41	2.38	2.35	2.32	2.28	2.24	2.20	2.18	2.16	2.13	2.11	2.08	2.06
11	3.23	2.86	2.66	2.54	2.45	2.39	2.34	2.30	2.27	2.25	2.21	2.17	2.12	2.10	2.08	2.05	2.03	2.00	1.97
12	3.18	2.81	2.61	2.48	2.39	2.33	2.28	2.24	2.21	2.19	2.15	2.10	2.06	2.04	2.01	1.99	1.96	1.93	1.90
13	3.14	2.76	2.56	2.43	2.35	2.28	2.23	2.20	2.16	2.14	2.10	2.05	2.01	1.98	1.96	1.93	1.90	1.88	1.85
14	3.10	2.73	2.52	2.39	2.31	2.24	2.19	2.15	2.12	2.10	2.05	2.01	1.96	1.94	1.91	1.89	1.86	1.83	1.80
15	3.07	2.70	2.49	2.36	2.27	2.21	2.16	2.12	2.09	2.06	2.02	1.97	1.92	1.90	1.87	1.85	1.82	1.79	1.76
16	3.05	2.67	2.46	2.33	2.24	2.18	2.13	2.09	2.06	2.03	1.99	1.94	1.89	1.87	1.84	1.81	1.78	1.75	1.72
17	3.03	2.64	2.44	2.31	2.22	2.15	2.10	2.06	2.03	2.00	1.96	1.91	1.86	1.84	1.81	1.78	1.75	1.72	1.69
18	3.01	2.62	2.42	2.29	2.20	2.13	2.08	2.04	2.00	1.98	1.93	1.89	1.84	1.81	1.78	1.75	1.72	1.69	1.66
19	2.99	2.61	2.40	2.27	2.18	2.11	2.06	2.02	1.98	1.96	1.91	1.86	1.81	1.79	1.76	1.73	1.70	1.67	1.63
20	2.97	2.59	2.38	2.25	2.16	2.09	2.04	2.00	1.96	1.94	1.89	1.84	1.79	1.77	1.74	1.71	1.68	1.64	1.61
21	2.96	2.57	2.36	2.23	2.14	2.08	2.02	1.98	1.95	1.92	1.87	1.83	1.78	1.75	1.72	1.69	1.66	1.62	1.59
22	2.95	2.56	2.35	2.22	2.13	2.06	2.01	1.97	1.93	1.90	1.86	1.81	1.76	1.73	1.70	1.67	1.64	1.60	1.57
23	2.94	2.55	2.34	2.21	2.11	2.05	1.99	1.95	1.92	1.89	1.84	1.80	1.74	1.72	1.69	1.66	1.62	1.59	1.55
24	2.93	2.54	2.33	2.19	2.10	2.04	1.98	1.94	1.91	1.88	1.83	1.78	1.73	1.70	1.67	1.64	1.61	1.57	1.53

续表

n_1 / n_2	1	2	3	4	5	6	7	8	9	10	12	15	20	24	30	40	60	120	∞
25	2.92	2.53	2.32	2.18	2.09	2.02	1.97	1.93	1.89	1.87	1.82	1.77	1.72	1.69	1.66	1.63	1.59	1.56	1.52
26	2.91	2.52	2.31	2.17	2.08	2.01	1.96	1.92	1.88	1.86	1.81	1.76	1.71	1.68	1.65	1.61	1.58	1.54	1.50
27	2.90	2.51	2.30	2.17	2.07	2.00	1.95	1.91	1.87	1.85	1.80	1.75	1.70	1.67	1.64	1.60	1.57	1.53	1.49
28	2.89	2.50	2.29	2.16	2.60	2.00	1.94	1.90	1.87	1.84	1.79	1.74	1.69	1.66	1.63	1.59	1.56	1.52	1.48
29	2.89	2.50	2.28	2.15	2.06	1.99	1.93	1.89	1.86	1.83	1.78	1.73	1.68	1.65	1.62	1.58	1.55	1.51	1.47
30	2.88	2.49	2.22	2.14	2.05	1.98	1.93	1.88	1.85	1.82	1.77	1.72	1.67	1.64	1.61	1.57	1.54	1.50	1.46
40	2.84	2.41	2.23	2.00	2.00	1.93	1.87	1.83	1.79	1.76	1.71	1.66	1.61	1.57	1.54	1.51	1.47	1.42	1.38
60	2.79	2.39	2.18	2.04	1.95	1.87	1.82	1.77	1.74	1.71	1.66	1.60	1.54	1.51	1.48	1.44	1.40	1.35	1.29
120	2.75	2.35	2.13	1.99	1.90	1.82	1.77	1.72	1.68	1.65	1.60	1.55	1.48	1.45	1.41	1.37	1.32	1.26	1.19
∞	2.71	2.30	2.08	1.94	1.85	1.77	1.72	1.67	1.63	1.60	1.55	1.49	1.42	1.38	1.34	1.30	1.24	1.17	1.00

$\alpha = 0.05$

n_1 / n_2	1	2	3	4	5	6	7	8	9	10	12	15	20	24	30	40	60	120	∞
1	161.4	199.5	215.7	224.6	230.2	234.0	236.8	238.9	240.5	241.9	243.9	245.9	248.0	249.1	250.1	251.1	252.2	253.3	254.3
2	18.51	19.00	19.16	19.25	19.30	19.33	19.35	19.37	19.38	19.40	19.41	19.43	19.45	19.45	19.46	19.47	19.48	19.49	19.50
3	10.13	9.55	9.28	9.12	9.90	8.94	8.89	8.85	8.81	8.79	8.74	8.70	8.66	8.64	8.62	8.59	8.57	8.55	8.53
4	7.71	6.94	6.59	6.39	6.26	6.16	6.09	6.04	6.00	5.96	5.91	5.86	5.80	5.77	5.75	5.72	5.69	5.66	5.63
5	6.61	5.79	5.41	5.19	5.05	4.95	4.88	4.82	4.77	4.74	4.68	4.62	4.56	4.53	4.50	4.46	4.43	4.40	4.36
6	5.99	5.14	4.76	4.53	4.39	4.28	4.21	4.15	4.10	4.06	4.00	3.94	3.87	3.84	3.81	3.77	3.74	3.70	3.67
7	5.59	4.74	4.35	4.12	3.97	3.87	3.79	3.73	3.68	3.64	3.57	3.51	3.44	3.41	3.38	3.34	3.30	3.27	3.23
8	5.32	4.46	4.07	3.84	3.69	3.58	3.50	3.44	3.69	3.35	3.28	3.22	3.15	3.12	3.08	3.04	3.01	2.97	2.93
9	5.12	4.26	3.86	3.63	3.48	3.37	3.29	3.23	3.18	3.14	3.07	3.01	2.94	2.90	2.86	2.83	2.79	2.75	2.71
10	4.96	4.10	3.71	3.48	3.33	3.22	3.14	3.07	3.02	2.98	2.91	2.85	2.77	2.74	2.70	2.66	2.62	2.58	2.54
11	4.84	3.98	3.59	3.36	3.20	3.09	3.01	2.95	2.90	2.85	2.79	2.72	2.65	2.61	2.57	2.53	2.49	2.45	2.40
12	4.75	3.89	3.49	3.26	3.11	3.00	2.91	2.85	2.80	2.75	2.69	2.62	2.54	2.51	2.47	2.43	2.38	2.34	2.30
13	4.67	3.81	3.41	3.18	3.03	2.92	2.83	2.77	2.71	2.67	2.60	2.53	2.46	2.42	2.38	2.34	2.30	2.25	2.21
14	4.60	3.74	3.34	3.11	2.96	2.85	2.76	2.70	2.65	2.60	2.53	2.46	2.39	2.35	2.31	2.27	2.22	2.18	2.13

续表

n_2 \ n_1	1	2	3	4	5	6	7	8	9	10	12	15	20	24	30	40	60	120	∞
15	4.54	3.68	3.29	3.06	2.90	2.79	2.71	2.64	2.59	2.54	2.48	2.40	2.33	2.29	2.25	2.20	2.16	2.11	2.07
16	4.49	3.63	3.24	3.01	2.85	2.74	2.66	2.59	2.54	2.49	2.42	2.35	2.28	2.24	2.19	2.15	2.11	2.06	2.01
17	4.45	3.59	3.20	2.96	2.81	2.70	2.61	2.55	2.49	2.45	2.38	2.31	2.23	2.19	2.15	2.10	2.06	2.01	1.96
18	4.41	3.55	3.16	2.93	2.77	2.66	2.58	2.51	2.46	2.41	2.34	2.27	2.19	2.15	2.11	2.06	2.02	1.97	1.92
19	4.38	3.52	3.13	2.90	2.74	2.63	2.54	2.48	2.42	2.38	2.31	2.23	2.16	2.11	2.07	2.03	1.98	1.93	1.88
20	4.35	3.49	3.10	2.87	2.71	2.60	2.51	2.45	2.39	2.35	2.28	2.20	2.12	2.08	2.04	1.99	1.95	1.90	1.84
21	4.32	3.47	3.07	2.84	2.68	2.57	2.49	2.42	2.37	2.32	2.25	2.18	2.10	2.05	2.01	1.96	1.92	1.87	1.81
22	4.30	3.44	3.05	2.82	2.66	2.55	2.46	2.40	2.34	2.30	2.23	2.15	2.07	2.03	1.98	1.94	1.89	1.84	1.78
23	4.28	3.42	3.03	2.80	2.64	2.53	2.44	2.37	2.32	2.27	2.20	2.13	2.05	2.01	1.96	1.91	1.86	1.81	1.76
24	4.26	3.40	3.01	2.78	2.62	2.51	2.42	2.36	2.30	2.25	2.18	2.11	2.03	1.98	1.94	1.89	1.84	1.79	1.73
25	4.24	3.39	2.99	2.76	2.60	2.49	2.40	2.34	2.28	2.24	2.16	2.09	2.01	1.96	1.92	1.87	1.82	1.77	1.71
26	4.23	3.37	2.98	2.74	2.59	2.47	2.39	2.32	2.27	2.22	2.15	1.07	1.99	1.95	1.90	1.85	1.80	1.75	1.69
27	4.21	3.35	2.96	2.73	2.57	2.46	2.37	2.31	2.25	2.20	2.13	1.06	1.97	1.93	1.88	1.84	1.79	1.73	1.67
28	4.20	3.34	2.95	2.71	2.56	2.45	2.36	2.29	2.24	2.19	2.12	1.04	1.96	1.91	1.87	1.82	1.77	1.71	1.65
29	4.18	3.33	2.93	2.70	2.55	2.43	2.35	2.28	2.22	2.18	2.10	1.03	1.94	1.90	1.85	1.81	1.75	1.70	1.64
30	4.17	3.32	2.92	2.69	2.53	2.42	2.33	2.27	2.21	2.16	2.09	2.01	1.93	1.89	1.84	1.79	1.74	1.68	1.62
40	4.08	3.23	2.84	2.61	2.45	2.34	2.25	2.18	2.12	2.08	2.00	1.92	1.84	1.79	1.74	1.69	1.64	1.58	1.51
60	4.00	3.15	2.76	2.53	2.37	2.25	2.17	2.10	2.04	1.99	1.92	1.84	1.75	1.70	1.65	1.59	1.53	1.47	1.39
120	3.92	3.07	2.68	2.45	2.29	2.17	2.09	2.02	1.96	1.91	1.83	1.75	1.66	1.61	1.55	1.50	1.43	1.35	1.25
∞	3.84	3.00	2.60	2.37	2.21	2.10	2.01	1.94	1.88	1.83	1.75	1.67	1.57	1.52	1.46	1.39	1.32	1.22	1.00

$\alpha = 0.025$

n_2 \ n_1	1	2	3	4	5	6	7	8	9	10	12	15	20	24	30	40	60	120	∞
1	647.8	799.5	864.2	899.6	921.8	937.1	948.2	956.7	963.3	968.6	976.7	984.9	993.1	997.2	1001	1006	1010	1014	1018
2	38.51	39.00	39.17	39.25	139.30	39.33	39.36	39.37	39.39	39.40	39.41	39.43	39.45	39.46	39.46	39.47	39.48	39.49	39.50
3	17.44	16.04	15.44	15.10	14.88	14.73	14.62	14.54	14.47	14.42	14.34	14.25	14.17	14.12	14.08	14.04	13.99	13.95	13.90
4	12.22	10.65	9.98	9.60	9.36	9.20	9.07	8.98	8.90	8.84	8.75	8.66	8.56	8.51	8.46	8.41	8.36	8.31	8.26

续表

n_1 / n_2	1	2	3	4	5	6	7	8	9	10	12	15	20	24	30	40	60	120	∞
5	10.01	8.43	7.76	7.39	7.15	6.98	6.85	6.76	6.68	6.62	6.52	6.43	6.33	6.28	6.23	6.18	6.12	6.07	6.02
6	8.81	7.26	6.60	6.23	5.99	5.82	5.70	5.60	5.52	5.46	5.37	5.27	5.17	5.12	5.07	5.01	4.96	4.90	4.85
7	8.07	6.54	5.89	5.52	5.29	5.12	4.99	4.90	4.82	4.76	4.67	4.57	4.47	4.42	4.36	4.31	4.25	4.20	4.14
8	7.57	6.06	5.42	5.05	4.82	4.65	4.53	4.43	4.36	4.30	4.20	4.10	4.00	3.95	3.89	3.84	3.78	3.73	3.67
9	7.21	5.71	5.08	4.72	4.48	4.32	4.20	4.10	4.03	3.96	3.87	3.77	3.67	3.61	3.56	3.51	3.45	3.39	3.33
10	6.94	5.46	4.83	4.47	4.24	4.07	3.95	3.85	3.78	3.72	3.62	3.52	3.42	3.37	3.31	3.26	3.20	3.14	3.08
11	6.72	5.26	4.63	4.28	4.04	3.88	3.76	3.66	3.59	3.53	3.43	3.33	3.23	3.17	3.12	3.06	3.00	2.94	2.88
12	6.55	5.10	4.47	4.12	3.89	3.73	3.61	3.51	3.44	3.37	3.28	3.18	3.07	3.02	2.96	2.91	2.85	2.79	2.72
13	6.41	4.97	4.35	4.00	3.77	3.60	3.48	3.39	3.31	3.25	3.15	3.05	2.95	2.89	2.84	2.78	2.72	2.66	2.60
14	6.30	4.86	4.24	3.89	3.66	3.50	3.38	3.29	3.21	3.15	3.05	2.95	2.84	2.79	2.73	2.67	2.61	2.55	2.49
15	6.20	4.77	4.15	3.80	3.58	3.41	3.29	3.30	3.12	3.06	2.96	2.86	2.76	2.70	2.64	2.59	2.52	2.46	2.40
16	6.12	4.69	4.08	3.73	3.50	3.34	3.22	3.12	3.05	2.99	2.89	2.79	2.68	2.63	2.57	2.51	2.45	2.38	2.32
17	6.04	4.62	4.01	3.66	3.44	3.28	3.16	3.06	2.98	2.92	2.82	2.72	2.62	2.56	2.50	2.44	2.38	2.32	2.25
18	5.98	4.56	3.95	3.61	3.38	3.22	3.10	3.01	2.93	2.87	2.77	2.67	2.56	2.50	2.44	2.38	2.32	2.26	2.19
19	5.92	4.51	3.90	3.56	3.33	3.17	3.05	2.96	2.88	2.82	2.72	2.62	2.51	2.45	2.39	2.35	2.27	2.20	2.13
20	5.87	4.46	3.86	3.51	3.29	3.13	3.01	2.91	2.84	2.77	2.68	2.57	2.46	2.41	2.35	2.29	2.22	2.16	2.09
21	5.83	4.42	3.82	3.48	3.25	3.09	2.97	2.87	2.80	2.73	2.64	2.53	2.42	2.37	2.31	2.25	2.18	2.11	2.04
22	5.79	4.38	3.78	3.44	3.22	3.05	2.93	2.84	2.76	2.70	2.60	2.50	2.39	2.33	2.27	2.21	2.14	2.08	2.00
23	5.75	4.35	3.75	3.41	3.18	3.02	2.90	2.81	2.73	2.67	2.57	2.47	2.36	2.30	2.24	2.18	2.11	2.04	1.97
24	5.72	4.32	3.72	3.38	3.15	2.99	2.87	2.78	2.70	2.64	2.54	2.44	2.33	2.27	2.21	2.15	2.08	2.01	1.94
25	5.69	4.29	3.69	3.35	3.13	2.97	2.85	2.75	2.68	2.61	2.51	2.41	2.30	2.24	2.18	2.12	2.05	1.98	1.91
26	5.66	4.27	3.67	3.33	3.10	2.94	2.82	2.73	2.65	2.59	2.49	2.39	2.28	2.22	2.16	2.09	2.03	1.95	1.88
27	5.63	4.24	3.65	3.31	3.08	2.92	2.80	2.71	2.63	2.57	2.47	2.36	2.25	2.19	2.13	2.07	2.00	1.93	1.85
28	5.61	4.22	3.63	3.29	3.06	2.90	2.78	2.69	2.61	2.55	2.45	2.34	2.23	2.17	2.11	2.05	1.98	1.91	1.83
29	5.59	4.20	3.61	3.27	3.04	2.88	2.76	2.67	2.59	2.53	2.43	2.32	2.21	2.15	2.09	2.03	1.96	1.89	1.81
30	5.57	4.18	3.59	3.25	3.03	2.87	2.75	2.65	2.57	2.51	2.41	2.31	2.20	2.14	2.07	2.01	1.94	1.87	1.79
40	5.42	4.05	3.46	3.13	2.90	2.74	2.62	2.53	2.45	2.39	2.29	2.18	2.07	2.01	1.94	1.88	1.80	1.72	1.64
60	5.29	3.93	3.34	3.01	2.79	2.63	2.51	2.41	2.33	2.27	2.17	2.06	1.94	1.88	1.82	1.74	1.67	1.58	1.48

续表

n_2 \ n_1	1	2	3	4	5	6	7	8	9	10	12	15	20	24	30	40	60	120	∞
120	5.15	3.80	3.23	2.89	2.67	2.52	2.39	2.30	2.22	2.16	2.05	1.94	1.82	1.76	1.69	1.61	1.53	1.43	1.31
∞	5.02	3.69	3.12	2.79	2.57	2.41	2.29	2.19	2.11	2.05	1.94	1.83	1.71	1.64	1.57	1.48	1.39	1.27	1.00

$\alpha=0.01$

n_2 \ n_1	1	2	3	4	5	6	7	8	9	10	12	15	20	24	30	40	60	120	∞
1	4 052	5 000	5 403	5 625	5 764	5 859	5 928	5 982	6 022	6 056	6 106	6 157	6 209	6 235	6 261	6 287	6 313	6 339	6 366
2	98.50	99.00	99.17	99.25	99.30	99.33	99.36	99.37	99.39	99.40	99.42	99.43	99.45	99.46	99.47	99.47	99.48	99.49	99.50
3	34.12	30.82	29.46	28.71	28.24	27.91	27.67	27.49	27.35	27.23	27.05	26.87	26.69	26.60	26.50	26.41	26.32	26.22	26.13
4	21.20	18.00	16.69	15.98	15.52	15.21	14.98	14.80	14.66	14.55	14.37	14.20	14.02	13.93	13.84	13.75	13.65	13.56	13.46
5	16.26	13.27	12.06	11.39	10.97	10.67	10.46	10.29	10.16	10.05	9.89	9.72	9.55	9.47	9.38	9.29	9.20	9.11	9.02
6	13.75	10.92	9.78	9.15	8.75	8.47	8.26	8.10	7.98	7.87	7.72	7.56	7.40	7.31	7.23	7.14	7.06	6.97	6.88
7	12.25	9.55	8.45	7.85	7.46	7.19	6.99	6.84	6.72	6.62	6.47	6.31	6.16	6.07	5.99	5.91	5.82	5.74	5.65
8	11.26	8.65	7.59	7.01	6.63	6.37	6.18	6.03	5.91	5.81	5.67	5.52	5.36	5.28	5.20	5.12	5.03	4.95	4.86
9	10.56	8.02	6.99	6.42	6.06	5.80	5.61	5.47	5.35	5.26	5.11	4.96	4.81	4.73	4.65	4.57	4.48	4.40	4.31
10	10.04	7.56	6.55	5.99	5.64	5.39	5.20	5.06	4.94	4.85	4.71	4.56	4.41	4.33	4.25	4.17	4.08	4.00	3.91
11	9.65	7.21	6.22	5.67	5.32	5.07	4.89	4.74	4.63	4.54	4.40	4.25	4.10	4.02	3.94	3.86	3.78	3.69	3.60
12	9.33	6.93	5.95	5.41	5.06	4.82	4.64	4.50	4.39	4.30	4.16	4.01	3.86	3.78	3.70	3.62	3.54	3.45	3.36
13	9.07	6.70	5.74	5.21	4.86	4.62	4.44	4.30	4.19	4.10	3.96	3.82	3.66	3.59	3.51	3.43	3.34	3.25	3.17
14	8.86	6.51	5.56	5.04	4.69	4.46	4.28	4.14	4.03	3.94	3.80	3.66	3.51	3.43	3.35	3.27	3.18	3.09	3.00
15	8.68	6.36	5.42	4.89	4.56	4.32	4.14	4.00	3.89	3.80	3.67	3.52	3.37	3.29	3.21	3.13	3.05	2.96	2.87
16	8.53	6.23	5.29	4.77	4.44	4.20	4.03	3.89	3.78	3.69	3.55	3.41	3.26	3.18	3.10	3.02	2.93	2.84	2.75
17	8.40	6.11	5.18	4.67	4.34	4.10	3.93	3.79	3.68	3.59	3.46	3.31	3.16	3.08	3.00	2.92	2.83	2.75	2.65
18	8.29	6.01	5.09	4.58	4.25	4.01	3.84	3.71	3.60	3.51	3.37	3.23	3.08	3.00	2.92	2.84	2.75	2.66	2.57
19	8.18	5.93	5.01	4.50	4.17	3.94	3.77	3.63	3.52	3.43	3.30	3.15	3.00	2.92	2.84	2.76	2.67	2.58	2.49
20	8.10	5.85	4.94	4.43	4.10	3.87	3.70	3.56	3.46	3.37	3.23	3.09	2.94	2.86	2.78	2.69	2.61	2.52	2.42
21	8.02	5.78	4.87	4.37	4.04	3.81	3.64	3.51	3.40	3.31	3.17	3.03	2.88	2.80	2.72	2.64	2.55	2.46	2.36
22	7.95	5.72	4.82	4.31	3.99	3.76	3.59	3.45	3.35	3.26	3.12	2.98	2.83	2.75	2.67	2.58	2.50	2.40	2.31

续表

n_1 / n_2	1	2	3	4	5	6	7	8	9	10	12	15	20	24	30	40	60	120	∞
23	7.88	5.66	4.76	4.26	3.94	3.71	3.54	3.41	3.30	3.21	3.07	2.93	2.78	2.70	2.62	2.54	2.45	2.35	2.26
24	7.82	5.61	4.72	4.22	3.90	3.67	3.50	3.36	3.26	3.17	3.03	2.89	2.74	2.66	2.58	2.49	2.40	2.31	2.21
25	7.77	5.57	4.68	4.18	3.85	3.63	3.46	3.32	3.22	3.13	2.99	2.85	2.70	2.62	2.54	2.45	2.36	2.27	2.17
26	7.72	5.53	4.64	4.14	3.82	3.59	3.42	3.29	3.18	3.09	2.96	2.81	2.66	2.58	2.50	2.42	2.33	2.23	2.13
27	7.68	5.49	4.60	4.11	3.78	3.56	3.39	3.26	3.15	3.06	2.93	2.78	2.63	2.55	2.47	2.38	2.29	2.20	2.10
28	7.64	5.45	4.57	4.07	3.75	3.53	3.36	3.23	3.12	3.03	2.90	2.75	2.60	2.52	2.44	2.35	2.26	2.17	2.06
29	7.60	5.42	4.54	4.04	3.73	3.50	3.33	3.20	3.09	3.00	2.87	2.73	2.57	2.49	2.41	2.33	2.23	2.14	2.03
30	7.56	5.39	4.51	4.02	3.70	3.47	3.30	3.17	3.07	2.98	2.84	2.70	2.55	2.47	2.39	2.30	2.21	2.11	2.01
40	7.31	5.18	4.31	3.83	3.51	3.29	3.12	2.99	2.89	2.80	2.66	2.52	2.37	2.29	2.20	2.11	2.02	1.92	1.80
60	7.08	4.98	4.13	3.65	3.34	3.12	2.95	2.82	2.72	2.63	2.50	2.35	2.20	2.12	2.03	1.94	1.84	1.73	1.60
120	6.85	4.79	3.95	3.48	3.17	2.96	2.79	2.66	2.56	2.47	2.34	2.19	2.03	1.95	1.86	1.76	1.66	1.53	1.38
∞	6.63	4.61	3.78	3.32	3.02	2.80	2.64	2.51	2.41	2.32	2.18	2.04	1.88	1.79	1.70	1.59	1.47	1.32	1.00

$\alpha=0.005$

n_1 / n_2	1	2	3	4	5	6	7	8	9	10	12	15	20	24	30	40	60	120	∞
1	16 211	20 000	21 615	22 500	23 056	23 437	23 715	23 925	24 091	24 224	24 426	24 630	24 836	24 940	25 044	25 148	25 253	25 359	25 465
2	198.5	199.0	199.2	199.2	199.3	199.3	199.4	199.4	199.4	199.4	199.4	199.4	199.4	199.5	199.5	199.5	199.5	199.5	199.5
3	55.55	49.80	47.47	46.19	45.39	44.84	44.43	44.13	43.88	43.69	43.39	43.08	42.78	42.62	42.47	42.31	42.15	41.99	41.83
4	31.33	26.28	24.26	23.15	22.46	21.97	21.62	21.35	21.14	20.97	20.70	20.44	20.17	20.03	19.89	19.75	19.61	19.47	19.32
5	22.78	18.31	16.53	15.56	14.94	14.51	14.20	13.96	13.77	13.62	13.38	13.15	12.90	12.78	12.66	12.53	12.40	12.27	12.14
6	18.63	14.54	12.92	12.03	11.46	11.07	10.79	10.57	10.39	10.25	10.03	9.81	9.59	9.47	9.36	9.24	9.12	9.00	8.88
7	16.24	12.40	10.88	10.05	9.52	9.16	8.89	8.68	8.51	8.38	8.18	7.97	7.75	7.65	7.53	7.42	7.31	7.19	7.08
8	14.69	11.04	9.60	8.81	8.30	7.95	7.69	7.50	7.34	7.21	7.01	6.81	6.61	6.50	6.40	6.29	6.18	6.06	5.95
9	13.61	10.11	8.72	7.96	7.47	7.13	6.88	6.69	6.54	6.42	6.23	6.03	5.83	5.73	5.62	5.52	5.41	5.30	5.19
10	12.83	9.43	8.08	7.34	6.87	6.54	6.30	6.12	5.97	5.85	5.66	5.47	5.27	5.17	5.07	4.97	4.86	4.75	4.64
11	12.23	8.91	7.60	6.88	6.42	6.10	5.86	5.68	5.54	5.42	5.24	5.05	4.86	4.76	4.65	4.55	4.44	4.34	4.23
12	11.75	8.51	7.23	6.52	6.07	5.76	5.52	5.35	5.20	5.09	4.91	4.72	4.53	4.43	4.33	4.23	4.12	4.01	3.90

续表

n_1 / n_2	1	2	3	4	5	6	7	8	9	10	12	15	20	24	30	40	60	120	∞
13	11.37	8.19	6.93	6.23	5.79	5.48	5.25	5.08	4.94	4.82	4.64	4.46	4.27	4.17	4.07	3.97	3.87	3.76	3.65
14	11.06	7.92	6.68	6.00	5.86	5.26	5.03	4.86	4.72	4.60	4.43	4.25	4.06	3.96	3.86	3.76	3.66	3.55	3.44
15	10.80	7.70	6.48	5.80	5.37	5.07	4.85	4.67	4.54	4.42	4.25	4.07	3.88	3.79	3.69	3.52	3.48	3.37	3.26
16	10.58	7.51	6.30	5.64	5.21	4.91	4.96	4.52	4.38	4.27	4.10	3.92	3.73	3.64	3.54	3.44	3.23	3.22	3.11
17	10.38	7.35	6.16	5.50	5.07	4.78	4.56	4.39	4.25	4.14	3.97	3.79	3.61	3.51	3.41	3.31	3.21	3.10	2.98
18	10.22	7.21	6.03	5.37	4.96	4.66	4.44	4.28	4.14	4.03	3.86	3.68	3.50	3.40	3.30	3.20	3.10	2.99	2.87
19	10.07	7.09	5.92	5.27	4.85	4.56	4.34	4.18	4.04	3.93	3.76	3.59	3.40	3.31	3.21	3.11	3.00	2.89	2.78
20	9.94	6.99	5.82	5.17	4.76	4.47	4.26	4.09	3.96	3.85	3.68	3.50	3.32	3.22	3.12	3.02	2.92	2.81	2.69
21	9.83	6.89	5.73	5.09	4.68	4.39	4.18	4.01	3.88	3.77	3.60	3.43	3.24	3.15	3.05	2.95	2.84	2.73	2.61
22	9.73	6.81	5.65	5.02	4.61	4.32	4.11	3.94	3.81	3.70	3.54	3.36	3.18	3.08	2.98	2.88	2.77	2.66	2.55
23	9.63	6.73	5.58	4.95	4.54	4.26	4.05	3.88	3.75	3.64	3.47	3.30	3.12	3.02	2.92	2.82	2.71	2.60	2.48
24	9.55	6.66	5.52	4.89	4.49	4.20	3.99	3.83	3.69	3.59	3.42	3.25	3.06	2.97	2.87	2.77	2.66	2.55	2.43
25	9.48	6.60	5.46	4.84	4.43	4.15	3.94	3.78	3.64	3.64	3.37	3.20	3.01	2.92	2.82	2.72	2.61	2.50	2.38
26	9.41	6.54	5.41	4.79	4.38	4.10	3.89	3.73	3.60	3.49	3.33	3.15	2.97	2.87	2.77	2.67	2.56	2.45	2.33
27	9.34	6.49	5.36	4.74	4.34	4.06	3.85	3.69	3.56	3.45	3.28	3.11	2.93	2.83	2.73	2.63	2.52	2.41	2.29
28	9.28	6.44	5.32	4.70	4.30	4.02	3.81	3.65	3.52	3.41	3.25	3.07	2.89	2.79	2.69	2.59	2.48	2.37	2.25
29	9.23	6.40	5.28	4.66	4.26	3.98	3.77	3.61	3.48	3.38	3.21	3.04	2.86	2.76	2.66	2.56	2.45	2.33	2.21
30	9.18	6.35	5.24	4.62	4.23	3.95	3.74	3.58	3.45	3.34	3.18	3.01	2.82	2.73	2.63	2.52	2.42	2.30	2.18
40	8.83	6.07	4.98	4.37	3.99	3.71	3.51	3.35	3.22	3.12	2.95	2.78	2.60	2.50	2.40	2.30	2.18	2.06	1.93
60	8.49	5.79	4.73	4.14	3.76	3.49	3.29	3.13	3.01	2.90	2.74	2.57	2.39	2.29	2.19	2.08	1.96	1.83	1.69
120	8.18	5.54	4.50	3.92	3.55	3.28	3.09	2.93	2.81	2.75	2.54	2.37	2.19	2.09	1.98	1.87	1.75	1.61	1.43
∞	7.88	5.30	4.28	3.72	3.35	3.09	2.90	2.74	2.62	2.52	2.36	2.19	2.00	1.90	1.79	1.67	1.53	1.36	1.00

参 考 文 献

[1]盛骤，谢式千，潘承毅．概率论与数理统计(第四版)[M]．北京：高等教育出版社，2008.

[2]吴赣昌．概率论与数理统计(第三版)[M]．北京：中国人民大学出版社，2009.

[3]叶慈南，曹伟丽．应用数理统计[M]．北京：机械工业出版社，2004.

[4]陈仲堂，赵德平．概率论与数理统计[M]．北京：高等教育出版社，2012.

[5]吴翊，李永乐，胡庆军．应用数理统计[M]．北京：国防科技大学出版社，1995.

[6]谢永钦．概率论与数理统计[M]．北京：北京邮电大学出版社，2009.

[7]王松桂，张忠占，等．概率论与数理统计(第2版)[M]．北京：科学出版社，2006.

[8]茆诗松，等．概率论与数理统计教程(第二版)[M]．北京：高等教育出版社，2011.

[9]陈荣江，张万琴，等．概率论与数理统计[M]．北京：北京大学出版社，2006.

[10]葛余博，刘坤林，等．概率论与数理统计通用辅导讲义[M]．北京：清华大学出版社，2006.

[11][美]Sheldon M. Ross. 概率论基础教程(第八版)[M]．郑忠国，詹从赞，译．北京：人民邮电出版社，2010.

[12]仉志余，等．概率论与数理统计分级讲练教程[M]．北京：北京大学出版社，2006.

[13]首都师范大学数学系．概率论与数理统计[M]．北京：科学出版社，2000.

[14]同济大学工程数学教研室．概率统计复习和解题指导[M]．上海：同济大学出版社，2000.

[15]龚冬保，王宁．概率论与数理统计典型题[M]．西安：西安交通大学出版社，2000.

[16]杨洪礼，等．概率论与数理统计[M]．北京：北京邮电大学出版社，2007.

[17]陈魁．概率统计辅导[M]．北京：清华大学出版社，2005.

[18]胡细宝，王丽霞．概率论与数理统计[M]．北京：北京邮电大学出版社，2001.

[19]蒋国强．概率论与数理统计学习指导[M]．北京：机械工业出版社，2002.

[20]茆诗松，程依鸣，等．概率论与数理统计教程[M]．北京：高等教育出版社，2004.

[21]沈恒范．概率论讲义(第二版)[M]．北京：高等教育出版社，1982.